高 等 数 学

主　编　尹志平
主　审　徐福成

U0206277

西南交通大学出版社
·成　都·

图书在版编目（ＣＩＰ）数据

高等数学／尹志平主编. 一成都：西南交通大学
出版社，2018.9（2022.8 重印）
ISBN 978-7-5643-6411-3

Ⅰ . ①高… Ⅱ . ①尹… Ⅲ . ①高等数学 – 高等职业教
育 – 教材 Ⅳ . ①O13

中国版本图书馆 CIP 数据核字（2018）第 207326 号

高等数学　　　　│　主编　尹志平　　│　责任编辑　张宝华
　　　　　　　　　　　　　　　　　　　│　封面设计　何东琳设计工作室

印张：16.25　　字数：403千　　　　出版发行：西南交通大学出版社

成品尺寸：185 mm×260 mm　　　　网址：http://www.xnjdcbs.com

版次：2018年9月第1版　　　　　　　地址：四川省成都市金牛区二环路北一段111号
　　　　　　　　　　　　　　　　　　　　　　西南交通大学创新大厦21楼

印次：2022年8月第4次　　　　　　　邮政编码：610031

印刷：成都蓉军广告印务有限责任公司　发行部电话：028-87600564　028-87600533

书号：ISBN 978-7-5643-6411-3　　　定价：39.00元

前　言

　　高等数学是工程类职业院校学生必须学习的课程之一．高等数学主要培养学生的逻辑思维能力及分析问题解决问题的能力，同时也是学习其他专业课程的基础．为适应高等职业教育教学改革的需要，全面贯彻"以服务为宗旨，以就业为导向"的办学方针，我们依据教育部制定的高职高专教育高等数学课程教学的基本要求，结合我院专业课的需要及教学实践经验编写了本教材．

　　本教材内容涵盖了我院各专业课程所需要的高等数学知识，其最大特点是综合考虑了高职院校学生的数学基础和学习能力，增加了"课堂练习"这一环节，它能有效帮助学生即时掌握所学内容及知识点．

　　本教材由尹志平担任主编，徐福成担任主审，第1章函数、极限与连续由周雯编写，第2章导数与微分和第3章导数的应用由龙微编写，第4章不定积分由徐福成编写，第5章定积分由冯耀川编写，第6章常微分方程和第7章第4、5、6节空间解析几何部分由尹志平编写，第7章第1、2、3节向量代数部分由高洁编写，附录2超级计算器应用指南由刘世金编写．本书在编写过程中得到了学院各级领导和各系部专业课老师的大力支持，在此一并表示感谢！

　　由于编者水平有限，编写时间仓促，书中难免存在一些不足之处，敬请广大读者批评指正．

编　者

2018 年 4 月

目　录

第1章
函数、极限与连续

高等数学研究的对象是变量. 函数是描述变量之间依赖关系的, 是数学中重要的概念. 极限方法是研究变量的一种基本方法, 是学习微积分的基础, 高等数学中的许多概念、性质和法则都是通过极限方法来建立的.

本章首先复习函数的相关知识, 然后讨论函数的极限和连续.

1.1　函数

1.1.1　函数的概念

函数是描述变量间相互依赖关系的一种数学模型.

定义 1　设 D 是一个实数集，如果对属于 D 内的每一个 x 按照某个对应法则 f，都有唯一确定的 y 值与它对应，则称 y 是 x 的**函数**，记作

$$y = f(x), x \in D ,$$

其中，x 称为**自变量**，y 称为**因变量**，数集 D 称为这个函数的**定义域**；当 x 取遍 D 中的一切实数时，它对应的 y 值组成的集合 M 称为函数的**值域**.

函数 $y = f(x)$ 在点 $x_0 (x_0 \in D)$ 处的函数值记为 $f(x_0), f(x)|_{x=x_0}$ 或 $y|_{x=x_0}$.

例 1　已知函数 $f(x) = 3x^2 - 4$ ，求 $f(1), f(x+1), f\left(\dfrac{1}{x}\right), \dfrac{1}{f(x^2)}$.

解　$f(1) = 3 \times 1^2 - 4 = -1$；

$f(x+1) = 3(x+1)^2 - 4 = 3x^2 + 6x - 1$；

$f\left(\dfrac{1}{x}\right) = 3 \times \left(\dfrac{1}{x}\right)^2 - 4 = \dfrac{3}{x^2} - 4$；

$\dfrac{1}{f(x^2)} = \dfrac{1}{3(x^2)^2 - 4} = \dfrac{1}{3x^4 - 4}$.

由函数的定义可知，当函数的定义域和对应关系确定以后，这个函数也就随之确定. 因此，我们常把函数的定义域和对应关系称为构成函数的**两个要素**. 当两个函数的定义域和对应关系都相同时，才称这两个**函数相同**.

例 2　判断下列每组中的两个函数是否是相同函数.

（1）$y = x$ 与 $y = (\sqrt{x})^2$；　　　　　　　（2）$y = x$ 与 $y = \sqrt[3]{x^3}$；

（3）$y = |x|$ 与 $s = \sqrt{t^2}$.

解　（1）由于 $y = x$ 的定义域为 $(-\infty, +\infty)$，而 $y = (\sqrt{x})^2$ 的定义域为 $[0, +\infty)$，两者的定义域不同，所以这两个函数不相同.

（2）函数 $y = x$ 与 $y = \sqrt[3]{x^3}$ 的定义域均为 $(-\infty, +\infty)$，且有相同的对应关系，所以它们是相同的函数.

（3）函数 $y = |x|$ 与 $s = \sqrt{t^2}$ 的定义域均为 $(-\infty, +\infty)$，且有相同的对应关系，尽管这两个函数的自变量、因变量所用的字母不同，但它们表示同一个函数.

课堂练习 1

1. 设函数 $f(x) = \dfrac{2x}{x+1}$，求：（1）$f\left(\dfrac{3}{2}\right)$；（2）$f(-0.3)$；（3）$f(2a)$.

2. 判断下列各对函数是否相同，并说明理由：

（1）$f(x) = \dfrac{x}{x}$ 与 $g(x) = 1$；　　　　　　（2）$f(x) = \sqrt{x^2}$ 与 $g(x) = (\sqrt{x})^2$；

（3）$f(x) = 1$ 与 $f(t) = \sin^2 t + \cos^2 t$.

1.1.2　函数定义域的确定

函数的定义域是确定函数的要素之一，所以，只有在定义域内研究函数才有意义.

在实际问题中，要根据所研究问题的实际意义确定函数的定义域. 例如，在正方形的周长 y 与边长 x 之间的函数关系 $y = 4x$ 中，因为正方形的边长为正数，所以函数 $y = 4x$ 的定义域为 $(0, +\infty)$；对于用解析式表示的函数，如果不考虑函数的实际意义，则函数的定义域就是使这个式子有意义的自变量的值的集合.

例 3　求下列函数的定义域，并用区间表示出来：

（1）$y = 3x + 4$；　　　　（2）$y = \dfrac{1}{3x+2}$；　　　　（3）$y = \sqrt{2x-3}$；

（4）$y = \dfrac{\sqrt{4-x}}{x-3}$；　　　（5）$f(x) = \dfrac{1}{\ln(2x-1)}$；　　　（6）$f(x) = \sqrt{x^2-4} - \arcsin(5-2x)$.

解　（1）对于函数 $y = 3x + 4$，自变量 x 取任何实数都有意义，所以该函数的定义域为 $(-\infty, +\infty)$.

（2）对于函数 $y = \dfrac{1}{3x+2}$，由于分式的分母不能为零，所以 $3x + 2 \neq 0$，即 $x \neq -\dfrac{2}{3}$，因此该函数的定义域为 $\left(-\infty, -\dfrac{2}{3}\right) \cup \left(-\dfrac{2}{3}, +\infty\right)$.

（3）对于函数 $y = \sqrt{2x-3}$，由于负数不能开偶次方根，所以 $2x - 3 \geqslant 0$，即 $x \geqslant \dfrac{3}{2}$，因此该函数的定义域为 $\left[\dfrac{3}{2}, +\infty\right)$.

（4）对于函数 $y = \dfrac{\sqrt{4-x}}{x-3}$，只有当 $4 - x \geqslant 0$ 且 $x - 3 \neq 0$ 时才有意义，由于不等式组 $\begin{cases} 4 - x \geqslant 0 \\ x - 3 \neq 0 \end{cases}$ 的解集为 $\{x \mid x \leqslant 4 \text{ 且 } x \neq 3\}$，所以该函数的定义域为 $(-\infty, 3) \cup (3, 4]$.

（5）对于函数 $f(x) = \dfrac{1}{\ln(2x-1)}$，由 $\begin{cases} 2x - 1 > 0 \\ \ln(2x-1) \neq 0 \end{cases}$ 得：$\begin{cases} x > \dfrac{1}{2} \\ x \neq 1 \end{cases}$，所以该函数的定义域为 $\left(\dfrac{1}{2}, 1\right) \cup (1, +\infty)$.

（6）对于函数 $f(x) = \sqrt{x^2-4} - \arcsin(5-2x)$，由 $\begin{cases} x^2 - 4 \geqslant 0 \\ -1 \leqslant 5 - 2x \leqslant 1 \end{cases}$ 得：$2 \leqslant x \leqslant 3$，所以该函

数的定义域为[2, 3].

课堂练习 2

求下列函数的定义域，并用区间表示出来：

（1）$y = \sqrt{1-2x}$；

（2）$y = \dfrac{\sqrt{x}}{5x-3}$；

（3）$y = \dfrac{1}{\ln(3-2x)}$；

（4）$y = \sqrt{4-x^2} + \arccos(3-2x)$.

1.1.3 函数的表示法

表示函数的方法一般有三种：公式法、表格法、图示法. 本书所讨论的函数主要用公式法来表示. 用数学表达式表示函数关系的方法称为**公式法**（或**解析法**）.

例如，函数 $y = \sqrt{2x-3}$ 与 $y = \dfrac{1}{3x+2}$ 都是用公式法表示的.

某些函数由于自变量的取值范围不同，对应法则也不同，因此，需要用不同的解析式来表示，这样的函数称为**分段函数**. 分段函数的定义域是各分段定义区间的并集. 例如，分段函数 $y = \begin{cases} 4-x, & x \geqslant 0 \\ x, & x < 0 \end{cases}$ 的定义域为 $(-\infty, +\infty)$.

例 4 确定函数 $f(x) = \begin{cases} x, & x \in [0, 2) \\ -x+4, & x \in [2, 4) \\ x-4, & x \in [4, 6] \end{cases}$ 的定义域，并求 $f(1)$，$f(2)$，$f(5)$ 的值.

解 分段函数的定义域是各分段定义区间的并集，所以该函数的定义域为

$$D = [0, 2) \cup [2, 4) \cup [4, 6] = [0, 6].$$

求分段函数的函数值时，先要确定自变量所属的区间，再由对应的解析式求函数值.

因为 $1 \in [0, 2)$，所以 $f(1) = x|_{x=1} = 1$；

因为 $2 \in [2, 4)$，所以 $f(2) = (-x+4)|_{x=2} = 2$；

因为 $5 \in [4, 6]$，所以 $f(5) = (x-4)|_{x=5} = 1$.

课堂练习 3

1. 确定函数 $f(x) = \begin{cases} 2x-2, & x \in (-3, 2] \\ 3x-4, & x \in (2, 5] \\ 4-x, & x \in (5, +\infty) \end{cases}$ 的定义域，并求 $f(-0.6)$，$f(2)$，$f(2.5)$，$f(6)$ 的值.

2. 已知函数 $f(x) = \begin{cases} x, & x \geqslant 1 \\ 2x-1, & x < 1 \end{cases}$，求 $f(2)$，$f(1)$，$f(-1)$，$f(a)$，$f(a-2)$ 的值.

1.1.4 函数的特性

1. 函数的有界性

设函数 $f(x)$ 的定义域为 D，区间 $I \subset D$，如果存在正数 M，使得对于任意的 $x \in I$，都有 $|f(x)| \leqslant M$ 成立，则称函数 $f(x)$ 在 I 上**有界**. 如果这样的正数 M 不存在，则称函数 $f(x)$ 在 I 上**无界**.

例 5 判断下列函数是否有界，并说明理由.

（1）$y = \cos x, x \in (-\infty, +\infty)$；   （2）$f(x) = \dfrac{1}{x}, x \in (1, 3)$；   （3）$y = \dfrac{1}{x}, x \in (0, 2)$.

解 （1）当 $x \in (-\infty, +\infty)$ 时，$|\cos x| \leqslant 1$，所以函数 $y = \cos x$ 在 $(-\infty, +\infty)$ 内有界.

（2）当 $x \in (1, 3)$ 时，$\dfrac{1}{3} < \dfrac{1}{x} < 1$，即 $\left|\dfrac{1}{x}\right| < 1$，所以 $f(x) = \dfrac{1}{x}$ 在 $(1, 3)$ 内有界.

（3）当 $x \in (0, 2)$，且 x 无限地趋近于 0 时，函数 $y = \dfrac{1}{x}$ 的值无限地增大，即不存在确定的正数 M 使 $\left|\dfrac{1}{x}\right| \leqslant M$ 成立，所以 $y = \dfrac{1}{x}$ 在 $(0, 2)$ 内是无界的.

课堂练习 4

判断下列函数是否有界，并说明理由.

（1）$y = \sin 2x$；   （2）$y = \ln x$；

（3）$y = 2^x, x \in (2, 3)$；   （4）$y = \dfrac{1}{2x-1}, x \in (0, 2)$.

---

2. 函数的单调性

设函数 $f(x)$ 的定义域为 D，区间 $I \subset D$，对于区间 I 上的任意两点 x_1, x_2，如果当 $x_1 < x_2$ 时，都有 $f(x_1) < f(x_2)$，则称函数 $f(x)$ 在区间 I 上是**单调增加**的；如果当 $x_1 < x_2$ 时，都有 $f(x_1) > f(x_2)$，则称函数 $f(x)$ 在区间 I 上是**单调减少**的，如图 1.1-1 所示.

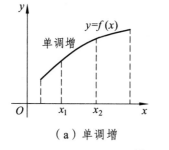 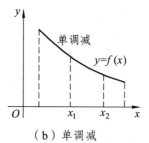

（a）单调增   （b）单调减

图 1.1-1 函数的单调性

单调增加和单调减少的函数统称为**单调函数**，I 称为**单调区间**.

例 6 证明函数 $f(x) = x^2$ 在区间 $(0, +\infty)$ 上是单调增加的.

证明 对任意的 $x_1, x_2 \in (0, +\infty)$，如果 $x_1 < x_2$，则 $x_1 - x_2 < 0, x_1 + x_2 > 0$，那么

$$f(x_1) - f(x_2) = x_1^2 - x_2^2 = (x_1 - x_2)(x_1 + x_2) < 0,$$

即
$$f(x_1) < f(x_2).$$

所以函数 $f(x) = x^2$ 在区间 $(0, +\infty)$ 上是单调增加的.

课堂练习 5

1. 证明函数 $f(x) = x^2$ 在区间 $(-\infty, 0)$ 上是单调减少的.
2. 证明函数 $f(x) = 2x - 1$ 在区间 $(-\infty, +\infty)$ 上是单调增加的.

3．函数的奇偶性

设函数 $f(x)$ 的定义域 D 关于坐标原点对称，如果对于任意的 $x \in D$，总有 $f(-x) = f(x)$ 成立，则称 $f(x)$ 为**偶函数**；如果对于任意的 $x \in D$，总有 $f(-x) = -f(x)$ 成立，则称 $f(x)$ 为**奇函数**.

既不是奇函数又不是偶函数的函数称为**非奇非偶函数**. 如函数 $f(x) = x^2 - x$ 就是非奇非偶函数.

偶函数的图像关于 y 轴对称；奇函数的图像关于原点对称. 如图 1.1-2 所示.

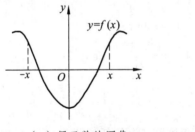 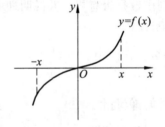

（a）偶函数的图像　　　　　　　（b）奇函数的图像

图 1.1-2　函数的奇偶性

例 7 证明：

（1）$f(x) = x^2$ 在 $(-\infty, +\infty)$ 内是偶函数；

（2）$f(x) = \sin x$ 在 $(-\infty, +\infty)$ 内是奇函数.

证明 （1）对于任意的 $x \in (-\infty, +\infty)$，

$$f(-x) = (-x)^2 = x^2 = f(x),$$

所以 $f(x) = x^2$ 在 $(-\infty, +\infty)$ 内是偶函数.

（2）对于任意的 $x \in (-\infty, +\infty)$，

$$f(-x) = \sin(-x) = -\sin x = -f(x),$$

所以 $f(x) = \sin x$ 在 $(-\infty, +\infty)$ 内是奇函数.

课堂练习6

1. 证明函数 $f(x) = 3x^2 + 2$ 在区间 $(-\infty, +\infty)$ 上是偶函数.

2. 证明函数 $f(x) = 2x^3 - 3x$ 在区间 $(-3, 3)$ 上是奇函数.

3. 判断下列各函数是奇函数、偶函数，还是非奇非偶函数，并说明理由.

（1）$f(x) = \sqrt[3]{x^4}$;　　　　　　　　（2）$f(x) = \sin 2x - 3x$;

（3）$f(x) = 3$;　　　　　　　　　　　　（4）$f(x) = 2\sqrt{x}$.

4. 函数的周期性

设函数 $f(x)$ 的定义域为 D，如果存在一个正数 T，使得对于任意的 $x \in D$ 有 $x \pm T \in D$，且 $f(x \pm T) = f(x)$ 恒成立，则称 $f(x)$ 为**周期函数**，T 称为 $f(x)$ 的**周期**.

讨论周期函数时，通常所说的周期是指**最小正周期**. 例如，$y = \sin x$ 是周期函数，周期 $T = 2\pi$.

一般地，函数 $y = A\sin(\omega x + \varphi)$ 和 $y = A\cos(\omega x + \varphi)$ 的周期为 $T = \dfrac{2\pi}{|\omega|}$；$y = A\tan(\omega x + \varphi)$ 和 $y = A\cot(\omega x + \varphi)$ 的周期为 $T = \dfrac{\pi}{|\omega|}$. 例如，$y = 2\sin\left(3x + \dfrac{\pi}{6}\right)$ 的周期为 $T = \dfrac{2\pi}{3}$，$y = \cos\left(2x + \dfrac{\pi}{3}\right)$ 的周期为 $T = \pi$，$y = 4\tan\left(\dfrac{1}{2}x + \dfrac{\pi}{4}\right)$ 的周期为 $T = 2\pi$.

课堂练习7

1. 指出下列函数的周期.

（1）$y = \cos x$;　　　　　　　　　　（2）$y = \tan 3x$;

（3）$y = \cot 2x$;　　　　　　　　　　（4）$i = 30\sin\left(20\pi t + \dfrac{\pi}{3}\right)$.

2. 试说明 $f(x) = 2x$ 不是周期函数.

1.1.5　反函数

设函数 $y = f(x)$ 的定义域为 D，值域为 M，如果对于集合 M 中的每一个 y 值，都可由关系式 $y = f(x)$ 确定唯一的 x 值与之对应，从而得到一个定义在集合 M 上的新函数，这个新函数叫作 $y = f(x)$ 的**反函数**，记作 $x = f^{-1}(y)$. 反函数的定义域为 M，值域为 D. 对反函数 $x = f^{-1}(y)$ 来说，原来的函数 $y = f(x)$ 称为**直接函数**.

习惯上，函数的自变量用 x 表示，因变量用 y 表示，所以通常把 $x = f^{-1}(y), y \in M$ 改写成 $y = f^{-1}(x), x \in M$. 显然，**反函数的定义域就是直接函数的值域，反函数的值域就是直接函数的定义域**.

函数 $y = f(x)$ 与其反函数 $y = f^{-1}(x)$ 的图形关于直线 $y = x$ 对称. 如图 1.1-3 所示.

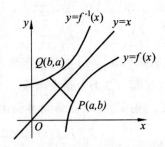

图 1.1-3　反函数的图像

由反函数的定义可得求反函数的步骤：

（1）从 $y = f(x)$ 中解出 $x = f^{-1}(y)$ ；

（2）交换字母 x 与 y 的位置，并注意反函数的定义域为直接函数的值域.

例 8　求下列函数的反函数.

（1）$y = 2x + 3, x \in (-\infty, +\infty)$ ；　　　　（2）$y = 2e^x - 1, x \in (-\infty, +\infty)$.

解　（1）先从 $y = 2x + 3$ 解出 x ，得 $x = \dfrac{1}{2}(y - 3)$. 再交换 x 与 y 的位置，则所求的反函数

为 $y = \dfrac{1}{2}(x - 3), x \in (-\infty, +\infty)$.

（2）从 $y = 2e^x - 1$ 解出 x ，得 $x = \ln \dfrac{y + 1}{2}$. 再交换 x 与 y 的位置，则所求的反函数为

$y = \ln \dfrac{x + 1}{2}, x \in (-1, +\infty)$.

课堂练习 8

求下列函数的反函数及反函数的定义域，并在同一坐标系中画出直接函数和它的反函数的图像.

（1）$y = 3x + 2, x \in (-\infty, +\infty)$ ；　　　　（2）$y = 3x + 2, x \in [2, 5]$ ；

（3）$y = \ln(x + 1), x \in (-1, +\infty)$ ；　　　　（4）$y = \dfrac{2}{x + 1}$.

1.1.6　复合函数

如果 y 是 u 的函数 $y = f(u)$ ，而 u 又是 x 的函数 $u = \varphi(x)$ ，且 $u = \varphi(x)$ 的值域或其部分包含在函数 $y = f(u)$ 的定义域中，显然 y 也是 x 的函数，此函数称为由 $y = f(u)$ 与 $u = \varphi(x)$ 复合而成的**复合函数**，记作 $y = f[\varphi(x)]$ ，其中 x 是自变量，u 是中间变量.

例如，$y = e^u$ ，$u = 2x^2$ ，则 $y = e^{2x^2}$ 是由 $y = e^u$ 与 $u = 2x^2$ 复合而成的复合函数；而 $y = \ln u$ 与 $u = -x^2$ 不能构成一个复合函数，因为 $u = -x^2$ 的值域 $(-\infty, 0]$ ，没有包含在函数 $y = \ln u$ 的定义域 $(0, +\infty)$ 中.

课堂练习 9

1. 将下列函数组成复合函数.

（1）$y = u^2, u = \cos x$；　　　　　　　（2）$y = 2^u, u = 3x^2 + 2$.

2. 指出下列函数是怎样复合而成的.

（1）$y = \sqrt{3x^2 - 2x}$；　　　　　　　（2）$y = \sin^3(2x^2 - 4)$.

1.1.7　初等函数

1. 基本初等函数

常数函数：$y = C$.

幂函数：$y = x^\alpha$（α 为常数）.

指数函数：$y = a^x$（$a > 0$，$a \neq 1$，a 为常数）.

对数函数：$y = \log_a x$（$a > 0$，$a \neq 1$，a 为常数）.

三角函数：$y = \sin x$，$y = \cos x$，$y = \tan x$，$y = \cot x$，$y = \sec x$，$y = \csc x$.

反三角函数：$y = \arcsin x$，$y = \arccos x$，$y = \arctan x$，$y = \operatorname{arccot} x$.

这六种函数统称为**基本初等函数**，表 1.1 列出了基本初等函数的定义域、值域、图像和特性.

表 1.1

类别	函数	定义域与值域	图像	特性
常数函数	$y = C$	$x \in (-\infty, +\infty)$，$y = C$		有界函数；偶函数；周期函数
幂函数	$y = x$	$x \in (-\infty, +\infty)$，$y \in (-\infty, +\infty)$		奇函数；单调增函数
幂函数	$y = x^2$	$x \in (-\infty, +\infty)$，$y \in [0, +\infty)$		偶函数；在 $(-\infty, 0]$ 内单调减，在 $[0, +\infty)$ 内单调增

类别	函数	定义域与值域	图像	特性
幂函数	$y = x^3$	$x \in (-\infty, +\infty)$， $y \in (-\infty, +\infty)$		奇函数； 单调增函数
	$y = \dfrac{1}{x}$	$x \in (-\infty, 0) \bigcup (0, +\infty)$， $y \in (-\infty, 0) \bigcup (0, +\infty)$		奇函数； 单调减函数
	$y = \sqrt{x}$	$x \in [0, +\infty)$， $y \in [0, +\infty)$		单调增函数
指数函数	$y = a^x$ $(a>1)$	$x \in (-\infty, +\infty)$， $y \in (0, +\infty)$		过点 $(0,1)$， 单调增函数
	$y = a^x$ $(0<a<1)$	$x \in (-\infty, +\infty)$， $y \in (0, +\infty)$		过点 $(0,1)$， 单调减函数
对数函数	$y = \log_a x$ $(a>1)$	$x \in (0, +\infty)$， $y \in (-\infty, +\infty)$		过点 $(1,0)$， 单调增函数
	$y = \log_a x$ $(0<a<1)$	$x \in (0, +\infty)$， $y \in (-\infty, +\infty)$		过点 $(1,0)$， 单调减函数

类别	函数	定义域与值域	图像	特性
三角函数	$y=\sin x$	$x\in(-\infty,+\infty)$，$y\in[-1,1]$		奇函数；周期为 2π；有界；在 $\left[2k\pi-\dfrac{\pi}{2},2k\pi+\dfrac{\pi}{2}\right]$ $(k\in\mathbf{Z})$ 上单调增，在 $\left[2k\pi+\dfrac{\pi}{2},2k\pi+\dfrac{3\pi}{2}\right]$ $(k\in\mathbf{Z})$ 上单调减
	$y=\cos x$	$x\in(-\infty,+\infty)$，$y\in[-1,1]$		偶函数；周期为 2π；有界；在 $[2k\pi,2k\pi+\pi]$ $(k\in\mathbf{Z})$ 上单调减，在 $[2k\pi+\pi,2k\pi+2\pi]$ $(k\in\mathbf{Z})$ 上单调增
	$y=\tan x$	$x\neq k\pi+\dfrac{\pi}{2}(k\in\mathbf{Z})$，$y\in(-\infty,+\infty)$		奇函数；周期为 π；在 $\left(k\pi-\dfrac{\pi}{2},k\pi+\dfrac{\pi}{2}\right)$ $(k\in\mathbf{Z})$ 上单调增
	$y=\cot x$	$x\neq k\pi(k\in\mathbf{Z})$，$y\in(-\infty,+\infty)$		奇函数；周期为 π；在 $(k\pi,\ k\pi+\pi)$ $(k\in\mathbf{Z})$ 上单调减
反三角函数	$y=\arcsin x$	$x\in[-1,1]$，$y\in\left[-\dfrac{\pi}{2},\dfrac{\pi}{2}\right]$		奇函数；有界；单调增函数
	$y=\arccos x$	$x\in[-1,1]$，$y\in[0,\pi]$		有界；单调减函数

续表

类别	函数	定义域与值域	图像	特性
反三角函数	$y = \arctan x$	$x \in (-\infty, +\infty)$，$y \in \left(-\dfrac{\pi}{2}, \dfrac{\pi}{2}\right)$		奇函数；有界；单调增函数
	$y = \operatorname{arccot} x$	$x \in (-\infty, +\infty)$，$y \in (0, \pi)$		有界；单调减函数

2. 初等函数

由基本初等函数经过有限次的四则运算和有限次的函数复合所构成的，并且能用一个解析式表示的函数，称为**初等函数**.

例如：$y = 2^{\cos x} + \ln(\sqrt[3]{4^{3x} + 3} + \sin 8x)$ 是初等函数；而 $y = \begin{cases} 1, & x \geq 0 \\ -1, & x < 0 \end{cases}$ 不能用一个解析式表示，因此不是初等函数.

课堂练习 10

1. 某工厂要靠墙壁围出一个矩形场地，现有存砖只够砌 20 m 的墙. 设所围场地需要利用 x(m) 的墙壁，写出场地面积 y 与 x 之间的函数关系，并求出函数的定义域.

2. 某城市对居民生活用水实行阶梯收费，当每户月用水量不超过 25 t 时，水费为 2.32 元/t；超过 25 t，但不超过 33 t，超出部分水费为 3.08 元/t；超过 33 t 的部分，水费为 3.84 元/ t.

（1）写出水费 y 与用水量 x 之间的函数关系；

（2）若甲、乙、丙三户某月用水量分别为 23 t、30 t、40 t，计算这三户当月的水费.

习题 1.1

1. 已知 $f(x) = \begin{cases} \sin x, & |x| < \dfrac{\pi}{4} \\ \cos x, & |x| \geq \dfrac{\pi}{4} \end{cases}$，求 $f\left(\dfrac{\pi}{6}\right)$，$f\left(-\dfrac{\pi}{4}\right)$，$f\left(\dfrac{\pi}{2}\right)$，$f(-2)$.

2. 求下列函数的定义域，并用区间表示.

（1）$y = \sqrt{2x - 1}$；

（2）$y = \dfrac{1}{4 - x^2}$；

（3）$y = \dfrac{1}{x} - \sqrt{1-x^2}$；　　　　　（4）$y = \lg(\ln x)$.

3. 讨论函数 $y = 2x + \ln x$ 在区间 $(0, +\infty)$ 内的单调性.

4. 讨论下列函数的奇偶性.

（1）$y = x^3 \sin x - 1$；　　　　　（2）$y = e^x \cos x$；

（3）$y = x(x-2)(x+2)$；　　　　　（4）$y = \dfrac{a^x - 1}{a^x + 1}$.

5. 下列函数中，哪些是周期函数？对于周期函数，指出其周期：

（1）$y = \cos(x-1)$；　　　　　（2）$y = x \tan x$；

（3）$y = \sin^2 x$；　　　　　（4）$v = 220\sqrt{2} \sin\left(100\pi t - \dfrac{\pi}{2}\right)$.

6. 求下列函数的反函数和反函数的定义域.

（1）$y = \dfrac{x+2}{x-2}$；　　　　　（2）$y = e^{3x+5}$；

（3）$y = \dfrac{x}{1+x}$；　　　　　（4）$y = 1 - \sin x$.

7. 求出复合函数 $y = f(x)$.

（1）$y = \sqrt{u}, u = x^2 + 4$；　　　　　（2）$y = \sin u, u = 2 - \ln v, v = 3x + 1$.

8. 指出下列复合函数是怎样复合而成的.

（1）$y = \sqrt{3x-1}$；　　　（2）$y = 2^{3}\sqrt{1+x}$；　　　（3）$y = (1+\ln x)^4$；

（4）$y = e^{\sin^2 x}$；　　　（5）$y = \sqrt{\ln\sqrt{x}}$；　　　（6）$y = \arctan\sqrt{2x-5}$.

9. 某运输公司的货运价格实行梯度收费，不超过 a 公里运费为 k 元/吨·公里；超过 a 公里的部分 8 折优惠. 写出每吨货物运价 m（元）和货运里程 s（公里）之间的函数关系.

10. 火车站托运行李收费规定如下：当行李不超过 50 kg 时，按每千克 0.15 元收费；超过 50 kg 后，超重部分按每千克 0.25 元收费. 试建立行李收费 $f(x)$（元）与行李质量 $x(\text{kg})$ 之间的函数关系.

11. 已知某产品的定价是 60 元，求该产品的销售收入 y 与其销售量 x 之间的函数关系. 若用 200 元钱去购买一件或多件该产品，有几种购买方法？每一种购买方法需付多少钱？

12. 一辆汽车在出发时油箱中储油 50 L，若行驶时耗油的速度为 5 L/h，求解下列问题：

（1）开始行驶后油箱中的剩余油量 y 与行驶时间 t 之间的函数关系；

（2）行驶 5 h 后，油箱中的剩余油量.

1.2　极限

1.2.1　数列的极限

1. 数列的概念

按一定次序排列的一列数

$$x_1, x_2, x_3, \cdots, x_n, \cdots$$

叫做**数列**，简记为 $\{x_n\}$，数列的第 n 项 x_n 称为**通项**或**一般项**.

例如，数列 $1, 2, 3, \cdots, n, \cdots$ 的通项为 $x_n = n$；数列 $\dfrac{1}{2}, \dfrac{2}{3}, \dfrac{3}{4}, \cdots, \dfrac{n}{n+1}, \cdots$ 的通项为 $x_n = \dfrac{n}{n+1}$.

数列 $\{x_n\}$ 可以看成定义域为全体正整数的函数：$x_n = f(n), n \in \mathbf{N}^+$.

2. 数列的极限

定义 1 对于数列 $\{x_n\}$，如果当 n 无限增大时，x_n 无限趋近于某个确定的常数 a，则称 a 为数列 $\{x_n\}$ 的**极限**，或者称数列 $\{x_n\}$ 收敛于 a，记作

$$\lim_{n \to \infty} x_n = a \quad \text{或} \quad x_n \to a \, (n \to \infty).$$

如果不存在这样的常数 a，就说数列 $\{x_n\}$ 没有极限，或者说数列 $\{x_n\}$ 是**发散的**，习惯上也说 $\lim\limits_{n \to \infty} x_n$ 不存在.

例 1 利用极限定义，讨论下列数列的极限.

（1）$x_n = \dfrac{1}{3^n}$；　　　（2）$x_n = \dfrac{n}{n+1}$；　　　（3）$x_n = \dfrac{(-1)^n + 1}{2}$；　　　（4）$x_n = n^2$.

解 （1）数列 $\{x_n\}$ 各项依次为：

$$\frac{1}{3}, \ \frac{1}{9}, \ \frac{1}{27}, \ \frac{1}{81}, \ \frac{1}{243}, \ \frac{1}{729}, \ \cdots,$$

当 n 无限增大时，$x_n = \dfrac{1}{3^n}$ 无限趋近于 0. 所以，由数列极限的定义可知 $\lim\limits_{n \to \infty} \dfrac{1}{3^n} = 0$.

（2）数列 $\{x_n\}$ 各项依次为：

$$\frac{1}{2}, \ \frac{2}{3}, \ \frac{3}{4}, \ \frac{4}{5}, \ \frac{5}{6}, \ \frac{6}{7}, \ \frac{7}{8}, \ \cdots,$$

当 n 无限增大时，$x_n = \dfrac{n}{n+1}$ 无限趋近于 1. 所以，由数列极限的定义可知 $\lim\limits_{n \to \infty} \dfrac{n}{n+1} = 1$.

（3）数列 $\{x_n\}$ 各项依次为：

$$0, \ 1, \ 0, \ 1, \ 0, \ 1, \ 0, \ 1, \ \cdots,$$

其奇数项为 0，偶数项为 1，当 n 无限增大时，$x_n = \dfrac{(-1)^n + 1}{2}$ 不可能无限趋近于任何一个常数，所以 $\lim\limits_{n \to \infty} x_n$ 不存在.

（4）数列 $\{x_n\}$ 各项依次为：

$$1, \ 4, \ 9, \ 16, \ 25, \ 36, \ 49, \ \cdots,$$

当 n 无限增大时，$x_n = n^2$ 也无限增大，不可能无限趋近于任何一个常数，所以 $\lim\limits_{n \to \infty} x_n$ 不存在.

课堂练习1

1. 写出下列数列 $\{x_n\}$ 的前 5 项.

（1） $x_n = 1 - \dfrac{1}{\sqrt{n}}$ ；　　　　　　　　　　（2） $x_n = 1 - (-1)^{n-1} \dfrac{n}{2^n + 1}$.

2. 下列数列的极限是否存在？如果存在，求出其极限.

（1） $x_n = \dfrac{1}{2n-1}$ ；　　　　　　　　　　（2） $x_n = (-1)^{n-1} \dfrac{1}{n+1}$.

1.2.2 函数的极限

函数 $y = f(x)$ 的极限，要根据自变量的变化过程，分两种情形来讨论. 一是当自变量 x 的绝对值无限增大（记为 $x \to \infty$ ）时，函数 $f(x)$ 的极限；二是当自变量 x 无限趋近于 x_0（记为 $x \to x_0$ ）时，函数 $f(x)$ 的极限.

1. $x \to \infty$ 时函数 $f(x)$ 的极限

定义 2　设函数 $f(x)$ 在 $|x| > a$ 时有定义，如果当 $|x|$ 无限增大时，对应的函数值 $f(x)$ 无限趋近于某个确定的常数 A ，则称常数 A 为函数 $f(x)$ 当 $x \to \infty$ **时的极限**，记作

$$\lim_{x \to \infty} f(x) = A \quad \text{或} \quad f(x) \to A \,(x \to \infty).$$

如果 $x > 0$ 且无限增大（记作 $x \to +\infty$ ）或 $x < 0$ 而 $|x|$ 无限增大（记作 $x \to -\infty$ ），则将定义 2 做适当修改，便得下面的定义.

定义 3　当自变量 x 取正值并且无限增大时，如果函数 $f(x)$ 无限趋近于某个确定的常数 A ，则称常数 A 为函数 $f(x)$ 当 $x \to +\infty$ **时的极限**，记作

$$\lim_{x \to +\infty} f(x) = A \quad \text{或} \quad f(x) \to A \,(x \to +\infty).$$

定义 4　当自变量 x 取负值并且其绝对值无限增大时，如果函数 $f(x)$ 无限趋近于某个确定的常数 A ，则称常数 A 为函数 $f(x)$ 当 $x \to -\infty$ **时的极限**，记作

$$\lim_{x \to -\infty} f(x) = A \quad \text{或} \quad f(x) \to A \,(x \to -\infty).$$

由上述定义可知：

定理 1　$\lim\limits_{x \to \infty} f(x) = A \Leftrightarrow \lim\limits_{x \to -\infty} f(x) = \lim\limits_{x \to +\infty} f(x) = A$.

由定理 1 可知， $\lim\limits_{x \to -\infty} f(x)$ 和 $\lim\limits_{x \to +\infty} f(x)$ 都存在，但不相等时， $\lim\limits_{x \to \infty} f(x)$ 不存在. 特别地，如果当 $x \to \infty$ 时， $f(x) \to \infty$ ， $\lim\limits_{x \to \infty} f(x)$ 也不存在，但为了方便起见，这种情况也记作 $\lim\limits_{x \to \infty} f(x) = \infty$.

例 2　讨论下列函数的极限 $\lim\limits_{x \to -\infty} f(x)$ 、 $\lim\limits_{x \to +\infty} f(x)$ 和 $\lim\limits_{x \to \infty} f(x)$ 是否存在，若存在，求出其值；若不存在，说明理由.

（1） $f(x) = \dfrac{x-1}{x}$ ；　　　　　　　　　　（2） $f(x) = \mathrm{e}^x$ ；

（3） $f(x) = \arctan x$ ；　　　　　　　　　　（4） $f(x) = \sin x$.

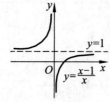

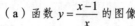

（a）函数 $y = \dfrac{x-1}{x}$ 的图像

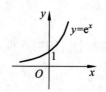

（b）函数 $y = \mathrm{e}^x$ 的图像

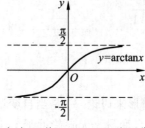

（c）函数 $y = \arctan x$ 的图像

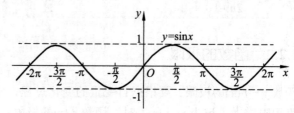

（d）函数 $y = \sin x$ 的图像

图 1.2-1　例 2 图

解　如图 1.2-1 所示.

（1）由 $y = \dfrac{x-1}{x}$ 的图像和极限的定义可知,

$$\lim_{x \to -\infty} \frac{x-1}{x} = 1 , \quad \lim_{x \to +\infty} \frac{x-1}{x} = 1 ,$$

所以，由定理 1 知，$\displaystyle\lim_{x \to \infty} \frac{x-1}{x} = 1$.

（2）由 $y = \mathrm{e}^x$ 的图像和极限的定义可知,

$$\lim_{x \to -\infty} \mathrm{e}^x = 0 , \quad \lim_{x \to +\infty} \mathrm{e}^x = +\infty ,$$

所以，由定理 1 知，$\displaystyle\lim_{x \to \infty} \mathrm{e}^x$ 不存在.

（3）由 $y = \arctan x$ 的图像知

$$\lim_{x \to -\infty} \arctan x = -\frac{\pi}{2}, \quad \lim_{x \to +\infty} \arctan x = \frac{\pi}{2},$$

所以 $\displaystyle\lim_{x \to -\infty} \arctan x \neq \lim_{x \to +\infty} \arctan x$ ，从而 $\displaystyle\lim_{x \to \infty} \arctan x$ 不存在.

（4）$y = \sin x$ 是周期函数，其函数值在 -1 与 1 之间不断变化. 当 $x \to -\infty$ 和 $x \to +\infty$ 时，$y = \sin x$ 都不趋近于任何确定常数，所以 $\displaystyle\lim_{x \to -\infty} \sin x$ 、$\displaystyle\lim_{x \to +\infty} \sin x$ 和 $\displaystyle\lim_{x \to \infty} \sin x$ 都不存在.

2. $x \to x_0$ 时函数 $f(x)$ 的极限

我们首先介绍邻域的概念. 设 a, δ 为两个实数，且 $\delta > 0$，开区间 $(a - \delta, a + \delta)$ 称为点 a 的 δ 邻域，记作 $U(a, \delta)$，即

$$U(a, \delta) = (a - \delta, a + \delta) = \left\{ x \,\middle|\, |x - a| < \delta \right\}.$$

在点 a 的 δ 邻域中去掉点 a，称为点 a 的**去心 δ 邻域**，记作 $\mathring{U}(a,\delta)$，即

$$\mathring{U}(a,\delta) = \left\{x \mid 0 < |x-a| < \delta\right\}.$$

定义 5 设函数 $f(x)$ 在点 x_0 的某个去心 δ 邻域 $\mathring{U}(a,\delta)$ 内有定义，如果当自变量 x 在 $\mathring{U}(a,\delta)$ 内无限趋近于 x_0 时，函数 $f(x)$ 无限趋近于某个确定的常数 A，则称常数 A 为函数 $f(x)$ 当 $x \to x_0$ 时的极限，记作

$$\lim_{x \to x_0} f(x) = A \quad \text{或} \quad f(x) \to A \, (x \to x_0).$$

由定义 5 知，极限 $\lim\limits_{x \to x_0} f(x)$ 是否存在，与函数 $f(x)$ 在点 x_0 处有没有定义无关.

例 3 根据函数图像和极限定义说明下列各式.

（1）$\lim\limits_{x \to x_0} x = x_0$；

（2）$\lim\limits_{x \to x_0} C = C$；

（3）$\lim\limits_{x \to 3} \dfrac{x^2-9}{x-3} = 6$；

（4）$\lim\limits_{x \to 1} \dfrac{1}{x-1}$ 不存在.

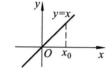

（a）函数 $y = x$ 的图像

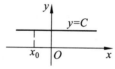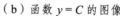

（b）函数 $y = C$ 的图像

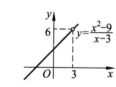

（c）函数 $y = \dfrac{x^2-9}{x-3}$ 的图像

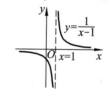

（d）函数 $y = \dfrac{1}{x-1}$ 的图像

图 1.2-2 例 3 图

解 如图 1.2-2 所示.

（1）从图像上看，当自变量 x 趋近于 x_0 时，函数 $y = x$ 也趋近于 x_0，于是根据极限的定义有 $\lim\limits_{x \to x_0} x = x_0$.

（2）从图像上看，无论自变量取何值，函数都取相同的常数 C，那么当自变量 x 趋近于 x_0 时，函数 $y = C$ 趋近于常数 C，所以根据极限的定义有 $\lim\limits_{x \to x_0} C = C$.

（3）函数 $f(x) = \dfrac{x^2-9}{x-3}$ 的定义域为 $\{x \in \mathbf{R} \mid x \neq 3\}$. 从图像上看，当 x 无限趋近于 3 但不等于 3 时，函数 $f(x) = \dfrac{x^2-9}{x-3}$ 无限趋近于 6，所以根据极限的定义有 $\lim\limits_{x \to 3} \dfrac{x^2-9}{x-3} = 6$.

（4）从图像上看，当自变量 x 无限趋近于 1 时，函数 $f(x) = \dfrac{1}{x-1}$ 趋近于 ∞，不趋近于任何一个确定的常数，所以 $\lim\limits_{x \to 1} \dfrac{1}{x-1}$ 不存在.

3. 单侧极限

定义 5 中，x 可以以任意方式趋近于 x_0，下面讨论 x 从小于 x_0 的方向（记为 $x \to x_0^-$）和从大于 x_0 的方向（记为 $x \to x_0^+$）趋近于 x_0 时的极限.

定义 6 当 $x \to x_0^-$ 时，如果函数 $f(x)$ 无限趋近于某个确定的常数 A，则称 A 为函数 $f(x)$ 当 $x \to x_0$ 时的**左极限**，记作

$$\lim_{x \to x_0^-} f(x) = A \quad \text{或} \quad f(x) \to A \, (x \to x_0^-).$$

定义 7 当 $x \to x_0^+$ 时，如果函数 $f(x)$ 无限趋近于某个确定的常数 A，则称 A 为函数 $f(x)$ 当 $x \to x_0$ 时的**右极限**，记作

$$\lim_{x \to x_0^+} f(x) = A \quad \text{或} \quad f(x) \to A \, (x \to x_0^+).$$

函数 $f(x)$ 在点 x_0 的左极限与右极限也分别记作 $f(x_0^-)$ 与 $f(x_0^+)$. 左极限与右极限统称为**单侧极限**.

定理 2 $\lim_{x \to x_0} f(x) = A \Leftrightarrow \lim_{x \to x_0^-} f(x) = \lim_{x \to x_0^+} f(x) = A.$

例 4 设函数 $f(x) = \begin{cases} x+2, & x < 2 \\ 3x-2, & 2 \le x \le 3 \\ 2x, & x > 3 \end{cases}$，

（1）函数 $f(x)$ 在 $x = 2$ 处的左、右极限是否存在？

（2）函数 $f(x)$ 在 $x = 2$ 处的极限是否存在？

（3）函数 $f(x)$ 在 $x = 3$ 处的极限是否存在？

解 （1）根据函数左、右极限的定义，可得

$$\lim_{x \to 2^-} f(x) = \lim_{x \to 2^-} (x+2) = 4, \quad \lim_{x \to 2^+} f(x) = \lim_{x \to 2^+} (3x-2) = 4.$$

（2）由（1）可知，$\lim_{x \to 2^-} f(x) = \lim_{x \to 2^+} f(x) = 4$. 所以，$f(x)$ 在点 $x = 2$ 处的极限存在，且 $\lim_{x \to 2} f(x) = 4$.

（3）根据函数左、右极限的定义可得

$$\lim_{x \to 3^-} f(x) = \lim_{x \to 3^-} (3x-2) = 7, \quad \lim_{x \to 3^+} f(x) = \lim_{x \to 3^+} 2x = 6.$$

尽管 $f(x)$ 在 $x = 3$ 处的左、右极限都存在，但不相等，所以，由定理 2 知 $f(x)$ 在 $x = 3$ 处的极限不存在.

课堂练习 2

1. 根据函数的图像及极限的定义填空.

（1）$\lim_{x \to -\infty} e^x = ($　　$)$；　　（2）$\lim_{x \to 0} x^2 = ($　　$)$；　　（3）$\lim_{x \to \frac{\pi}{2}} \sin x = ($　　$)$；

（4）$\lim_{x \to (\ )} \dfrac{x+1}{x} = 1$；　　（5）$\lim_{x \to (\ )} \arctan x = -\dfrac{\pi}{2}$；　　（6）$\lim_{x \to (\ )} e^{-x} = 0$.

2. 设函数 $f(x) = \begin{cases} -x+1, & x < 1 \\ 2x-1, & 1 \leqslant x \leqslant 2 \\ 3, & x > 2 \end{cases}$,

（1）函数 $f(x)$ 在 $x=1$ 处的左、右极限是否存在？

（2）函数 $f(x)$ 在 $x=1$ 处的极限是否存在？

（3）函数 $f(x)$ 在 $x=2$ 处的极限是否存在？

习题 1.2

1. 观察下列数列，哪些数列收敛？哪些数列发散？为什么？

（1）$x_n = \dfrac{1}{2n+1}$ ；

（2）$x_n = (-1)^n \dfrac{n+1}{n+2}$ ；

（3）$x_n = 2 - \dfrac{1}{\sqrt{n}}$ ；

（4）$x_n = \begin{cases} 1, & n \text{ 为奇数} \\ 0, & n \text{ 为偶数} \end{cases}$.

2. 根据函数的图像和极限的定义判断下列函数的极限是否存在，若存在，写出极限值.

（1）$\lim\limits_{x\to\infty}\left(1+\dfrac{1}{x}\right)$ ；

（2）$\lim\limits_{x\to\infty}\dfrac{2x+3}{3x}$ ；

（3）$\lim\limits_{x\to+\infty}\left(\dfrac{1}{2}\right)^x$ ；

（4）$\lim\limits_{x\to+\infty} 2^x$ ；

（5）$\lim\limits_{x\to2}(3x-2)$ ；

（6）$\lim\limits_{x\to2}\dfrac{1}{x-1}$ ；

（7）$\lim\limits_{x\to-1^+}\sqrt{x+1}$ ；

（8）$\lim\limits_{x\to0^-}\ln(1-x)$.

3. 设函数 $f(x) = \begin{cases} x-1, & x < 1 \\ 0, & x = 1 \\ x^2-1, & x > 1 \end{cases}$,

（1）画出函数 $y=f(x)$ 的草图，并求单侧极限 $\lim\limits_{x\to1^-}f(x)$ 与 $\lim\limits_{x\to1^+}f(x)$ ；

（2）极限 $\lim\limits_{x\to1}f(x)$ 是否存在？若存在，求出其值；若不存在，说明理由；

（3）极限 $\lim\limits_{x\to4}f(x)$ 是否存在？若存在，求出其值；若不存在，说明理由.

1.3　无穷小与无穷大

1.3.1　无穷小

1. 无穷小的概念

定义 1　如果 $\lim\limits_{x\to x_0}f(x)=0$（或 $\lim\limits_{x\to\infty}f(x)=0$），就称函数 $f(x)$ 是当 $x\to x_0$（或 $x\to\infty$）时的无穷小量，简称无穷小.

例如,因为 $\lim\limits_{x \to 2}(x-2)=0$,所以 $x-2$ 是当 $x \to 2$ 时的无穷小;$\lim\limits_{x \to \infty}\dfrac{1}{x}=0$,所以 $\dfrac{1}{x}$ 是当 $x \to \infty$ 时的无穷小.

注意 1° 无穷小是极限为零的变量,绝不能把任何一个绝对值很小的常数(如 10^{-100} , -10^{-10} 等)说成是无穷小. 但 0 是常数中唯一的无穷小量.

2° 说一个函数是无穷小时,必须指明自变量 x 的变化过程. 例如,函数 $y=\dfrac{1}{x}$,当 $x \to \infty$ 时,是无穷小;当 $x \to 1$ 时,不是无穷小.

2. 无穷小的性质

性质 1 有限个无穷小的代数和仍是无穷小.

性质 2 无穷小与有界变量的乘积仍是无穷小.

性质 3 有限个无穷小的乘积仍是无穷小.

由性质 2 可以推出:

推论 常数乘以无穷小仍是无穷小.

例 1 求 $\lim\limits_{x \to 0}(x^2+\tan x)$.

解 因为 $x \to 0$ 时,x^2 和 $\tan x$ 都是无穷小,由性质 1 知,$(x^2+\tan x)$ 也是 $x \to 0$ 时的无穷小,所以 $\lim\limits_{x \to 0}(x^2+\tan x)=0$.

例 2 求 $\lim\limits_{x \to \infty}\dfrac{\sin x}{x}$.

解 因为 $\dfrac{1}{x}$ 是 $x \to \infty$ 时的无穷小,又 $|\sin x| \leqslant 1$,即 $\sin x$ 在实数范围内是有界变量,所以,由性质 2 知,$\dfrac{\sin x}{x}=\dfrac{1}{x}\sin x$ 是无穷小,即 $\lim\limits_{x \to \infty}\dfrac{\sin x}{x}=0$.

课堂练习 1

1. 当 $x \to \infty$ 时,下列哪些函数是无穷小?

(1) $y=\dfrac{1}{x^2}$;   (2) $y=3^x$;

(3) $y=\left(\dfrac{1}{3}\right)^x$;   (4) $y=\sin\dfrac{1}{x}$.

2. 求下列极限.

(1) $\lim\limits_{x \to \infty}\left(\dfrac{1}{x}+\dfrac{1}{x^2}\right)$;   (2) $\lim\limits_{x \to +\infty}\dfrac{e^{-x}}{x}$;   (3) $\lim\limits_{x \to 0}x\cos\dfrac{1}{x}$.

1.3.2 无穷大

定义 2 如果当 $x \to x_0$ (或 $x \to \infty$)时,函数 $f(x)$ 的绝对值无限增大,则称函数 $f(x)$ 为

当 $x \to x_0$ （或 $x \to \infty$ ）时的**无穷大量**，简称**无穷大**，记作

$$\lim_{x \to x_0} f(x) = \infty \quad \left(\lim_{x \to \infty} f(x) = \infty \right).$$

例如，当 $x \to 0$ 时，$\dfrac{1}{x}$ 是无穷大；当 $x \to \infty$ 时，x^2 是无穷大.

注意 1°　无穷大是指绝对值可以无限增大的变量，不是常数，不能与绝对值很大的常数混为一谈，一个无论多么大的常数（如 10^{100}）都不是无穷大.

2°　说一个函数是无穷大时，必须指明自变量的变化过程. 例如，函数 $y = \dfrac{1}{x}$ ，当 $x \to 0$ 时是无穷大；当 $x \to \infty$ 时不是无穷大.

3°　当 $x \to x_0$ （或 $x \to \infty$ ）时，函数 $f(x)$ 的绝对值无限增大，按极限的定义，函数 $f(x)$ 的极限是不存在的，但为了便于叙述函数的这一变化状态，我们也说函数的极限是无穷大.

课堂练习 2

当 $x \to 0^+$ 时，下列哪些函数是无穷大？

（1）$y = \dfrac{1}{x}$ ；　　　　（2）$y = \ln x$ ；　　　　（3）$y = 2x$ ；　　　　（4）$y = x^2$.

1.3.3　无穷小与无穷大的关系

定理　在自变量的同一变化过程中，

（1）如果 $f(x)$ 为无穷大，则 $\dfrac{1}{f(x)}$ 为无穷小；

（2）如果 $f(x)$ 为无穷小，且 $f(x) \neq 0$，则 $\dfrac{1}{f(x)}$ 为无穷大.

例如，$x \to 0$ 时，$\sin x$ 是无穷小，$\dfrac{1}{\sin x}$ 是无穷大；当 $x \to +\infty$ 时，e^x 是无穷大，$e^{-x} = \dfrac{1}{e^x}$ 是无穷小.

例 3　求 $\lim\limits_{x \to 2} \dfrac{1}{x-2}$.

解　因为 $\lim\limits_{x \to 2}(x-2) = 0$ ，所以，由定理知 $\lim\limits_{x \to 2} \dfrac{1}{x-2} = \infty$.

例 4　求 $\lim\limits_{x \to \infty} \dfrac{x^4}{x^3+5}$.

解　因为

$$\lim_{x \to \infty} \frac{x^3+5}{x^4} = \lim_{x \to \infty} \left(\frac{1}{x} + \frac{5}{x^4} \right) = 0,$$

于是，由定理知 $\lim\limits_{x \to \infty} \dfrac{x^4}{x^3+5} = \infty$.

课堂练习 3

1. 当 $x \to 0^+$ 时，下列哪些函数是无穷大？

（1）$y = \dfrac{1}{x^2}$；

（2）$y = 3^{-x}$.

2. 当 $x \to \infty$ 时，下列哪些函数是无穷小？

（1）$y = 2^{-x}$；

（2）$y = \dfrac{1}{x^2}$.

3. 求 $\lim\limits_{x \to 3} \dfrac{x+3}{x^2-9}$.

习题 1.3

1. 判断题.

（1）非常小的数是无穷小. （　　）

（2）零是无穷小. （　　）

（3）无穷小是一个函数. （　　）

（4）两个无穷小的商是无穷小. （　　）

（5）两个无穷大的和一定是无穷大. （　　）

2. 下列变量中，哪些是无穷小？哪些是无穷大？

（1）$f(x) = \sqrt[3]{x^2}, x \to 0$；

（2）$f(x) = \dfrac{1}{x+2}, x \to -2$；

（3）$x_n = (-1)^n \dfrac{n^2+1}{2n+1}, n \to \infty$；

（4）$f(x) = x\cos\dfrac{2}{x}, x \to 0$.

3. 下列函数在自变量怎样变化时是无穷小？在自变量怎样变化时是无穷大？

（1）$y = \dfrac{1}{x^2-1}$；

（2）$y = \ln(x+2)$；

（3）$y = \tan x$；

（4）$y = \dfrac{x+1}{x-1}$.

4. 设 $f(x) = e^x$，回答下列问题：

（1）当 $x \to -\infty$ 时，$f(x)$ 是无穷小还是无穷大？

（2）当 $x \to +\infty$ 时，$f(x)$ 是无穷小还是无穷大？

（3）当 $x \to \infty$ 时，由（1）和（2）小题的结论说明 $f(x)$ 既不是无穷小也不是无穷大.

1.4 极限运算法则

本节介绍极限的四则运算法则，利用这些法则可以求某些较复杂的函数的极限.

定理　设在自变量的同一变化过程中，$\lim f(x)$ 和 $\lim g(x)$ 都存在，则

（1）$\lim[f(x) \pm g(x)] = \lim f(x) \pm \lim g(x)$.

（2）$\lim[f(x) \cdot g(x)] = \lim f(x) \cdot \lim g(x)$.

（3）$\lim \dfrac{f(x)}{g(x)} = \dfrac{\lim f(x)}{\lim g(x)}$（$\lim g(x) \neq 0$）.

注意 1°　定理中"lim"的下面没有标明自变量的变化过程，是泛指 $x \to x_0$ 或 $x \to \infty$ 的一种，本书以下同，不再说明.

2°　因数列是特殊的函数，所以，这些法则对数列也成立.

3°　定理中的（1）、（2）可推广到有限个函数的情形. 如果 $\lim f_1(x)$，$\lim f_2(x)$，$\cdots$，$\lim f_n(x)$ 都存在，则有

$$\lim[f_1(x) \pm f_2(x) \pm \cdots \pm f_n(x)] = \lim f_1(x) \pm \lim f_2(x) \pm \cdots \pm \lim f_n(x)，$$

$$\lim[f_1(x) \cdot f_2(x) \cdots f_n(x)] = \lim f_1(x) \cdot \lim f_2(x) \cdots \lim f_n(x).$$

推论　设 $\lim f(x)$ 存在，C 为常数，n 为正整数，则

（1）$\lim[Cf(x)] = C\lim f(x)$.

（2）$\lim[f(x)]^n = [\lim f(x)]^n$.

例 1　求 $\lim\limits_{x \to -2}(2x^2 + 5x + 1)$.

解　$\begin{aligned}\lim\limits_{x \to -2}(2x^2 + 5x + 1) &= \lim\limits_{x \to -2}2x^2 + \lim\limits_{x \to -2}5x + \lim\limits_{x \to -2}1 \\ &= 2\lim\limits_{x \to -2}x^2 + 5\lim\limits_{x \to -2}x + 1 \\ &= 2(\lim\limits_{x \to -2}x)^2 + 5 \times (-2) + 1 \\ &= 2 \times (-2)^2 + 5 \times (-2) + 1 = -1.\end{aligned}$

一般地，设多项式 $P_n(x) = a_0 x^n + a_1 x^{n-1} + \cdots + a_{n-1}x + a_n$，则 $\lim\limits_{x \to x_0}P_n(x) = P_n(x_0)$.

例 2　求 $\lim\limits_{x \to 1}\dfrac{x^3 + 8}{3x^2 + 6x - 4}$.

解　分母的极限 $\lim\limits_{x \to 1}(3x^2 + 6x - 4) = 3 \times 1^2 + 6 \times 1 - 4 = 5 \neq 0$，则

$$\lim\limits_{x \to 1}\frac{x^3 + 8}{3x^2 + 6x - 4} = \frac{\lim\limits_{x \to 1}(x^3 + 8)}{\lim\limits_{x \to 1}(3x^2 + 6x - 4)} = \frac{1^3 + 8}{3 \times 1^2 + 6 \times 1 - 4} = \frac{9}{5}.$$

一般地，如果有理分式（分子、分母都是多项式的分式）的分母的极限不为零，则有

$$\lim\limits_{x \to x_0}\frac{P(x)}{Q(x)} = \frac{P(x_0)}{Q(x_0)}，\quad Q(x_0) \neq 0.$$

如果 $Q(x_0) = 0$，那么有理分式的极限不能用上式计算，需要改用其他方法.

例 3　求 $\lim\limits_{x \to 2}\dfrac{x - 2}{x^2 - 4}$.

解　$\lim\limits_{x \to 2}\dfrac{x - 2}{x^2 - 4} = \lim\limits_{x \to 2}\dfrac{x - 2}{(x - 2)(x + 2)} = \lim\limits_{x \to 2}\dfrac{1}{x + 2} = \dfrac{1}{2 + 2} = \dfrac{1}{4}.$

例 4 求 $\lim\limits_{x \to 1} \dfrac{4x-1}{x^2+2x-3}$.

解 因 $\lim\limits_{x \to 1}(x^2+2x-3)=0$，又 $\lim\limits_{x \to 1}(4x-1)=3 \neq 0$，故

$$\lim_{x \to 1} \frac{x^2+2x-3}{4x-1}=\frac{0}{3}=0.$$

由无穷小与无穷大的关系得：$\lim\limits_{x \to 1} \dfrac{4x-1}{x^2+2x-3}=\infty$.

例 5 求 $\lim\limits_{x \to \infty} \dfrac{x^3-2x+4}{3x^3+x^2+1}$.

解 $x \to \infty$ 时，分子、分母的极限都是无穷大，所以不能直接用商的极限法则. 可先将分子与分母同时除以 x^3，再求解.

$$\lim_{x \to \infty} \frac{x^3-2x+4}{3x^3+x^2+1} = \lim_{x \to \infty} \frac{1-\dfrac{2}{x^2}+\dfrac{4}{x^3}}{3+\dfrac{1}{x}+\dfrac{1}{x^3}} = \frac{\lim\limits_{x \to \infty}\left(1-\dfrac{2}{x^2}+\dfrac{4}{x^3}\right)}{\lim\limits_{x \to \infty}\left(3+\dfrac{1}{x}+\dfrac{1}{x^3}\right)} = \frac{1}{3}.$$

例 6 求 $\lim\limits_{x \to \infty} \dfrac{x^2+2x+1}{5x^3-x+7}$.

解 先将分子、分母同时除以 x^3，再求解.

$$\lim_{x \to \infty} \frac{x^2+2x+1}{5x^3-x+7} = \lim_{x \to \infty} \frac{\dfrac{1}{x}+\dfrac{2}{x^2}+\dfrac{1}{x^3}}{5-\dfrac{1}{x^2}+\dfrac{7}{x^3}} = \frac{0}{5} = 0.$$

例 7 求 $\lim\limits_{x \to \infty} \dfrac{3x^3+x^2-x+1}{x^2+2}$.

解 因为 $\lim\limits_{x \to \infty} \dfrac{x^2+2}{3x^3+x^2-x+1}=0$，所以

$$\lim_{x \to \infty} \frac{3x^3+x^2-x+1}{x^2+2}=\infty.$$

例 5、例 6、例 7 是求当 $x \to \infty$ 时有理分式的极限. 若 $a_0 \neq 0$，$b_0 \neq 0$，m 和 n 为非负整数，有：

$$\lim_{x \to \infty} \frac{a_0 x^m+a_1 x^{m-1}+\cdots+a_m}{b_0 x^n+b_1 x^{n-1}+\cdots+b_n} = \begin{cases} 0, & m < n \\ \dfrac{a_0}{b_0}, & m = n \\ \infty, & m > n \end{cases}.$$

注意 上述公式自变量的变化过程是 $x \to \infty$，$x \to +\infty$ 或 $x \to -\infty$.

课堂练习

求下列函数的极限.

（1）$\lim\limits_{x \to 1}(x^2 - 2x + 3)$；

（2）$\lim\limits_{x \to 3} \dfrac{x^2 + 2}{x - 3}$；

（3）$\lim\limits_{x \to \infty} \dfrac{3x^2 + 2}{4x^2 - 3}$；

（4）$\lim\limits_{x \to \infty} \dfrac{4x^2 + 2x}{x - 3}$.

习题 1.4

1. 求下列极限.

（1）$\lim\limits_{x \to 0}(2x^2 + 6x + 5)$；

（2）$\lim\limits_{x \to 1} \dfrac{x^2 + 7}{x^5 + 3x^3 - 2}$；

（3）$\lim\limits_{x \to -3} \dfrac{x^2 - 2x + 3}{(x + 3)^2}$；

（4）$\lim\limits_{x \to -1} \dfrac{x^2 - 5x - 6}{1 - x^2}$；

（5）$\lim\limits_{x \to 2}\left(\dfrac{1}{x - 2} + \dfrac{12}{8 - x^3}\right)$；

（6）$\lim\limits_{h \to 0} \dfrac{(x + h)^2 - x^2}{h}$；

（7）$\lim\limits_{x \to 0} \dfrac{x^2}{1 - \sqrt{1 + x^2}}$；

（8）$\lim\limits_{x \to 0} \dfrac{\sqrt{2 + x} - \sqrt{2 - x}}{x}$.

2. 求下列极限.

（1）$\lim\limits_{x \to \infty}\left(3 + \dfrac{1}{2x}\right)\left(2 - \dfrac{3}{x^3}\right)$；

（2）$\lim\limits_{x \to \infty}\left(\dfrac{x}{x - 1} - \dfrac{2}{x^2 - 1}\right)$；

（3）$\lim\limits_{x \to \infty} \dfrac{\sin x}{\sqrt{1 + x^2}}$；

（4）$\lim\limits_{x \to \infty} \dfrac{2x^4 - 5x^3 + 3}{3x^4 + 7x^2 + 1}$；

（5）$\lim\limits_{x \to \infty} \dfrac{x^3 - 3x^2 + 2x - 1}{5x^2 - 3x + 4}$；

（6）$\lim\limits_{x \to \infty} \dfrac{4x^2 - 5x + 2}{x^3 - 3x^2 + 2x - 6}$；

（7）$\lim\limits_{x \to \infty} \dfrac{(2x + 1)^{10}(5x + 3)^{20}}{(5x + 4)^{30}}$；

（8）$\lim\limits_{x \to +\infty}(\sqrt{x^2 + x + 1} - x)$.

1.5 两个重要极限

1.5.1 第一个重要极限：$\lim\limits_{x \to 0} \dfrac{\sin x}{x} = 1$

表 1.5-1 是 $\dfrac{\sin x}{x}$ 的函数值.

表 1.5-1

x	± 1	± 0.1	± 0.01	± 0.001	$\cdots$
$\dfrac{\sin x}{x}$	0.84147098	0.99833417	0.9999833	0.99999983	$\cdots$

观察表 1.5-1 可知，当 $x \to 0$ 时，$\dfrac{\sin x}{x}$ 的值无限趋近于 1，根据极限定义可知，$\lim\limits_{x \to 0} \dfrac{\sin x}{x} = 1$.

例 1　求 $\lim\limits_{x \to 0} \dfrac{\tan x}{x}$.

解　$\lim\limits_{x \to 0} \dfrac{\tan x}{x} = \lim\limits_{x \to 0} \left(\dfrac{1}{\cos x} \cdot \dfrac{\sin x}{x} \right) = \lim\limits_{x \to 0} \dfrac{1}{\cos x} \cdot \lim\limits_{x \to 0} \dfrac{\sin x}{x} = 1 \times 1 = 1$.

例 2　求 $\lim\limits_{x \to 0} \dfrac{\sin 3x}{2x}$.

解　$\lim\limits_{x \to 0} \dfrac{\sin 3x}{2x} = \lim\limits_{x \to 0} \dfrac{3 \sin 3x}{2 \cdot 3x} = \dfrac{3}{2} \lim\limits_{3x \to 0} \dfrac{\sin 3x}{3x} = \dfrac{3}{2} \times 1 = \dfrac{3}{2}$.

例 3　求 $\lim\limits_{x \to 0} \dfrac{1 - \cos 2x}{x^2}$.

解　$\lim\limits_{x \to 0} \dfrac{1 - \cos 2x}{x^2} = \lim\limits_{x \to 0} \dfrac{2 \sin^2 x}{x^2} = 2 \lim\limits_{x \to 0} \dfrac{\sin^2 x}{x^2} = 2 \left(\lim\limits_{x \to 0} \dfrac{\sin x}{x} \right)^2 = 2$.

课堂练习 1

求下列各式的极限.

（1）$\lim\limits_{x \to 0} \dfrac{\sin 2x}{3x}$；

（2）$\lim\limits_{x \to 0} \dfrac{\sin 5x}{\sin 3x}$；

（3）$\lim\limits_{x \to \infty} \dfrac{\sin x}{x}$；

（4）$\lim\limits_{x \to 1} \dfrac{x-1}{\sin(x-1)}$.

1.5.2　第二个重要极限：$\lim\limits_{x \to \infty} \left(1 + \dfrac{1}{x} \right)^x = \mathrm{e}$

表 1.5-2 是 $\left(1 + \dfrac{1}{x} \right)^x$ 的函数值.

表 1.5-2

x	10	100	1000	10000	100000	$\cdots$
$\left(1+\dfrac{1}{x}\right)^x$	2.593742	2.704814	2.716924	2.718146	2.718268	$\cdots$
x	-10	-100	-1000	-10000	-100000	$\cdots$
$\left(1+\dfrac{1}{x}\right)^x$	2.867972	2.731999	2.719642	2.718418	2.718295	$\cdots$

观察表 1.5-2 可知，当 $x \to \infty$ 时，$\left(1+\dfrac{1}{x}\right)^x$ 的值无限趋近于无理数 $\mathrm{e} = 2.7182818\cdots$，根据极限的定义可知，$\lim\limits_{x\to\infty}\left(1+\dfrac{1}{x}\right)^x = \mathrm{e}$.

令 $u = \dfrac{1}{x}$，则 $x \to 0$ 时，$u \to \infty$，于是有

$$\lim\limits_{x\to 0}(1+x)^{\frac{1}{x}} = \lim\limits_{u\to\infty}\left(1+\dfrac{1}{u}\right)^u = \mathrm{e}.$$

所以公式也可以写成

$$\lim\limits_{x\to 0}(1+x)^{\frac{1}{x}} = \mathrm{e}.$$

例 4　求 $\lim\limits_{x\to\infty}\left(1+\dfrac{3}{x}\right)^x$.

解　$\lim\limits_{x\to\infty}\left(1+\dfrac{3}{x}\right)^x = \lim\limits_{x\to\infty}\left[\left(1+\dfrac{1}{\frac{x}{3}}\right)^{\frac{x}{3}}\right]^3 = \mathrm{e}^3$.

例 5　$\lim\limits_{x\to\infty}\left(1+\dfrac{1}{x}\right)^{x+3}$.

解　$\lim\limits_{x\to\infty}\left(1+\dfrac{1}{x}\right)^{x+3} = \lim\limits_{x\to\infty}\left[\left(1+\dfrac{1}{x}\right)^x\left(1+\dfrac{1}{x}\right)^3\right]$

$= \lim\limits_{x\to\infty}\left(1+\dfrac{1}{x}\right)^x \cdot \lim\limits_{x\to\infty}\left(1+\dfrac{1}{x}\right)^3 = \mathrm{e}\cdot 1 = \mathrm{e}$.

例 6　$\lim\limits_{x\to 0}(1+2x)^{\frac{3}{x}}$.

解　$\lim\limits_{x\to 0}(1+2x)^{\frac{3}{x}} = \lim\limits_{x\to 0}[(1+2x)^{\frac{1}{2x}}]^6 \overset{\diamondsuit u=2x}{=\!=\!=\!=} \lim\limits_{u\to 0}[(1+u)^{\frac{1}{u}}]^6 = \mathrm{e}^6$.

例 7　$\lim\limits_{x\to\infty}\left(\dfrac{x}{x-1}\right)^x$.

解　$\lim\limits_{x\to\infty}\left(\dfrac{x}{x-1}\right)^x = \lim\limits_{x\to\infty}\left(1+\dfrac{1}{x-1}\right)^x = \lim\limits_{x\to\infty}\left[\left(1+\dfrac{1}{x-1}\right)^{x-1}\cdot\left(1+\dfrac{1}{x-1}\right)\right]$

$= \lim\limits_{x\to\infty}\left(1+\dfrac{1}{x-1}\right)^{x-1} \cdot \lim\limits_{x\to\infty}\left(1+\dfrac{1}{x-1}\right) = \mathrm{e}\cdot 1 = \mathrm{e}$.

课堂练习 2

求下列各式的极限.

（1）$\lim\limits_{x\to\infty}\left(1+\dfrac{1}{x}\right)^{-x}$；

（2）$\lim\limits_{x\to\infty}\left(1+\dfrac{1}{x}\right)^{\frac{x}{2}}$；

（3）$\lim\limits_{x\to 0}(1-x)^{\frac{1}{x}}$；

（4）$\lim\limits_{x\to\infty}\left(1+\dfrac{1}{x}\right)^{2x+3}$.

习题 1.5

1. 求下列极限.

（1）$\lim\limits_{x\to 0}\dfrac{\sin x}{4x}$；

（2）$\lim\limits_{x\to 0}\dfrac{\sin 5x}{2x}$；

（3）$\lim\limits_{x\to 0}\dfrac{x}{\sin 3x}$；

（4）$\lim\limits_{x\to 0}\dfrac{\tan x}{5x}$；

（5）$\lim\limits_{x\to\infty}x\sin\dfrac{1}{x}$；

（6）$\lim\limits_{x\to 2}\dfrac{\sin(x-2)}{x(x-2)}$；

（7）$\lim\limits_{x\to 1}\dfrac{\sin(x-1)}{x^2-1}$；

（8）$\lim\limits_{x\to 0}\dfrac{1-\cos 2x}{x\sin x}$.

2. 求下列极限.

（1）$\lim\limits_{x\to\infty}\left(1+\dfrac{1}{x}\right)^{3x}$；

（2）$\lim\limits_{x\to\infty}\left(1+\dfrac{1}{x}\right)^{x+5}$；

（3）$\lim\limits_{x\to 0}(1+2x)^{\frac{1}{x}}$；

（4）$\lim\limits_{x\to\infty}\left(1-\dfrac{1}{x}\right)^{x}$；

（5）$\lim\limits_{x\to\infty}\left(1-\dfrac{1}{x}\right)^{-3x}$；

（6）$\lim\limits_{x\to\infty}\left(1+\dfrac{1}{x}\right)^{2x-1}$；

（7）$\lim\limits_{x\to\infty}\left(1+\dfrac{2}{x+1}\right)^{x}$；

（8）$\lim\limits_{x\to\infty}\left(\dfrac{2x+1}{2x-1}\right)^{x}$；

（9）$\lim\limits_{x\to 0}(1-3x)^{\frac{2}{x}}$；

（10）$\lim\limits_{x\to 1}(1+\ln x)^{\frac{2}{\ln x}}$.

1.6 无穷小的比较

在 1.3 节中，我们已经知道两个无穷小的和、差、积仍然是无穷小，那么两个无穷小的商是不是无穷小呢？本节将讨论这类问题.

定义 设 α,β 是同一变化过程中的两个无穷小，且 $\alpha\neq 0$，$\lim\dfrac{\beta}{\alpha}$ 也是这个变化过程中的极限.

（1）如果 $\lim\dfrac{\beta}{\alpha}=0$，则称 β 是比 α **高阶**的无穷小，记作 $\beta=o(\alpha)$；

（2）如果 $\lim\dfrac{\beta}{\alpha}=\infty$，则称 β 是比 α **低阶**的无穷小；

（3）如果 $\lim\dfrac{\beta}{\alpha}=C\ (C\neq 0)$，则称 β 与 α 是**同阶**的无穷小；

（4）如果 $\lim\dfrac{\beta}{\alpha}=1$，则称 β 与 α 是**等价**的无穷小，记作 $\alpha\sim\beta$.

无穷小的比较，比较的是无穷小趋近于零的"快慢"程度. 比如，当 $x\to 0$ 时，x^2 是 $3x$ 的高阶无穷小，x^2 比 $3x$ 趋近于零的速度"快些"；$2x$ 是 x^3 的低阶无穷小，$2x$ 比 x^3 趋近于零的速度"慢些"；$\sin x$ 与 x 是等价无穷小，$\sin x$ 与 x 趋近于零的速度相同.

例 1 比较下列各组无穷小.

（1）$x\to 1$，x^2-1 与 $x-1$；

（2）$x\to\infty$，$\dfrac{1}{x}$ 与 $\dfrac{1}{x^2}$；

（3） $x \to 0$ ， $1 - \cos x$ 与 $\dfrac{1}{2}x^2$.

解 （1）因为

$$\lim_{x \to 1} \frac{x^2 - 1}{x - 1} = \lim_{x \to 1}(x + 1) = 2 ,$$

所以当 $x \to 1$ 时， $x^2 - 1$ 与 $x - 1$ 是同阶无穷小.

（2）因为

$$\lim_{x \to \infty} \frac{\dfrac{1}{x}}{\dfrac{1}{x^2}} = \infty ,$$

所以当 $x \to \infty$ 时， $\dfrac{1}{x}$ 是比 $\dfrac{1}{x^2}$ 低阶的无穷小.

（3）因为

$$\lim_{x \to 0} \frac{1 - \cos x}{\dfrac{1}{2}x^2} = \lim_{x \to 0} \frac{2\sin^2 \dfrac{x}{2}}{\dfrac{1}{2}x^2} = \lim_{x \to 0} \left(\frac{\sin \dfrac{x}{2}}{\dfrac{x}{2}} \right)^2 = 1 ,$$

所以当 $x \to 0$ 时， $1 - \cos x$ 与 $\dfrac{1}{2}x^2$ 是等价无穷小.

关于等价无穷小有下面的定理：

定理 如果 $\alpha \sim \alpha'$ ， $\beta \sim \beta'$ ，则 $\lim \dfrac{\beta}{\alpha} = \lim \dfrac{\beta'}{\alpha'}$.

该定理说明，求两个无穷小之比的极限时，分子、分母都可以用与其等价的无穷小来代替，选择适当的无穷小可以简化计算.

下面是一些常用的等价无穷小.

当 $x \to 0$ 时， $\sin x \sim x$ ， $\tan x \sim x$ ， $1 - \cos x \sim \dfrac{1}{2}x^2$ ， $\ln(1 + x) \sim x$ ， $e^x - 1 \sim x$ ， $\arcsin x \sim x$ ，

$\arctan x \sim x$ ， $a^x - 1 \sim x \ln a$ ， $\sqrt[n]{1 + x} - 1 \sim \dfrac{1}{n}x$.

例 2 求下列极限.

（1） $\lim\limits_{x \to 0} \dfrac{\tan 3x}{\sin 4x}$ ；

（2） $\lim\limits_{x \to 0} \dfrac{x(e^x - 1)}{1 - \cos x}$ ；

（3） $\lim\limits_{x \to 0} \dfrac{\ln(1 + 2x)}{\arcsin 3x}$ ；

（4） $\lim\limits_{x \to 0} \dfrac{\sin \dfrac{x}{2}}{\sqrt{1 + x} - 1}$.

解 （1）因为 $x \to 0$ 时， $3x \to 0$ ， $4x \to 0$ ，则 $\tan 3x \sim 3x$ ， $\sin 4x \sim 4x$ ，所以

$$\lim_{x \to 0} \frac{\tan 3x}{\sin 4x} = \lim_{x \to 0} \frac{3x}{4x} = \frac{3}{4}.$$

（2）因为 $x \to 0$ 时，$e^x - 1 \sim x$，$1 - \cos x \sim \dfrac{1}{2}x^2$，所以

$$\lim_{x \to 0} \frac{x(e^x - 1)}{1 - \cos x} = \lim_{x \to 0} \frac{x \cdot x}{\dfrac{1}{2}x^2} = 2.$$

（3）当 $x \to 0$ 时，$2x \to 0$，$3x \to 0$，则 $\ln(1 + 2x) \sim 2x$，$\arcsin 3x \sim 3x$，所以

$$\lim_{x \to 0} \frac{\ln(1 + 2x)}{\arcsin 3x} = \lim_{x \to 0} \frac{2x}{3x} = \frac{2}{3}.$$

（4）当 $x \to 0$ 时，$\dfrac{x}{2} \to 0$，则 $\sin \dfrac{x}{2} \sim \dfrac{x}{2}$，$\sqrt{1 + x} - 1 \sim \dfrac{1}{2}x$，所以

$$\lim_{x \to 0} \frac{\sin \dfrac{x}{2}}{\sqrt{1 + x} - 1} = \lim_{x \to 0} \frac{\dfrac{x}{2}}{\dfrac{1}{2}x} = 1.$$

课堂练习

1. 填空（无穷小比较）.

当 $x \to 0$ 时，x^2 是比 x（　　　）的无穷小.

当 $n \to \infty$ 时，$\dfrac{1}{n}$ 是 $\dfrac{1}{n + 1}$ 的（　　　）无穷小.

2. 求 $\lim\limits_{x \to 0} \dfrac{\sin 3x}{x}$.

习题 1.6

1. 当 $x \to 0$ 时，下列函数中，哪些是比 x 高阶的无穷小？哪些是比 x 低阶的无穷小？哪些是与 x 同阶而不等价的无穷小？哪些是与 x 等价的无穷小？

（1）$\sqrt{x}$；　　　　（2）$\tan 2x$；　　　　（3）$\dfrac{x}{1 + 2x}$；　　　　（4）$\dfrac{x^2}{2 - x}$.

2. 当 $x \to 0$ 时，$\sin 3x^2$ 与 $2x^3$ 比较，哪个函数是高阶无穷小？

3. 求下列极限.

（1）$\lim\limits_{x \to 0} \dfrac{\sin 3x}{\sin 7x}$；　　　　　　　　（2）$\lim\limits_{x \to 0} \dfrac{e^{5x} - 1}{x}$；

（3）$\lim\limits_{x \to 0} \dfrac{\arctan 3x}{2x}$；　　　　　　　　（4）$\lim\limits_{x \to -1} \dfrac{\tan 4(1 + x)}{(1 + x)}$；

（5）$\lim\limits_{x \to 0} \dfrac{3x}{\sqrt[3]{1 + 2x} - 1}$；　　　　　　（6）$\lim\limits_{x \to 0} \dfrac{3^x - 1}{x}$.

1.7 函数的连续性

1.7.1 连续函数的概念

自然界中的许多现象，如气温的变化、植物的生长等都是连续地变化的，这些现象反映在函数关系上，就是函数的连续性. 为了更好地描述函数的连续性，下面先引入增量的概念.

1. 函数的增量

定义 1 设变量 u 从它的初值 u_0 变到终值 u_1，终值与初值之差 $u_1 - u_0$，称为变量 u 的**增量**，或称为 u 的**改变量**，记为 Δu，即

$$\Delta u = u_1 - u_0 .$$

注意 Δu 是一个整体不可分割的记号，且 Δu 可正、可负，也可以为零.

设函数 $y = f(x)$ 在点 x_0 的某一邻域内有定义，当自变量 x 从 x_0 变到 $x_0 + \Delta x$ 时，函数 y 相应地从 $f(x_0)$ 变到 $f(x_0 + \Delta x)$，因此，当自变量 x 有一个增量 Δx 时，函数值对应的增量为

$$\Delta y = f(x_0 + \Delta x) - f(x_0) .$$

其几何解释如图 1.7-1 所示.

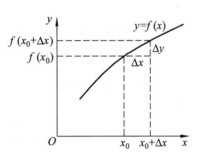

图 1.7-1 函数的增量

例 1 设函数 $y = x^2 + x - 1$，当自变量 x 从 $x_0 = 1$ 变到 $x_1 = 1.01$ 时，求自变量 x 的增量 Δx 和相应函数值的增量 Δy .

解 $\Delta x = x_1 - x_0 = 1.01 - 1 = 0.01$；

$\Delta y = f(x_0 + \Delta x) - f(x_0) = f(x_1) - f(x_0)$

$\quad = f(1.01) - f(1) = (1.01^2 + 1.01 - 1) - (1^2 + 1 - 1) = 0.0301$.

课堂练习 1

设正方形的边长为 x，正方形的面积 $y = x^2$，根据下列条件求 Δx 和相应的 Δy .

（1）x 由 2.1 m 变到 2.15 m；

（2）x 由 2 m 变到 1.95 m；

（3）x 由 x_0 变到 $x_0 + \Delta x$；

（4）x 由 x_0 变到 x.

---

2. 函数的连续性

首先我们观察函数图像在给定点 x_0 处的变化情况. 由图 1.7-2(a)可以看出,曲线 $y = f(x)$ 是连续变化的,当 x_0 保持不变,而让 $\Delta x \to 0$ 时,曲线上的点 N 沿着曲线趋近于点 M,即 $\Delta y \to 0$; 图 1.7-2 （b ）中,可以看出, 曲线 $y = \varphi(x)$ 在点 $x = x_0$ 处断开, 不是连续变化的, 当 x_0 保持不变, 而让 $\Delta x \to 0$ 时,曲线上的点 N 沿着曲线趋近于点 N', Δy 不趋近于 0.

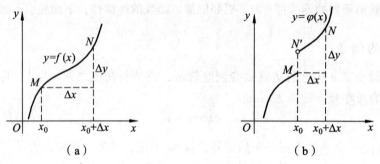

（a） （b）

图 1.7-2 连续函数的定义

下面由函数的增量引入连续的定义.

定义 2 设函数 $y = f(x)$ 在点 x_0 的某邻域内有定义,如果当自变量的增量 Δx 趋近于零时, 相应函数值的增量 Δy 也趋近于零, 即

$$\lim_{\Delta x \to 0} \Delta y = 0 \quad \text{或} \quad \lim_{\Delta x \to 0}[f(x_0 + \Delta x) - f(x_0)] = 0 ,$$

则称函数 $y = f(x)$ 在点 x_0 处**连续**.

例 2 用定义 2 证明 $y = 2x^2 + 3$ 在点 $x_0 = 1$ 处是连续的.

证明 当自变量 x 在点 $x_0 = 1$ 处有增量 Δx 时, 相应函数的增量为

$$\Delta y = f(x_0 + \Delta x) - f(x_0) = [2(1 + \Delta x)^2 + 3] - (2 \times 1^2 + 3) = 4\Delta x + 2(\Delta x)^2 ,$$

所以

$$\lim_{\Delta x \to 0} \Delta y = \lim_{\Delta x \to 0}[4\Delta x + 2(\Delta x)^2] = 0 .$$

所以, 由连续的定义知, $y = 2x^2 + 3$ 在 $x_0 = 1$ 处是连续的.

在定义 2 中, 若令 $x = x_0 + \Delta x$, 则 $\Delta y = f(x_0 + \Delta x) - f(x_0) = f(x) - f(x_0)$, 如果 $\Delta x \to 0$, 则 $x \to x_0$; 如果 $\Delta y \to 0$, 则 $f(x) \to f(x_0)$, 因而 $\lim\limits_{\Delta x \to 0} \Delta y = 0$ 可以改写为

$$\lim_{x \to x_0} f(x) = f(x_0) .$$

因此, 函数在点 x_0 处连续的定义又可以写成如下形式:

定义 3 设函数 $y = f(x)$ 在点 x_0 的某个邻域内有定义, 若

$$\lim_{x \to x_0} f(x) = f(x_0) ,$$

则称函数 $f(x)$ 在点 x_0 处**连续**.

由定义 3 可知, $f(x)$ 在点 x_0 处连续, 必须同时满足以下三个条件:

（1）$f(x)$ 在点 x_0 处有定义, 即 $f(x_0)$ 存在;

（2）$\lim\limits_{x \to x_0} f(x)$存在；

（3）$\lim\limits_{x \to x_0} f(x) = f(x_0)$.

例3　考察函数 $f(x) = \begin{cases} \dfrac{\sin x}{2x}, & x \neq 0 \\ 2, & x = 0 \end{cases}$ 在点 $x = 0$ 处的连续性.

解　由于 $f(0) = 2$，且

$$\lim_{x \to 0} f(x) = \lim_{x \to 0} \frac{\sin x}{2x} = \frac{1}{2},$$

所以
$$\lim_{x \to 0} f(x) \neq f(0).$$

因此，函数 $f(x)$ 在点 $x = 0$ 处不连续.

下面说明左连续、右连续的概念.

定义4　若 $\lim\limits_{x \to x_0^-} f(x) = f(x_0)$，则称函数 $f(x)$ 在点 x_0 处**左连续**；若 $\lim\limits_{x \to x_0^+} f(x) = f(x_0)$，则称函数 $f(x)$ 在点 x_0 处**右连续**.

定理1　函数 $f(x)$ 在点 x_0 处连续 $\Leftrightarrow$ 函数 $f(x)$ 在点 x_0 处既左连续又右连续.

例4　讨论函数 $f(x) = \begin{cases} 2-x, & x < 2 \\ 2x+1, & 2 \leqslant x \leqslant 3 \\ 3x-2, & x > 3 \end{cases}$ 在点 $x = 2$ 和 $x = 3$ 处的连续性.

解　由于

$$\lim_{x \to 2^-} f(x) = \lim_{x \to 2^-} (2-x) = 0, \quad \lim_{x \to 2^+} f(x) = \lim_{x \to 2^+} (2x+1) = 5,$$

所以
$$\lim_{x \to 2^-} f(x) \neq \lim_{x \to 2^+} f(x).$$

故 $\lim\limits_{x \to 2} f(x)$ 不存在，所以 $f(x)$ 在点 $x = 2$ 处不连续.

因为

$$f(3) = 7, \quad \lim_{x \to 3^-} f(x) = \lim_{x \to 3^-} (2x+1) = 7, \quad \lim_{x \to 3^+} f(x) = \lim_{x \to 3^+} (3x-2) = 7,$$

所以
$$\lim_{x \to 3} f(x) = 7 = f(3),$$

故 $f(x)$ 在点 $x = 3$ 处连续.

课堂练习2

讨论函数 $f(x) = \begin{cases} 2x-1, & x \leqslant 1 \\ 3-2x, & x > 1 \end{cases}$ 在 $x = 1$ 处的连续性.

如果函数 $f(x)$ 在开区间 (a, b) 内每一点都连续，则称函数 $f(x)$ 在开区间 (a, b) 内连续. 如果函数 $f(x)$ 在开区间 (a, b) 内连续，且在左端点 a 右连续，在右端点 b 左连续，则称**函数 $f(x)$ 在闭区间 $[a, b]$ 上连续**.

例5　讨论函数 $y = |x-1|$ 在 $(-\infty, +\infty)$ 内的连续性.

解　$y = f(x) = |x-1| = \begin{cases} x-1, & x \geqslant 1 \\ 1-x, & x < 1 \end{cases}$.

当 $x \in (1, +\infty)$ 时，任取 $x_0 \in (1, +\infty)$ 有

$$f(x_0) = x_0 - 1, \quad \lim_{x \to x_0} f(x) = \lim_{x \to x_0} (x-1) = x_0 - 1,$$

所以

$$\lim_{x \to x_0} f(x) = f(x_0),$$

即 $y = |x-1|$ 在 $(1, +\infty)$ 内连续.

同理可得，$y = |x-1|$ 在 $(-\infty, 1)$ 内连续.

下面讨论 $y = |x-1|$ 在 $x = 1$ 处的连续性.

因为

$$\lim_{x \to 1^-} y = \lim_{x \to 1^-} (1-x) = 0, \quad \lim_{x \to 1^+} y = \lim_{x \to 1^+} (x-1) = 0, \quad f(1) = 0,$$

所以

$$\lim_{x \to 1} y = 0 = f(1),$$

从而函数 $y = |x-1|$ 在点 $x = 1$ 处连续.

综上所述，$y = |x-1|$ 在 $(-\infty, +\infty)$ 内连续.

课堂练习 3

判断下列各函数在 $(-\infty, +\infty)$ 内是否连续.

（1）$f(x) = 2x + 1$；　　　　　　　　　（2）$f(x) = \dfrac{1}{x}$.

1.7.2　函数的间断点

定义 5　函数 $f(x)$ 不连续的点 x_0 称为函数 $f(x)$ 的**间断点**.

由定义 3 可知，如果函数 $f(x)$ 在点 x_0 处有下列三种情况之一，点 x_0 就是 $f(x)$ 的间断点.

（1）$f(x_0)$ 不存在；

（2）$\lim\limits_{x \to x_0} f(x)$ 不存在；

（3）$f(x_0)$ 存在，$\lim\limits_{x \to x_0} f(x)$ 也存在，但 $\lim\limits_{x \to x_0} f(x) \neq f(x_0)$.

如果 x_0 是 $f(x)$ 的间断点，且 $f(x)$ 在 x_0 处的左极限和右极限都存在，则称 x_0 为 $f(x)$ 的**第一类间断点**；若 $f(x)$ 在 x_0 处的左、右极限至少有一个不存在，则称 x_0 为 $f(x)$ 的**第二类间断点**. 在第一类间断点中，若 $\lim\limits_{x \to x_0^+} f(x) = \lim\limits_{x \to x_0^-} f(x)$，即 $\lim\limits_{x \to x_0} f(x)$ 存在，则称 x_0 为 $f(x)$ 的**可去间断点**；左、右极限都存在，但不相等的间断点称为**跳跃间断点**. 可去间断点可以通过修改或补充函数的定义使其连续.

例 6　已知 $f(x) = \begin{cases} x^2 - 1, & x \neq 0 \\ 1, & x = 0 \end{cases}$，判断点 $x = 0$ 是不是函数 $f(x)$ 的间断点，如果是，是什么

间断点.

解　因为

$$f(0) = 1 \text{ , } \lim_{x \to 0} f(x) = \lim_{x \to 0}(x^2 - 1) = -1 \text{ , }$$

即

$$\lim_{x \to 0} f(x) \neq f(0) \text{ , }$$

所以 $x = 0$ 是函数 $f(x)$ 的间断点，且是可去间断点.

例 6 中只要将 $x = 0$ 处的函数值修改为 -1，函数在 $x = 0$ 处就连续了.

例 7　已知 $f(x) = \begin{cases} 2x, & x \leq 1 \\ x - 1, & x > 1 \end{cases}$，判断点 $x = 1$ 是不是函数 $f(x)$ 的间断点，如果是，是第几类间断点.

解　因为

$$\lim_{x \to 1^-} f(x) = \lim_{x \to 1^-} 2x = 2 \text{ , } \lim_{x \to 1^+} f(x) = \lim_{x \to 1^+}(x - 1) = 0 \text{ , }$$

即

$$\lim_{x \to 1^-} f(x) \neq \lim_{x \to 1^+} f(x) \text{ , }$$

所以，$x = 1$ 是函数 $f(x)$ 的第一类间断点.

课堂练习 4

判断点 $x = 0$ 是不是函数 $f(x) = \begin{cases} \sin x, & x \geq 0 \\ x + 1, & x < 0 \end{cases}$ 的间断点.

1.7.3　连续函数的运算与初等函数的连续性

1. 连续函数的四则运算

定理 2　设函数 $f(x)$ 和 $g(x)$ 都在点 x_0 处连续，则

（1）$f(x) \pm g(x)$ 在点 x_0 处连续；

（2）$f(x) \cdot g(x)$ 在点 x_0 处连续；

（3）$\dfrac{f(x)}{g(x)}$ 在点 x_0 处连续（$g(x_0) \neq 0$）.

2. 复合函数的连续性

定理 3　设函数 $y = f(u)$ 在点 u_0 处连续，函数 $u = \varphi(x)$ 在点 x_0 处连续，且 $u_0 = \varphi(x_0)$，则复合函数 $y = f[\varphi(x)]$ 在点 x_0 处连续.

由定理 3 得，在 x_0 处连续的复合函数 $y = f[\varphi(x)]$ 有

$$\lim_{x \to x_0} f[\varphi(x)] = f[\lim_{x \to x_0} \varphi(x)] = f[\varphi(x_0)].$$

例 8 求 $\lim\limits_{x \to 0} \dfrac{\ln(1+2x)}{x}$.

解 $\lim\limits_{x \to 0} \dfrac{\ln(1+2x)}{x} = \lim\limits_{x \to 0} \ln(1+2x)^{\frac{1}{x}} = \ln \lim\limits_{x \to 0}[(1+2x)^{\frac{1}{2x}}]^2 = \ln e^2 = 2$.

3. 初等函数的连续性

基本初等函数在其定义域内是连续的. 初等函数是由基本初等函数经过有限次四则运算和有限次复合而得到的，所以根据定理 2 和定理 3 可得重要结论：**一切初等函数在其定义区间内都是连续的**.

根据这个结论，求初等函数在其定义区间内某点 x_0 处的极限时，只需求函数在 x_0 处的函数值 $f(x_0)$ 即可，即

$$\lim_{x \to x_0} f(x) = f(x_0).$$

例 9 求 $\lim\limits_{x \to 1} \dfrac{x^2 + 2\ln(2-x)+1}{\sqrt{5-x}\,\arcsin x}$.

解 初等函数 $\dfrac{x^2 + 2\ln(2-x)+1}{\sqrt{5-x}\,\arcsin x}$ 的定义域为 $[-1,0) \cup (0,1]$.

因为 $x=1$ 在其定义区间内，所以

$$\lim_{x \to 1} \frac{x^2 + 2\ln(2-x)+1}{\sqrt{5-x}\,\arcsin x} = \frac{1^2 + 2\ln(2-1)+1}{\sqrt{5-1}\,\arcsin 1} = \frac{2}{\pi}.$$

例 10 求函数 $y = \sqrt{1-x^2}$ 的连续区间.

解 先求 $y = \sqrt{1-x^2}$ 的定义域.

由 $1-x^2 \geqslant 0$ 得：$-1 \leqslant x \leqslant 1$.

因为初等函数在其定义域内都是连续的，故函数 $y = \sqrt{1-x^2}$ 的连续区间为 $[-1,1]$.

课堂练习 5

1. 函数 $f(x) = \dfrac{1}{x-1}$ 的间断点为（   ）.

2. $\lim\limits_{x \to 0}(3x^2+2) = $（   ）；$\lim\limits_{x \to 1}\dfrac{x}{x+1} = $（   ）.

1.7.4 闭区间上连续函数的性质

在闭区间上连续的函数具有许多重要性质，下面介绍最大值最小值定理和介值定理.

先给出最大值与最小值的概念.

设 $f(x)$ 在区间 I 上有定义，如果存在 $x_0 \in I$，使得对于任意 $x \in I$，都有

$$f(x) \leqslant f(x_0) \qquad (\text{或 } f(x) \geqslant f(x_0)),$$

则称 $f(x_0)$ 是函数 $f(x)$ 在区间 I 上的**最大值**（或**最小值**）.

最大值最小值定理　若函数 $f(x)$ 在闭区间 $[a,b]$ 上连续，则函数 $f(x)$ 在 $[a,b]$ 上必有最大值和最小值.

如图 1.7-3 所示，函数 $y=f(x)$ 在闭区间 $[a,b]$ 上连续，则在 $[a,b]$ 上存在点 ξ_1 和 ξ_2，使得对于任意的 $x\in[a,b]$，都有

$$f(\xi_1)\leqslant f(x)\leqslant f(\xi_2)，$$

即 $f(\xi_1)$ 和 $f(\xi_2)$ 分别是连续函数 $y=f(x)$ 在闭区间 $[a,b]$ 上的最小值和最大值.

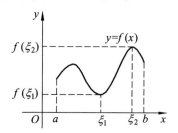

图 1.7-3　最大值最小值

注意　此定理中的"闭区间"和"连续"两个条件必须同时具备，结论才成立.

介值定理　若函数 $f(x)$ 在闭区间 $[a,b]$ 上连续，m 和 M 分别为 $f(x)$ 在 $[a,b]$ 上的最小值和最大值，则对于介于 m 和 M 之间的任一实数 C，至少存在一点 $\xi\in[a,b]$，使得 $f(\xi)=C$.

如图 1.7-4 所示，在闭区间 $[a,b]$ 上的连续曲线 $y=f(x)$ 与直线 $y=C(m<C<M)$ 交于两点，其横坐标分别为 ξ_1 和 ξ_2，即 $f(\xi_1)=f(\xi_2)=C$.

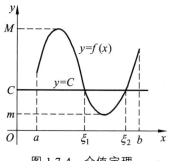

图 1.7-4　介值定理

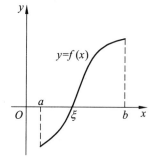

图 1.7-5　根的存在定理

推论（根的存在定理）　若函数 $f(x)$ 在闭区间 $[a,b]$ 上连续，且 $f(a)$ 与 $f(b)$ 异号，则至少存在一点 $\xi\in(a,b)$（图 1.7-5），使得 $f(\xi)=0$.

例 11　证明方程 $x^3+2x+3=0$ 在区间 $(-3,2)$ 内至少有一个实根.

证明　设 $f(x)=x^3+2x+3$，显然函数 $f(x)$ 在闭区间 $[-3,2]$ 上连续，且

$$f(-3)=-30<0，\quad f(2)=15>0，$$

所以，由推论知，在 $(-3,2)$ 内至少有一点 ξ，使得 $f(\xi)=0$，即

$$\xi^3+2\xi+3=0.$$

这说明方程 $x^3+2x+3=0$ 在区间 $(-3,2)$ 内至少有一个实根.

课堂练习 6

证明方程 $x^3+2x+1=0$ 在 $[-2,2]$ 上至少有一实根.

习题 1.7

1. 设圆的半径为 r，根据下列条件求圆的半径的增量 Δr 及对应的圆的周长和面积的增量 Δc，Δs．

（1）r 由 2 变到 2.1；

（2）r 由 2 变到 1.9；

（3）r 由 r 变到 $r+\Delta r$；

（4）r 由 r_0 变到 r．

2. 讨论下列函数在指定点处的连续性，并画出函数的图像．

（1）$f(x)=2x+3$，$x=1$；

（2）$f(x)=\dfrac{1}{2x-1}$，$x=\dfrac{1}{2}$；

（3）$f(x)=\begin{cases}\sin x, & x\leqslant 0 \\ x^2, & x>0\end{cases}$，$x=0$；

（4）$f(x)=\begin{cases}1+x, & |x|>1 \\ 1+x^2, & |x|\leqslant 1\end{cases}$，$x=-1$，$x=1$．

3. 指出下列函数的间断点，并说明是第几类间断点．

（1）$f(x)=\dfrac{1}{1+x}$；

（2）$f(x)=\tan x$，$x\in[0,\pi]$；

（3）$f(x)=\dfrac{x^2-1}{x^2-3x-4}$；

（4）$f(x)=\sin\dfrac{1}{x}$；

（5）$y=\dfrac{1-\cos x}{2x^2}$；

（6）$f(x)=\begin{cases}2x-1, & x\leqslant 1 \\ 4-5x, & x>1\end{cases}$．

4. 求下列函数的连续区间．

（1）$y=\dfrac{x+3}{\sqrt{x^2-5}}$；

（2）$y=\ln\dfrac{x+2}{x}$；

（3）$y=\arcsin(3x-1)$；

（4）$y=\begin{cases}x^2-1, & x>0 \\ 3x+1, & x<0\end{cases}$．

5. 求下列极限．

（1）$\lim\limits_{x\to 0}\sqrt{e^x(\sin x-1)+5}$；

（2）$\lim\limits_{x\to 1}\dfrac{2x^2+3}{x+2}$；

（3）$\lim\limits_{x\to 1}\sin\ln x$；

（4）$\lim\limits_{x\to 1}\dfrac{\ln(e^x+e^{x^2})}{\sqrt{3^x+1}+\arccos x}$；

（5）$\lim\limits_{t\to 2}\dfrac{e^t+1}{t}$；

（6）$\lim\limits_{x\to\frac{\pi}{2}}\dfrac{\cos x-\sin x}{\cos 2x}$；

（7）$\lim\limits_{x\to 3}\arcsin\dfrac{x}{6}$；

（8）$\lim\limits_{x\to\infty}\left[e^{\frac{1}{x}}-\ln\left(1+\dfrac{1}{x}\right)^x\right]$；

（9）$\lim\limits_{x\to\infty}\ln\left(1+\dfrac{2x-1}{x^2}\right)$；　　　　（10）$\lim\limits_{x\to\infty}\left(x\ln\dfrac{x+2}{x+1}\right)$.

6. 设函数 $f(x)=\begin{cases} e^x, & x<0 \\ a+\cos x, & x\geqslant 0 \end{cases}$，常数 a 取何值时，函数 $f(x)$ 在 $(-\infty,+\infty)$ 内连续？

7. 设函数 $f(x)=\begin{cases} \dfrac{1}{x}\sin x, & x<0 \\ a-1, & x=0 \\ x\sin\dfrac{1}{x}+2b, & x>0 \end{cases}$，常数 a,b 取何值时，函数 $f(x)$ 在 $(-\infty,+\infty)$ 内连续？

8. 证明方程 $x^5-2x^2-5=0$ 在区间 $(0,2)$ 内至少有一个根.

9. 证明方程 $x\cdot 2^x=1$ 至少有一个小于 1 的正根.

主要知识点小结

1. 函数

（1）函数的定义域.

函数的定义域是确定函数的要素之一. 实际问题中，要根据研究问题的实际意义确定函数的定义域；用解析式表示的函数，其定义域就是使这个式子有意义的自变量的值的集合.

（2）基本初等函数. 见表 1.1.

（3）分段函数. 分段函数的定义域是各分段区间的并集；求函数值时，先要确定自变量所属的区间，再由对应的解析式求函数值.

（4）函数的特性. 有界性、单调性、奇偶性、周期性.

（5）反函数的求法. 先从 $y=f(x)$ 中解出 $x=f^{-1}(y)$，再交换字母 x 与 y 的位置，要注意反函数的定义域为直接函数的值域.

2. 极限

（1）数列的极限. 对于数列 $\{x_n\}$，如果 n 无限增大时，x_n 无限趋近某个确定的常数 a，那么 a 就是数列 $\{x_n\}$ 的极限，即

$$\lim\limits_{n\to\infty}x_n=a \quad 或 \quad x_n\to a(n\to\infty).$$

（2）$x\to\infty$ 时函数 $f(x)$ 的极限. 函数 $f(x)$ 在 $|x|>a$ 时有定义，当 $|x|$ 无限增大时，$f(x)$ 无限趋近于某个确定的常数 A，常数 A 就是函数 $f(x)$ 当 $x\to\infty$ 时的极限，记作：

$$\lim\limits_{x\to\infty}f(x)=A \quad 或 \quad f(x)\to A\ (x\to\infty).$$

定理 1　$\lim\limits_{x\to\infty}f(x)=A\Leftrightarrow\lim\limits_{x\to-\infty}f(x)=\lim\limits_{x\to+\infty}f(x)=A$.

（3）$x\to x_0$ 时函数 $f(x)$ 的极限. 对于函数 $f(x)$，当 x 无限趋近于 x_0（但不等于 x_0）时，函数 $f(x)$ 无限趋近于某个确定的常数 A，则常数 A 就是函数 $f(x)$ 当 $x\to x_0$ 时的极限，记作

$$\lim_{x \to x_0} f(x) = A \quad \text{或} \quad f(x) \to A \ (x \to x_0).$$

注意，极限 $\lim\limits_{x \to x_0} f(x)$ 是否存在，与函数 $f(x)$ 在点 x_0 有没有定义无关.

（4）单侧极限.

左极限： $\lim\limits_{x \to x_0^-} f(x) = A$ 或 $f(x_0^-) = A$.

右极限： $\lim\limits_{x \to x_0^+} f(x) = A$ 或 $f(x_0^+) = A$.

定理2 $\lim\limits_{x \to x_0} f(x) = A \Leftrightarrow \lim\limits_{x \to x_0^-} f(x) = \lim\limits_{x \to x_0^+} f(x) = A.$

3. 无穷小与无穷大

（1）无穷小与无穷大的概念.

若 $\lim\limits_{x \to x_0} f(x) = 0$（或 $\lim\limits_{x \to \infty} f(x) = 0$），则称函数 $f(x)$ 是当 $x \to x_0$（或 $x \to \infty$）时的**无穷小**.

若 $x \to x_0$（或 $x \to \infty$）时，$f(x) \to \infty$，则称函数 $f(x)$ 是当 $x \to x_0$（或 $x \to \infty$）时的**无穷大**.

注意1° 无穷小是极限为零的变量，无穷大是指绝对值可以无限增大的变量，无穷小与无穷大都不是常数. 零是常数中唯一的无穷小.

2° 说一个函数是无穷小或无穷大时，必须指明自变量的变化过程.

（2）无穷小的性质.

性质1 有限个无穷小的代数和仍是无穷小.

性质2 无穷小与有界变量的乘积仍是无穷小.

性质3 有限个无穷小的乘积仍是无穷小.

推论 常数乘以无穷小仍是无穷小.

（3）无穷小与无穷大的关系.

在自变量的同一变化过程中，

$f(x)$ 为无穷大 $\Rightarrow \dfrac{1}{f(x)}$ 为无穷小；

$f(x)$ 为无穷小，且 $f(x) \neq 0 \Rightarrow \dfrac{1}{f(x)}$ 为无穷大.

4. 极限运算法则

（1）$\lim[f(x) \pm g(x)] = \lim f(x) \pm \lim g(x).$

（2）$\lim[f(x) \cdot g(x)] = \lim f(x) \cdot \lim g(x).$

（3）$\lim\dfrac{f(x)}{g(x)} = \dfrac{\lim f(x)}{\lim g(x)}$（$\lim g(x) \neq 0$）.

（4）$\lim[Cf(x)] = C \lim f(x).$

（5）$\lim[f(x)]^n = [\lim f(x)]^n.$

5. 两个重要极限

（1） $\lim\limits_{x\to 0}\dfrac{\sin x}{x}=1$.

（2） $\lim\limits_{x\to\infty}\left(1+\dfrac{1}{x}\right)^{x}=\mathrm{e}$ 或 $\lim\limits_{x\to 0}(1+x)^{\frac{1}{x}}=\mathrm{e}$.

6. 无穷小的比较

设 α 和 β 是同一变化过程中的两个无穷小，

（1）当 $\lim\dfrac{\beta}{\alpha}=0$ 时，β 是比 α 高阶的无穷小，记作 $\beta=o(\alpha)$；$\lim\dfrac{\beta}{\alpha}=\infty$ 时，β 是比 α 低阶的无穷小；$\lim\dfrac{\beta}{\alpha}=C\ (C\neq 0)$ 时，β 与 α 是同阶的无穷小；$\lim\dfrac{\beta}{\alpha}=1$ 时，β 与 α 是等价的无穷小，记作 $\alpha\sim\beta$.

（2）如果 $\alpha\sim\alpha'$，$\beta\sim\beta'$，则 $\lim\dfrac{\beta}{\alpha}=\lim\dfrac{\beta'}{\alpha'}$.

当 $x\to 0$ 时，$\sin x\sim x$，$\tan x\sim x$，$1-\cos x\sim\dfrac{1}{2}x^2$，$\ln(1+x)\sim x$，$\mathrm{e}^x-1\sim x$，$\arcsin x\sim x$，$\arctan x\sim x$，$a^x-1\sim x\ln a\,(a>0)$，$\sqrt[n]{1+x}-1\sim\dfrac{1}{n}x$.

7. 函数的连续性

（1）函数的增量：$\Delta u=u_1-u_0$.

（2）函数 $y=f(x)$ 的连续性.

若 $\lim\limits_{\Delta x\to 0}\Delta y=0$ 或 $\lim\limits_{\Delta x\to 0}[f(x_0+\Delta x)-f(x_0)]=0$，则函数 $y=f(x)$ 在点 x_0 处**连续**.

若 $\lim\limits_{x\to x_0}f(x)=f(x_0)$，则函数 $y=f(x)$ 在点 x_0 处**连续**.

若 $\lim\limits_{x\to x_0^-}f(x)=f(x_0)$，则函数 $f(x)$ 在点 x_0 处**左连续**；若 $\lim\limits_{x\to x_0^+}f(x)=f(x_0)$，则函数 $f(x)$ 在点 x_0 处**右连续**.

定理 函数 $f(x)$ 在点 x_0 处连续 $\Leftrightarrow$ 函数 $f(x)$ 在点 x_0 处既左连续又右连续.

（3）函数的间断点. 函数 $f(x)$ 不连续的点 x_0 称为函数 $f(x)$ 的**间断点**.

（4）连续函数的四则运算.

若函数 $f(x)$ 和 $g(x)$ 都在点 x_0 处连续，那么 $f(x)\pm g(x)$，$f(x)\cdot g(x)$ 和 $\dfrac{f(x)}{g(x)}$（$g(x_0)\neq 0$）都在点 x_0 处连续.

（5）复合函数的连续性.

若函数 $y=f(u)$ 在点 u_0 处连续，函数 $u=\varphi(x)$ 在点 x_0 处连续，且 $u_0=\varphi(x_0)$，那么复合函数 $y=f[\varphi(x)]$ 在点 x_0 处连续.

（6）初等函数的连续性. 一切初等函数在其定义区间内都是连续的.

（7）闭区间上连续函数的性质.

性质 1（最大值最小值定理） 若函数 $f(x)$ 在闭区间 $[a,b]$ 上连续，则函数 $f(x)$ 在 $[a,b]$ 上必有最大值和最小值.

性质 2（介值定理） 若函数 $f(x)$ 在闭区间 $[a,b]$ 上连续，m 和 M 分别为 $f(x)$ 在 $[a,b]$ 上的最小值和最大值，则对于介于 m 和 M 之间的任一实数 C，至少存在一点 $\xi \in [a,b]$，使得 $f(\xi) = C$.

推论（根的存在定理） 若函数 $f(x)$ 在闭区间 $[a,b]$ 上连续，且 $f(a)$ 与 $f(b)$ 异号，则至少存在一点 $\xi \in (a,b)$，使得 $f(\xi) = 0$.

复习题一

一、填空题

1. 已知 $f(x) = \dfrac{1}{1-x}$，则 $f[f(x)] = $ _____；

2. 函数 $f(x) = \dfrac{x-1}{x^2-1}$ 的定义域是_____；

3. 函数 $f(x) = \dfrac{1}{x} + \sqrt{1+x^2}$ 的定义域是_____；

4. 由 $y = \mathrm{e}^u$，$u = v^2$，$v = \sin w$，$w = 2x+1$ 复合而成的复合函数为_____；

5. 函数 $f(x) = \dfrac{1}{\ln x}$ 在 $(0,+\infty)$ 内单调_____；

6. $\lim\limits_{n \to \infty} \dfrac{\sqrt{n^2 + a^2}}{n} = $ _____；

7. $\lim\limits_{x \to \infty} \dfrac{1+x^3}{2x^3} = $ _____；

8. 函数 $f(x) = \begin{cases} \dfrac{|x|}{x}, & x \neq 0 \\ 1, & x = 0 \end{cases}$ 的间断点是_____；

9. $x = 3$ 是函数 $y = \dfrac{x-3}{x^2-9}$ 的第_____类间断点.

10. 已知函数 $f(x)$ 在定义区间 I 上连续，$x_0 \in I$ 且 $f(x_0) = 5$，则 $\lim\limits_{x \to x_0}[2f(x)-1] = $ _____.

二、选择题

1. 下列函数中是奇函数的是（　　　）.

A. $y = x^3 \sin x$ 　　　　　　　B. $y = x^3 \cos x$

C. $y = x^3 \arcsin x$ 　　　　　　D. $y = x^3 \arccos x$

2. 下列函数中不是周期函数的是（　　　）.

A. $y = 1 + \sin \pi x$ 　　　　　　B. $y = \sin x^2$

C. $y = \cos x$ 　　　　　　　　　D. $y = x \cos x$

3. 下列函数中不是有界函数的是（　　　）.

A. $y = \sin \dfrac{1}{x}$ 　　　　　　B. $y = \dfrac{1}{x}$，$x \in (0,1)$

C. $y = x+1$，$x \in (0,1)$ 　　　　D. $y = \ln x$，$x \in (1,2)$

4. 函数 $y = \dfrac{1-x}{1+x}$ 的反函数是（　　　）.

A. $y = \dfrac{1-x}{1+x}$ 　　　　　　　　　B. $y = \dfrac{1+x}{1-x}$

C. $y = \dfrac{x-1}{x+1}$ 　　　　　　　　　D. $y = \dfrac{x+1}{x-1}$

5. 当 $x \to 0$ 时，下列变量是无穷小的是（　　　）.

A. $\dfrac{x^2-1}{x-1}$ 　　　　B. $x+1$ 　　　　C. $x-1$ 　　　　D. x

6. 当 $x \to 0$ 时，$e^x - e^{-x}$ 是比 x 的（　　　）.

A. 高阶无穷小 　　　　　　　　　B. 低阶无穷小

C. 同阶非等价无穷小 　　　　　　　D. 等价无穷小

7. 函数 $y = e^x + \sin x$ 中，自变量 x 从 $\dfrac{\pi}{2}$ 变到 0，相应函数值的增量为（　　　）.

A. -1 　　　　B. 1 　　　　C. $-e^{\frac{\pi}{2}}$ 　　　　D. $e^{\frac{\pi}{2}}$

8. 函数 $f(x) = \begin{cases} 3x+1, & x \geqslant e \\ \ln x - 1, & x < e \end{cases}$ 在 $x = e$ 处（　　　）.

A. 左连续 　　　　　　　　　　B. 右连续

C. 连续 　　　　　　　　　　　D. 既不左连续也不右连续

9. 函数 $f(x)$ 在点 x_0 处连续是函数 $f(x)$ 在该点有极限的（　　　）.

A. 充分条件 　　　　　　　　　B. 必要条件

C. 充分且必要条件 　　　　　　　D. 既不是充分条件也不是必要条件

10. 函数 $f(x) = \dfrac{\sin x}{x}$ 在点 $x = 0$ 处间断，下列哪种函数定义使得 $x = 0$ 点变为 $f(x)$ 的连续点（　　　）.

A. $f(x) = \begin{cases} \dfrac{\sin x}{x}, & x \neq 0 \\ 1, & x = 0 \end{cases}$ 　　　　B. $f(x) = \begin{cases} \dfrac{\sin x}{x}, & x \neq 0 \\ 0, & x = 0 \end{cases}$

C. $f(x) = \begin{cases} \dfrac{\sin x}{x}, & x \neq 0 \\ -1, & x = 0 \end{cases}$ 　　　　D. $f(x) = \begin{cases} \dfrac{\sin x}{x}, & x \neq 0 \\ 2, & x = 0 \end{cases}$

三、求下列极限

1. $\lim\limits_{n \to \infty} \dfrac{\sqrt[3]{n^2 + a^2}}{n}$;

2. $\lim\limits_{n \to \infty} \left(\dfrac{1}{n^2} + \dfrac{2}{n^2} + \cdots + \dfrac{n}{n^2} \right)$;

3. $\lim\limits_{x \to -1} \dfrac{\sqrt{x+5}}{x^2+1}$;

4. $\lim\limits_{x \to 0} \dfrac{x^2 + 3x + 2}{x^2 + 5x + 6}$;

5. $\lim\limits_{x \to 1} \left(\dfrac{2}{1-x} - \dfrac{4}{1-x^2} \right)$;

6. $\lim\limits_{x \to 0} \dfrac{\arcsin x}{2x}$;

7. $\lim\limits_{x \to 1} \dfrac{x^4 - 1}{x^3 - 1}$;

8. $\lim\limits_{x \to 3} \dfrac{x^2 - 7x + 12}{x^2 - 9}$;

9. $\lim\limits_{x\to\infty}\dfrac{3x^2-2}{1-2x^3}$;

10. $\lim\limits_{x\to\infty}\dfrac{5-x^3}{1+2x^3}$;

11. $\lim\limits_{x\to0}\dfrac{\sqrt{1+2x}-\sqrt{1-2x}}{x}$;

12. $\lim\limits_{x\to1}\dfrac{\sin(x-1)}{2(x-1)}$;

13. $\lim\limits_{x\to0}\dfrac{\sin3x}{e^x-1}$;

14. $\lim\limits_{x\to\infty}\dfrac{1}{x}\cos\dfrac{1}{x}$;

15. $\lim\limits_{x\to\infty}\dfrac{5x^3+2x-1}{3x^2-2x+1}$;

16. $\lim\limits_{x\to0}(1+3x)^{\frac{2}{x}}$;

17. $\lim\limits_{x\to\infty}\left(\dfrac{x-1}{x+1}\right)^x$;

18. $\lim\limits_{x\to1}(1+\ln x)^{\frac{4}{\ln x}}$.

四、解答题

1. 设函数 $f(x)=\begin{cases}2x-1, & 0<x<1 \\ 1, & x=1 \\ 2-x, & 1<x\leqslant2\end{cases}$,

（1）写出函数的定义域，并画出函数的图像；

（2）讨论函数在 $x=0$ ，$x=1$ ，$x=2$ 处的连续性.

（3）求 $\lim\limits_{x\to\frac{1}{2}}f(x)$ 和 $\lim\limits_{x\to\frac{3}{2}}f(x)$.

2. 已知 $\lim\limits_{x\to-2}\dfrac{ax+b}{x+2}=3$ ，求常数 a 和 b 的值.

第 2 章
导数与微分

　　微分学是微积分的一个重要组成部分, 其基本内容包括导数与微分. 在第一章, 我们学习了函数、极限和连续, 其中极限描述的是函数随自变量变化而变化的趋势. 而下面所要介绍的导数表示的是因变量相对于自变量的变化的快慢程度. 比如, 变速直线运动的瞬时速度、曲线切线的斜率等问题.

　　本章将从实际问题入手, 引出导数的概念, 建立求导法则和公式, 最后介绍微分的概念和计算方法.

2.1 导数的概念

2.1.1 引例

引例 1 变速直线运动的瞬时速度.

设作直线运动的质点, 在时刻 t 经过的路程 s 是时间 t 的函数 $s = s(t)$, 下面讨论质点在 t_0 时刻的瞬时速度.

当时间 t 从 t_0 改变到 $t_0 + \Delta t$ 时, 质点在 Δt 这一段时间内所经过的路程为

$$\Delta s = s(t_0 + \Delta t) - s(t_0).$$

质点在该时段内的平均速度为

$$\bar{v} = \frac{\Delta s}{\Delta t} = \frac{s(t_0 + \Delta t) - s(t_0)}{\Delta t}.$$

上式中, 当 $|\Delta t|$ 很小时, 可以用足够短时间 Δt 内的平均速度 $\bar{v}$ 近似地表示质点在 t_0 时刻的速度, 且 $|\Delta t|$ 越小, 其近似程度越高. 因此, 当 $\Delta t \to 0$ 时, 若 $\bar{v} = \dfrac{\Delta s}{\Delta t}$ 有极限, 这个极限值就是质点在 t_0 时刻的瞬时速度, 即

$$v(t_0) = \lim_{\Delta t \to 0} \frac{\Delta s}{\Delta t} = \lim_{\Delta t \to 0} \frac{s(t_0 + \Delta t) - s(t_0)}{\Delta t}.$$

引例 2 曲线切线的斜率.

如图 2.1-1 所示, 若曲线 C 的方程为 $y = f(x)$, $M(x_0, y_0)$ 是曲线 C 上一点, 在 C 上另取一点 $M_1(x_0 + \Delta x, y_0 + \Delta y)$, 作割线 MM_1, 则割线 MM_1 的斜率为

$$\tan \varphi = \frac{\Delta y}{\Delta x} = \frac{f(x_0 + \Delta x) - f(x_0)}{\Delta x}.$$

当 $\Delta x \to 0$ 时, 动点 M_1 沿着曲线 C 无限趋近于点 M, 割线 MM_1 也随之趋近于切线位置 MT, 因此, 曲线 C 在点 M 处切线的斜率为

$$\tan \alpha = \lim_{\Delta x \to 0} \frac{\Delta y}{\Delta x} = \lim_{\Delta x \to 0} \frac{f(x_0 + \Delta x) - f(x_0)}{\Delta x}.$$

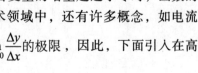

图 2.1-1

上面两个实际问题, 其变量的具体含义不同, 但从抽象的数量关系来看, 它们的实质是一样的, 最终归结为: 计算当自变量的增量趋近于零时, 函数的增量与自变量的增量的比值的极限. 在自然科学和工程技术领域中, 还有许多概念, 如电流强度、角速度、非均匀细棒的线密度等, 也会出现形如 $\lim\limits_{\Delta x \to 0} \dfrac{\Delta y}{\Delta x}$ 的极限, 因此, 下面引入在高等数学中占有重要地位的导数的概念.

2.1.2　导数的概念

1. 导数的定义

定义 1　设函数 $y=f(x)$ 在点 x_0 的某个邻域内有定义，当自变量在点 x_0 处有增量 Δx，且点 $x_0+\Delta x$ 也在该邻域内时，函数有相应的增量 $\Delta y=f(x_0+\Delta x)-f(x_0)$，如果当 $\Delta x\to 0$ 时，比值 $\dfrac{\Delta y}{\Delta x}$ 的极限存在，则称函数 $y=f(x)$ 在点 x_0 处**可导**，并称这个极限值为函数 $y=f(x)$ 在点 x_0 处的**导数**，记作

$$f'(x_0),\quad y'\big|_{x=x_0},\quad \frac{\mathrm{d}y}{\mathrm{d}x}\bigg|_{x=x_0}\quad 或\quad \frac{\mathrm{d}f(x)}{\mathrm{d}x}\bigg|_{x=x_0},$$

即

$$f'(x_0)=\lim_{\Delta x\to 0}\frac{\Delta y}{\Delta x}=\lim_{\Delta x\to 0}\frac{f(x_0+\Delta x)-f(x_0)}{\Delta x}.$$

若上述极限值不存在，则称函数 $y=f(x)$ 在点 x_0 处**不可导**，或称函数 $y=f(x)$ 在点 x_0 处的导数不存在.

若设 $\Delta x=x-x_0$，则 $\Delta y=f(x)-f(x_0)$，那么 $y=f(x)$ 在点 x_0 处的导数也可以写成

$$f'(x_0)=\lim_{\Delta x\to 0}\frac{\Delta y}{\Delta x}=\lim_{x\to x_0}\frac{f(x)-f(x_0)}{x-x_0}.$$

如果函数 $f(x)$ 在开区间 (a,b) 内每一点都可导，则称函数 $f(x)$ 在开区间 (a,b) 内可导. 这时，对于开区间 (a,b) 内任一点 x，函数 $y=f(x)$ 都有一个对应的导数值，它是关于 x 的一个新的函数，称它为函数 $y=f(x)$ 在开区间 (a,b) 内的**导函数**，记作 y' 或 $f'(x)$，即

$$f'(x)=\lim_{\Delta x\to 0}\frac{f(x+\Delta x)-f(x)}{\Delta x}.$$

导函数简称为**导数**. 当 $x_0\in(a,b)$ 时，函数 $f(x)$ 在点 x_0 处的导数 $f'(x_0)$ 就是导函数 $f'(x)$ 在点 $x=x_0$ 处的函数值. 即 $f'(x_0)=f'(x)\big|_{x=x_0}$.

显然，引例 1 中，质点在 t_0 时刻的瞬时速度 $v(t_0)=s'(t_0)$；引例 2 中，曲线在点 $M(x_0,y_0)$ 处的切线的斜率 $k=f'(x_0)$.

根据导数的定义，求函数 $y=f(x)$ 的导数可按下列步骤进行：

（1）求函数的增量：$\Delta y=f(x+\Delta x)-f(x)$；

（2）求比值：$\dfrac{\Delta y}{\Delta x}=\dfrac{f(x+\Delta x)-f(x)}{\Delta x}$；

（3）求极限：$y'=\lim\limits_{\Delta x\to 0}\dfrac{\Delta y}{\Delta x}=\lim\limits_{\Delta x\to 0}\dfrac{f(x+\Delta x)-f(x)}{\Delta x}$.

例 1　求函数 $y=C$（C 为常数）的导数.

解　（1）因为 $y=C$，即不论 x 取何值，y 的值总等于 C，所以 $\Delta y=C-C=0$.

（2）$\dfrac{\Delta y}{\Delta x}=0$.

（3） $y' = \lim\limits_{\Delta x \to 0} \dfrac{\Delta y}{\Delta x} = 0$.

这就是说，常数的导数等于零，即 $C' = 0$.

例 2　求函数 $y = x^2$ 的导函数，并求 $y'|_{x=-3}$.

解　（1） $\Delta y = (x + \Delta x)^2 - x^2 = 2x \cdot \Delta x + (\Delta x)^2$.

（2） $\dfrac{\Delta y}{\Delta x} = \dfrac{2x \cdot \Delta x + (\Delta x)^2}{\Delta x} = 2x + \Delta x$.

（3） $y' = \lim\limits_{\Delta x \to 0} \dfrac{\Delta y}{\Delta x} = \lim\limits_{\Delta x \to 0}(2x + \Delta x) = 2x$.

所以，$y' = 2x$.

$$y'|_{x=-3} = 2 \times (-3) = -6.$$

例 3　求 $y = \dfrac{1}{x}$ 的导数.

解　（1） $\Delta y = \dfrac{1}{x + \Delta x} - \dfrac{1}{x} = \dfrac{-\Delta x}{x(x + \Delta x)}$.

（2） $\dfrac{\Delta y}{\Delta x} = -\dfrac{1}{x(x + \Delta x)}$.

（3） $y' = \lim\limits_{\Delta x \to 0} \dfrac{\Delta y}{\Delta x} = \lim\limits_{\Delta x \to 0}\left[-\dfrac{1}{x(x + \Delta x)}\right] = -\dfrac{1}{x^2}$.

一般地，求幂函数 $y = x^\alpha (\alpha \in \mathbf{R})$ 的导数，有公式：

$$(x^\alpha)' = \alpha x^{\alpha-1}.$$

例如，$(x)' = 1$，$(\sqrt{x})' = \dfrac{1}{2}x^{\frac{1}{2}-1} = \dfrac{1}{2\sqrt{x}}$，$(x^{\frac{2}{3}})' = \dfrac{2}{3}x^{\frac{2}{3}-1} = \dfrac{2}{3}x^{-\frac{1}{3}}$.

课堂练习 1

1. 假设 $f'(x_0)$ 存在，观察下列极限，按照导数的定义，A 表示什么？

（1） $A = \lim\limits_{\Delta x \to 0} \dfrac{f(x_0 + \Delta x) - f(x_0)}{\Delta x}$；　　　（2） $A = \lim\limits_{h \to 0} \dfrac{f(x_0 + 2h) - f(x_0)}{h}$.

2. 用导数的定义求函数 $y = 2x$ 的导数.

3. 利用公式 $(x^\alpha)' = \alpha x^{\alpha-1}$ 求下列函数在指定点处的导数：

（1） $y = x^4$，$x = 2$；　　　　　　　　（2） $y = x^{\frac{5}{7}}$，$x = 4$.

例 4　设 $y = \sin x$，求 y' 和 $y'|_{x=\frac{\pi}{2}}$.

解　因为

$$\Delta y = \sin(x + \Delta x) - \sin x = 2\cos\left(x + \dfrac{\Delta x}{2}\right)\sin\dfrac{\Delta x}{2},$$

$$\frac{\Delta y}{\Delta x} = \frac{2\cos\left(x + \frac{\Delta x}{2}\right)\sin\frac{\Delta x}{2}}{\Delta x} = \cos\left(x + \frac{\Delta x}{2}\right)\frac{\sin\frac{\Delta x}{2}}{\frac{\Delta x}{2}},$$

所以

$$y' = \lim_{\Delta x \to 0}\frac{\Delta y}{\Delta x} = \lim_{\Delta x \to 0}\cos\left(x + \frac{\Delta x}{2}\right)\frac{\sin\frac{\Delta x}{2}}{\frac{\Delta x}{2}} = \lim_{\Delta x \to 0}\cos\left(x + \frac{\Delta x}{2}\right) \cdot \lim_{\Delta x \to 0}\frac{\sin\frac{\Delta x}{2}}{\frac{\Delta x}{2}} = \cos x,$$

即

$$(\sin x)' = \cos x.$$

$$y'\big|_{x=\frac{\pi}{2}} = \cos x\big|_{x=\frac{\pi}{2}} = \cos\frac{\pi}{2} = 0.$$

同理可得：$(\cos x)' = -\sin x$.

例 5 求函数 $y = \log_a x \ (a > 0, a \neq 1)$ 的导数.

解 因为

$$\Delta y = \log_a(x + \Delta x) - \log_a x = \log_a\frac{x + \Delta x}{x} = \log_a\left(1 + \frac{\Delta x}{x}\right),$$

$$\frac{\Delta y}{\Delta x} = \frac{\log_a\left(1 + \frac{\Delta x}{x}\right)}{\Delta x} = \log_a\left(1 + \frac{\Delta x}{x}\right)^{\frac{1}{\Delta x}} = \log_a\left[\left(1 + \frac{\Delta x}{x}\right)^{\frac{x}{\Delta x}}\right]^{\frac{1}{x}} = \frac{1}{x}\log_a\left(1 + \frac{\Delta x}{x}\right)^{\frac{x}{\Delta x}},$$

所以

$$y' = \lim_{\Delta x \to 0}\frac{\Delta y}{\Delta x} = \lim_{\Delta x \to 0}\frac{1}{x}\log_a\left(1 + \frac{\Delta x}{x}\right)^{\frac{x}{\Delta x}} = \frac{1}{x}\log_a e = \frac{1}{x\ln a},$$

即

$$(\log_a x)' = \frac{1}{x\ln a}.$$

特别地，当 $a = e$ 时，有 $(\ln x)' = \frac{1}{x}$.

课堂练习 2

1. 用导数定义求函数 $y = \cos x$ 的导数，并求 $y'\big|_{x=\pi}$.

2. 用对数函数的求导公式，求 $y = \log_2 x$ 的导数，并求 $y'\big|_{x=e^2}$.

2. 单侧导数

若 $\lim\limits_{\Delta x \to 0^-}\dfrac{f(x_0 + \Delta x) - f(x_0)}{\Delta x}$ 存在，则称此极限值为函数 $f(x)$ 在点 x_0 处的**左导数**，记为 $f'_-(x_0)$；

若 $\lim\limits_{\Delta x \to 0^+}\dfrac{f(x_0 + \Delta x) - f(x_0)}{\Delta x}$ 存在，则称此极限值为函数 $f(x)$ 在点 x_0 处的**右导数**，记为 $f'_+(x_0)$.

即

$$f'_-(x_0) = \lim_{\Delta x \to 0^-} \frac{f(x_0 + \Delta x) - f(x_0)}{\Delta x} = \lim_{x \to x_0^-} \frac{f(x) - f(x_0)}{x - x_0},$$

$$f'_+(x_0) = \lim_{\Delta x \to 0^+} \frac{f(x_0 + \Delta x) - f(x_0)}{\Delta x} = \lim_{x \to x_0^+} \frac{f(x) - f(x_0)}{x - x_0}.$$

定理 1 $y = f(x)$在点 x_0 处可导 $\Leftrightarrow$ 左导数 $f'_-(x_0)$ 与右导数 $f'_+(x_0)$ 都存在且相等.

当定理 1 的条件都成立时，有 $f'(x_0) = f'_-(x_0) = f'_+(x_0)$.

例 6 已知函数 $f(x) = \begin{cases} 2x+1, & x \leqslant 1 \\ x+2, & x > 1 \end{cases}$，试讨论 $f(x)$ 在点 $x = 1$ 和 $x = \dfrac{1}{2}$ 处的导数是否存在，若存在，求出其导数值.

解 先讨论 $f(x)$ 在点 $x = 1$ 处的导数. $f(1) = 3$.

$$f'_-(1) = \lim_{\Delta x \to 0^-} \frac{\Delta y}{\Delta x} = \frac{f(1 + \Delta x) - f(1)}{\Delta x} = \lim_{\Delta x \to 0^-} \frac{[2(1 + \Delta x) + 1] - 3}{\Delta x} = \lim_{\Delta x \to 0^-} \frac{2\Delta x}{\Delta x} = 2,$$

$$f'_+(1) = \lim_{\Delta x \to 0^+} \frac{\Delta y}{\Delta x} = \lim_{\Delta x \to 0^+} \frac{f(1 + \Delta x) - f(1)}{\Delta x} = \lim_{\Delta x \to 0^+} \frac{(1 + \Delta x + 2) - 3}{\Delta x} = \lim_{\Delta x \to 0^+} \frac{\Delta x}{\Delta x} = 1,$$

即 $f'_-(1) \neq f'_+(1)$，所以 $f(x)$ 在 $x = 1$ 处不可导.

再讨论 $f(x)$ 在点 $x = \dfrac{1}{2}$ 处的导数. $f\left(\dfrac{1}{2}\right) = 2$.

$$\lim_{\Delta x \to 0} \frac{f\left(\dfrac{1}{2} + \Delta x\right) - f\left(\dfrac{1}{2}\right)}{\Delta x} = \lim_{\Delta x \to 0} \frac{\left[2\left(\dfrac{1}{2} + \Delta x\right) + 1\right] - 2}{\Delta x} = 2,$$

所以，$f(x)$ 在点 $x = \dfrac{1}{2}$ 处的导数 $f'\left(\dfrac{1}{2}\right) = 2$.

2.1.3 导数的几何意义

由引例 2 和导数的定义可知，函数 $y = f(x)$ 在点 x_0 处的导数 $f'(x_0)$ 在几何上表示曲线 $y = f(x)$ 在点 $M(x_0, f(x_0))$ 处的切线的斜率，即 $k = \tan \alpha = f'(x_0)$，其中 α 是切线的倾斜角，如图 2.1-2 所示，所以曲线 $y = f(x)$ 在点 $M(x_0, y_0)$ 处的切线方程和法线方程分别为：

切线：$y - y_0 = f'(x_0)(x - x_0)$；

法线：$y - y_0 = -\dfrac{1}{f'(x_0)}(x - x_0)$ $(f'(x_0) \neq 0)$.

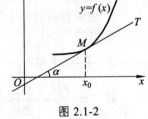

图 2.1-2

如果函数 $y = f(x)$ 在点 x_0 处的导数为 0，即 $k = \tan \alpha = 0$，那么曲线在点 $M(x_0, y_0)$ 处的切线平行于 x 轴，切线方程为 $y = y_0$；

如果函数 $y = f(x)$ 在点 x_0 处的导数为无穷大，即 $\tan \alpha$ 不存在，那么曲线在点 $M(x_0, y_0)$ 处的切线垂直于 x 轴，切线方程为 $x = x_0$.

例 7 求曲线 $y = x^2$ 在点 $P(-1, 1)$ 处的切线方程和法线方程.

解　因为 $y' = 2x$，所以曲线 $y = x^2$ 在点 $P(-1,1)$ 处的切线的斜率为

$$k = y'\big|_{x=-1} = (2x)\big|_{x=-1} = -2 .$$

所以，所求的切线方程为

$$y - 1 = -2(x+1) ,$$

即

$$2x + y + 1 = 0 ;$$

所求的法线方程为

$$y - 1 = \frac{1}{2}(x+1) ,$$

即

$$x - 2y + 3 = 0 .$$

课堂练习 3

1. 求曲线 $y = x^3$ 在点 $P(1,1)$ 处的切线方程和法线方程.

2. 已知一物体的运动方程为 $s = t^2 \, (\text{m})$，求：（1）物体运动 t 秒时的速度 $s'(t)$；
（2）$t = 2$ 秒时物体的运动速度 $s'(2)$.

2.1.4　函数的可导性与连续性

定理 2　如果函数 $y = f(x)$ 在点 x_0 处可导，则函数 $f(x)$ 在点 x_0 处连续.

定理 2 的逆定理不成立，即如果函数在某点连续，那么函数在该点不一定可导.

例 8　讨论函数 $f(x) = |x|$ 在点 $x = 0$ 处的连续性和可导性.

解　因为

$$\lim_{x \to 0^+} f(x) = \lim_{x \to 0^+} x = 0 , \quad \lim_{x \to 0^-} f(x) = \lim_{x \to 0^-} (-x) = 0 ,$$

即

$$\lim_{x \to 0} f(x) = 0 = f(0) ,$$

所以 $f(x) = |x|$ 在点 $x = 0$ 处连续.

又因为

$$f'_+(0) = \lim_{\Delta x \to 0^+} \frac{f(0 + \Delta x) - f(0)}{\Delta x} = \lim_{\Delta x \to 0^+} \frac{\Delta x - 0}{\Delta x} = 1 ,$$

$$f'_-(0) = \lim_{\Delta x \to 0^-} \frac{f(0 + \Delta x) - f(0)}{\Delta x} = \lim_{\Delta x \to 0^-} \frac{-\Delta x - 0}{\Delta x} = -1 ,$$

即 $f'_+(0) \neq f'_-(0)$，所以函数 $f(x) = |x|$ 在点 $x = 0$ 处不可导.

课堂练习 4

讨论函数 $f(x) = |x - 1|$ 在点 $x = 1$ 处的连续性和可导性.

习题 2.1

1. 用导数定义求下列函数在指定点处的导数.

（1）$y = x^3$ 在 $x = 2$ 处；

（2）$y = \sqrt{x}$ 在 $x = 4$ 处；

（3）$y = \ln x$ 在 $x = 1$ 处；

（4）$y = \sin x$ 在 $x = \dfrac{\pi}{2}$ 处.

2. 求下列函数在指定点处的导数：

（1）$y = x^2$，$x = 1$；

（2）$y = x^5$，$x = -1$；

（3）$y = x^{\frac{2}{3}}$，$x = 8$；

（4）$y = \ln x$，$x = 2$；

（5）$y = \cos x$；$x = \dfrac{\pi}{3}$；

（6）$y = \log_5 x$，$x = 4$.

3. 求下列曲线在指定点处的切线方程和法线方程.

（1）$y = \sqrt{x}$，$P(4, 2)$；

（2）$y = \dfrac{1}{x^2}$，$P(-1, 1)$.

4. 讨论下列函数在指定点处的连续性和可导性.

（1）$f(x) = \begin{cases} 2x - 1, & x \leqslant 2 \\ 5 - x, & x > 2 \end{cases}$，$x = 2$；

（2）$f(x) = \begin{cases} x^2, & x < 0 \\ x^3, & x \geqslant 0 \end{cases}$，$x = 0$.

5. 将一个物体从静止开始自由释放，经过 t 秒，物体下落的高度为 $h(t) = t^3$，求下落 0.5 秒时物体的速度和物体下落的高度.

2.2 求导法则与求导公式

本节将介绍基本的求导法则和基本初等函数的导数公式.

2.2.1 函数的和、差、积、商的求导法则

定理 1 如果函数 $u = u(x)$ 和 $v = v(x)$ 在点 x 处可导，那么 $u \pm v$，uv，$\dfrac{u}{v}(v \neq 0)$ 在点 x 处都可导，且

（1）$(u \pm v)' = u' \pm v'$.

（2）$(uv)' = u'v + uv'$.

（3）$\left(\dfrac{u}{v}\right)' = \dfrac{u'v - uv'}{v^2}$.

法则（2）中，当 $v = C$（C 为常数）时，有

$$(Cu)' = Cu'.$$

例 1 求 $y = x^4 - \sin x - 3\ln x - 5$ 的导数.

解　$y' = (x^4)' - (\sin x)' - (3\ln x)' - (5)'$

$\qquad = 4x^3 - \cos x - 3 \cdot \dfrac{1}{x} - 0$

$\qquad = 4x^3 - \cos x - \dfrac{3}{x}.$

例 2　求 $y = x^3 \sin x$ 的导数 y' 及 $y'|_{x=\frac{\pi}{2}}$.

解　$y' = (x^3)' \sin x + x^3 (\sin x)' = 3x^2 \sin x + x^3 \cos x.$

$\qquad y'|_{x=\frac{\pi}{2}} = 3 \times \left(\dfrac{\pi}{2}\right)^2 \sin \dfrac{\pi}{2} + \left(\dfrac{\pi}{2}\right)^3 \cos \dfrac{\pi}{2} = \dfrac{3\pi^2}{4}.$

例 3　求 $y = \dfrac{\cos x}{x}$ 的导数.

解　$y' = \dfrac{(\cos x)'x - \cos x(x)'}{x^2} = \dfrac{-x\sin x - \cos x}{x^2}.$

例 4　证明 $(\tan x)' = \sec^2 x$.

证明　$(\tan x)' = \left(\dfrac{\sin x}{\cos x}\right)' = \dfrac{(\sin x)' \cos x - \sin x(\cos x)'}{\cos^2 x}$

$\qquad\qquad = \dfrac{\cos^2 x + \sin^2 x}{\cos^2 x} = \dfrac{1}{\cos^2 x} = \sec^2 x ,$

即　　　　　$(\tan x)' = \sec^2 x.$

类似地，可以证明：$(\cot x)' = -\csc^2 x$.

课堂练习 1

1. 求下列函数的导数.

（1）$y = x^2 + 2\ln x - \cos x + 4$ ；　　　　（2）$y = (3x+1)(x-2)$.

2. 证明 $(\cot x)' = -\csc^2 x$.

2.2.2　反函数的求导法则

定理 2　若函数 $x = \varphi(y)$ 在区间 I 内单调可导，且 $\varphi'(y) \neq 0$ ，则它的反函数 $y = f(x)$ 在对应区间内可导，且

$$f'(x) = \dfrac{1}{\varphi'(y)} \quad \text{或} \quad \dfrac{\mathrm{d}y}{\mathrm{d}x} = \dfrac{1}{\dfrac{\mathrm{d}x}{\mathrm{d}y}}.$$

例 5　求指数函数 $y = a^x \ (a > 0, a \neq 1)$ 的导数.

解　当 $y > 0$ 时，对数函数 $x = \log_a y$ 单调可导，且 $\dfrac{\mathrm{d}x}{\mathrm{d}y} = (\log_a y)' = \dfrac{1}{y\ln a} \neq 0$ ，指数函数 $y = a^x$ 是它的反函数，所以，由定理 2 得

$$y' = \frac{dy}{dx} = \frac{1}{\dfrac{dx}{dy}} = \frac{1}{\dfrac{1}{y \ln a}} = y \ln a = a^x \ln a ,$$

即
$$(a^x)' = a^x \ln a .$$

特别地，当 $a = e$ 时，有：

$$(e^x)' = e^x .$$

例 6 设 $y = \arcsin x$ ，求 y' .

解 函数 $y = \arcsin x \ (-1 \leqslant x \leqslant 1)$ 是 $x = \sin y \left(-\dfrac{\pi}{2} \leqslant y \leqslant \dfrac{\pi}{2} \right)$ 的反函数，$x = \sin y$ 在 $\left(-\dfrac{\pi}{2}, \dfrac{\pi}{2} \right)$

内单调可导，且 $\dfrac{dx}{dy} = (\sin y)' = \cos y \neq 0$ ，由反函数的求导法则，得

$$y' = \frac{dy}{dx} = \frac{1}{\dfrac{dx}{dy}} = \frac{1}{\cos y} = \frac{1}{\sqrt{1 - \sin^2 y}} = \frac{1}{\sqrt{1 - x^2}} ,$$

即
$$(\arcsin x)' = \frac{1}{\sqrt{1 - x^2}} .$$

同理可得

$$(\arccos x)' = -\frac{1}{\sqrt{1 - x^2}} .$$

例 7 设 $y = \arctan x$ ，求 y' .

解 函数 $y = \arctan x$ 是 $x = \tan y \left(-\dfrac{\pi}{2} < y < \dfrac{\pi}{2} \right)$ 的反函数，$x = \tan y$ 在 $\left(-\dfrac{\pi}{2}, \dfrac{\pi}{2} \right)$ 内单调可导，

且 $\dfrac{dx}{dy} = (\tan y)' = \sec^2 y \neq 0$ ，由反函数的求导法则，得

$$y' = \frac{dy}{dx} = \frac{1}{\dfrac{dx}{dy}} = \frac{1}{\sec^2 y} = \frac{1}{1 + \tan^2 y} = \frac{1}{1 + x^2} ,$$

即
$$(\arctan x)' = \frac{1}{1 + x^2} .$$

同理可得

$$(\operatorname{arc\,cot} x)' = -\frac{1}{1 + x^2} .$$

课堂练习 2

用反函数的求导法则求下列函数的导数：

（1）$y = 3^x$ ； （2）$y = \arccos x$ ； （3）$y = \operatorname{arc\,cot} x$.

2.2.3 复合函数的求导法则

定理 3 设函数 $u = \varphi(x)$ 在点 x 处可导，且函数 $y = f(u)$ 在对应点 u 处也可导，则复合函

数 $y = f[\varphi(x)]$ 在点 x 处可导，且有：

$$y' = f'(u) \cdot \varphi'(x) \quad \text{或} \quad y'_x = y'_u \cdot u'_x \quad \text{或} \quad \frac{\mathrm{d}y}{\mathrm{d}x} = \frac{\mathrm{d}y}{\mathrm{d}u} \cdot \frac{\mathrm{d}u}{\mathrm{d}x},$$

即复合函数 $y = f[\varphi(x)]$ 的导数等于 y 对 u 的导数与 u 对 x 的导数的乘积.

例 8　求函数 $y = \sqrt{2x^2 + 4}$ 的导数.

解　设 $y = \sqrt{u}$，$u = 2x^2 + 4$，则

$$y' = y'_u \cdot u'_x = (\sqrt{u})'_u \cdot (2x^2 + 4)'_x = \frac{1}{2\sqrt{u}} \cdot 4x = \frac{2x}{\sqrt{2x^2 + 4}}.$$

例 9　求 $y = 3^{2x^2 - 5}$ 的导数.

解　设 $y = 3^u$，$u = 2x^2 - 5$，则

$$y' = (3^u)'_u \cdot (2x^2 - 5)'_x = 3^u \cdot \ln 3 \cdot 4x = 3^{2x^2 - 5} \cdot \ln 3 \cdot 4x.$$

例 10　求 $y = \sqrt[3]{\dfrac{x}{1-x}}$ 的导数.

解　设 $y = \sqrt[3]{u} = u^{\frac{1}{3}}$，$u = \dfrac{x}{1-x}$，则

$$y' = (u^{\frac{1}{3}})'_u \cdot \left(\frac{x}{1-x}\right)'_x = \frac{1}{3} u^{-\frac{2}{3}} \frac{x'(1-x) - x(1-x)'}{(1-x)^2}$$

$$= \frac{1}{3}\left(\frac{x}{1-x}\right)^{-\frac{2}{3}} \cdot \frac{1}{(1-x)^2} = \frac{1}{3} x^{-\frac{2}{3}} (1-x)^{-\frac{4}{3}}.$$

课堂练习 3

求下列函数的导数.

（1）$y = (2x - 1)^{10}$；　　（2）$y = \sqrt{x^2 + 5}$；　　（3）$y = \sin^2 x$；　　（4）$y = \arcsin 2x$.

定理 3 可推广到多个（有限个）可导函数构成的复合函数的情况. 如设 $y = f(u)$，$u = \varphi(v)$，$v = \psi(x)$，且各自的导数存在，那么

$$y'_x = f'(u) \cdot \varphi'(v) \cdot \psi'(x) \quad \text{或} \quad y'_x = y'_u \cdot u'_v \cdot v'_x.$$

例 11　求 $y = \ln \sin\left(2x - \dfrac{\pi}{4}\right)$ 的导数.

解　设 $y = \ln u$，$u = \sin v$，$v = 2x - \dfrac{\pi}{4}$，则

$$y'_x = (\ln u)'_u \cdot (\sin v)'_v \cdot \left(2x - \frac{\pi}{4}\right)'_x = \frac{1}{u} \cdot \cos v \cdot 2$$

$$= \frac{1}{\sin v} \cdot \cos v \cdot 2 = 2 \cot v = 2 \cot\left(2x - \frac{\pi}{4}\right).$$

例12 求 $y = \sqrt[3]{\ln^2(5x+4)}$ 的导数.

解 设 $y = u^{\frac{2}{3}}$，$u = \ln v$，$v = 5x+4$，则

$$y' = (u^{\frac{2}{3}})'_u \cdot (\ln v)'_v \cdot (5x+4)'_x = \frac{2}{3}u^{-\frac{1}{3}} \cdot \frac{1}{v} \cdot 5$$

$$= \frac{2}{3}[\ln(5x+4)]^{-\frac{1}{3}} \cdot \frac{1}{5x+4} \cdot 5 = \frac{10}{3(5x+4)}[\ln(5x+4)]^{-\frac{1}{3}}.$$

求复合函数的导数，关键在于分析清楚函数的复合关系，在熟练以后，可以不写出中间变量，根据复合函数的求导法则，由外向里逐层求导即可.

例13 求 $y = \arcsin\sqrt{x^2-1}$ 的导数.

解 $y' = \dfrac{1}{\sqrt{1-(\sqrt{x^2-1})^2}}(\sqrt{x^2-1})' = \dfrac{1}{\sqrt{2-x^2}} \cdot \dfrac{1}{2\sqrt{x^2-1}}(x^2-1)'$

$$= \frac{1}{\sqrt{2-x^2}} \cdot \frac{1}{2\sqrt{x^2-1}} \cdot 2x = \frac{x}{\sqrt{(2-x^2)(x^2-1)}}.$$

例14 求 $y = e^{\sin(2x+1)}$ 的导数.

解 $y' = e^{\sin(2x+1)}[\sin(2x+1)]'$

$$= e^{\sin(2x+1)}\cos(2x+1) \cdot (2x+1)'$$

$$= 2e^{\sin(2x+1)}\cos(2x+1).$$

课堂练习4

求下列函数的导数.

（1）$y = \ln(\cos 3x)$; （2）$y = \sqrt{\sin(2x+5)}$; （3）$y = 2^{\sqrt{\cos x}}$.

2.2.4 基本导数公式与求导法则总结

1. 导数公式

（1）$C' = 0$; （2）$x' = 1$; （3）$\left(\dfrac{1}{x}\right)' = -\dfrac{1}{x^2}$;

（4）$(\sqrt{x})' = \dfrac{1}{2\sqrt{x}}$; （5）$(x^\alpha)' = \alpha x^{\alpha-1}$; （6）$(a^x)' = a^x \ln a$;

（7）$(e^x)' = e^x$; （8）$(\log_a x)' = \dfrac{1}{x\ln a}$; （9）$(\ln x)' = \dfrac{1}{x}$;

（10）$(\sin x)' = \cos x$; （11）$(\cos x)' = -\sin x$;

（12）$(\tan x)' = \sec^2 x$; （13）$(\cot x)' = -\csc^2 x$;

（14）$(\sec x)' = \sec x \tan x$; （15）$(\csc x)' = -\csc x \cot x$;

（16）$(\arcsin x)' = \dfrac{1}{\sqrt{1-x^2}}$ ；

（17）$(\arccos x)' = -\dfrac{1}{\sqrt{1-x^2}}$ ；

（18）$(\arctan x)' = \dfrac{1}{1+x^2}$ ；

（19）$(\operatorname{arc cot} x)' = -\dfrac{1}{1+x^2}$ ．

2. 函数的和、差、积、商的求导法则

设 $u = u(x)$，$v = v(x)$ 都可导，则

（1）$(u \pm v)' = u' \pm v'$ ；

（2）$(uv) = u'v + uv'$ ；

（3）$\left(\dfrac{u}{v}\right)' = \dfrac{u'v - uv'}{v^2}$ ；

（4）$(Cu)' = Cu'$（C 为任意常数）．

3. 反函数求导法则

函数 $x = \varphi(y)$ 在区间 I 内单调可导，且 $\varphi'(y) \neq 0$，则它的反函数 $y = f(x)$ 在对应区间内可导，且

$$f'(x) = \frac{1}{\varphi'(y)} \quad \text{或} \quad \frac{\mathrm{d}y}{\mathrm{d}x} = \frac{1}{\dfrac{\mathrm{d}x}{\mathrm{d}y}} .$$

4. 复合函数求导法则

设 $y = f(u)$，$u = \varphi(x)$，则复合函数 $y = f[\varphi(x)]$ 的导数为

$$y' = f'(u) \cdot \varphi'(x) \quad \text{或} \quad y'_x = y'_u \cdot u'_x \quad \text{或} \quad \frac{\mathrm{d}y}{\mathrm{d}x} = \frac{\mathrm{d}y}{\mathrm{d}u} \cdot \frac{\mathrm{d}u}{\mathrm{d}x} .$$

例 15　求 $y = 5x^2 - \sqrt[3]{\cos^2 x}$ 的导数．

解　$y' = (5x^2)' - (\sqrt[3]{\cos^2 x})'$

$\qquad = 10x - \dfrac{2}{3}(\cos x)^{-\frac{1}{3}}(-\sin x)$

$\qquad = 10x + \dfrac{2\sin x}{3\sqrt[3]{\cos x}} .$

例 16　已知 $y = x^2 \mathrm{e}^{\sin 2x}$，求 y'．

解　$y' = 2x\mathrm{e}^{\sin 2x} + x^2 \mathrm{e}^{\sin 2x}(\sin 2x)'$

$\qquad = 2x\mathrm{e}^{\sin 2x} + x^2 \mathrm{e}^{\sin 2x}\cos 2x \cdot 2$

$\qquad = 2x\mathrm{e}^{\sin 2x}(1 + x\cos 2x) .$

习题 2.2

1. 求下列各函数的导数.

（1）$y = 7x^4 - 8x^3 + 9x^2 - 10x + 12$ ；

（2）$y = (2x^2 - 1)(x^2 + 2)$ ；

（3） $y = \dfrac{1-\cos x}{1+\cos x}$ ；

（4） $y = 5 - \dfrac{4}{x} - \dfrac{3}{x^2} - \dfrac{2}{x^3}$ ；

（5） $y = \dfrac{x-2}{1+x^2}$ ；

（6） $y = \sqrt{x}\arctan x$ ；

（7） $y = 2\mathrm{e}^x - 3\operatorname{arccot} x$ ；

（8） $y = 3\sqrt[3]{x^5} - 3\cdot 2^x$ ；

（9） $y = x\ln x + \cos\dfrac{\pi}{7}$ ；

（10） $y = x\mathrm{e}^x \sin x$.

2. 求下列各函数的导数.

（1） $y = (x^2 - 5x + 6)^2$ ；

（2） $y = \mathrm{e}^{-3x}$ ；

（3） $y = \tan^2 x$ ；

（4） $y = \ln(2 - x^2)$ ；

（5） $y = \arccos(5x - 3)$ ；

（6） $y = \ln(x - \sqrt{1+x^2})$ ；

（7） $y = 3x^2 - 2\arcsin x$ ；

（8） $y = \cos^2(3x^2 - 5)$ ；

（9） $y = \arctan\sqrt{x^2 - 1}$ ；

（10） $y = [\ln(x^2 + 2x - 3)]^3$ ；

（11） $y = \sqrt{\sin(x^2 + 5)}$ ；

（12） $y = \mathrm{e}^{2x}\ln(x - \cos x)$ ；

（13） $y = a^{2x}\sin 3x$ ；

（14） $y = \dfrac{\ln x}{\sqrt{x^2 - 1}}$ ；

（15） $y = \dfrac{\sin 2x}{x^2}$ ；

（16） $y = \ln\sqrt{\dfrac{1-x}{1+x}}$ ；

（17） $y = \sin[\cos^2(\tan x)]$.

3. 求下列函数在指定点处的导数.

（1） $y = x^2 + 2x - 3$ ，求 $y'\big|_{x=2}$ ；

（2） $f(x) = \dfrac{1-x}{\sqrt{x}}$ ，求 $f'(1)$ ；

（3） $f(x) = \mathrm{e}^{\sin 2x}$ ，求 $f'\left(\dfrac{\pi}{2}\right)$ ；

（4） $f(x) = \arcsin\dfrac{x-3}{2}$ ，求 $f'(3)$.

4. 求下列各曲线在指定点处的切线方程和法线方程.

（1） $y = \mathrm{e}^x$ ，点 $P(0,1)$ ；

（2） $y = 2x^2 - x + 3$ ，点 $P(0,3)$ ；

（3） $y = \sin x$ ，点 $P\left(\dfrac{\pi}{4}, \dfrac{\sqrt{2}}{2}\right)$ ；

（4） $y = \log_2 x$ ，点 $P(2,1)$.

5. 在直线轨道上运行的列车从刹车开始到时刻 t 秒，列车前进的距离（单位：米）为 $s(t) = 20t - 0.1t^2$. 问列车刹车后几秒钟停车？刹车后前进了多少米？

6. 将一个物体以一定的初速度竖直上抛，物体抛出 t 秒时，其上升的高度（单位：米）为 $h(t) = \mathrm{e}^{5t - 5t^2}$ ，求经过多少秒物体上升到最高点？物体上升到最高点的高度为多少米？

2.3 高阶导数

设质点作直线运动的运动方程为 $s = s(t)$ ，由导数的概念知， $s'(t)$ 就是质点在 t 时刻的瞬时速度 $v(t)$ ，即 $v(t) = s'(t)$ ，而 $v'(t)$ 就是质点在 t 时刻的瞬时加速度 $a(t)$ ，所以

$$a(t) = v'(t) = [s'(t)]',$$

这种导数的导数 $[s'(t)]'$ 称为 $s(t)$ 对 t 的二阶导数.

定义　若函数 $y = f(x)$ 的导数 $f'(x)$ 在点 x 处的导数存在，则称 $f'(x)$ 在点 x 处的导数为函数 $f(x)$ 在点 x 处的**二阶导数**，记为

$$y'', \quad f''(x), \quad \frac{d^2 y}{dx^2} \quad 或 \quad \frac{d^2 f(x)}{dx^2},$$

即

$$y'' = (y')', \quad f''(x) = [f'(x)]', \quad \frac{d^2 y}{d^2 x} = \frac{d}{dx}\left(\frac{dy}{dx}\right) \quad 或 \quad \frac{d^2 f(x)}{d^2 x} = \frac{df'(x)}{dx}.$$

相应地，把函数 $y = f(x)$ 的导数 $f'(x)$ 称为函数 $y = f(x)$ 的**一阶导数**.

类似地，如果二阶导数 $f''(x)$ 的导数存在，则称 $f''(x)$ 的导数为函数 $f(x)$ 的**三阶导数**，记为

$$y''', \quad f'''(x), \quad \frac{d^3 y}{dx^3} \quad 或 \quad \frac{d^3 f(x)}{dx^3}.$$

一般地，如果函数 $y = f(x)$ 的 $(n-1)$ 阶导数的导数存在，则称此导数为函数 $y = f(x)$ 的 n **阶导数**，记为

$$y^{(n)}, \quad f^{(n)}(x), \quad \frac{d^n y}{dx^n} \quad 或 \quad \frac{d^n f(x)}{dx^n}.$$

二阶及二阶以上的导数统称为**高阶导数**.

例 1　求 $y = 2x^3 + \ln x$ 的二阶导数.

解　$y' = 6x^2 + \dfrac{1}{x}$.

$$y'' = (y')' = \left(6x^2 + \frac{1}{x}\right)' = 12x - \frac{1}{x^2}.$$

例 2　已知函数 $f(x) = \ln \sin x$，求 $f''(x)$，$f''\left(\dfrac{\pi}{4}\right)$.

解　$f'(x) = (\ln \sin x)' = \dfrac{(\sin x)'}{\sin x} = \dfrac{\cos x}{\sin x} = \cot x$.

$$f''(x) = (\cot x)' = -\csc^2 x.$$

$$f''\left(\frac{\pi}{4}\right) = -\csc^2 \frac{\pi}{4} = -\frac{1}{\sin^2 \dfrac{\pi}{4}} = -2.$$

课堂练习 1

1. 已知 $f'(x) = 3x^3 - 2^x$，求 $f''(x)$.

2. 已知 $y = x^3 - \cos x$，求 y''' 及 $y'''\big|_{x=\frac{\pi}{6}}$.

例 3 求正弦函数 $y = \sin x$ 的 n 阶导数.

解 $y' = \cos x = \sin\left(x + \dfrac{\pi}{2}\right)$.

$$y'' = \cos\left(x + \dfrac{\pi}{2}\right) = \sin\left(x + \dfrac{\pi}{2} + \dfrac{\pi}{2}\right) = \sin\left(x + 2 \times \dfrac{\pi}{2}\right).$$

$$y''' = \cos\left(x + 2 \times \dfrac{\pi}{2}\right) = \sin\left(x + 2 \times \dfrac{\pi}{2} + \dfrac{\pi}{2}\right) = \sin\left(x + 3 \times \dfrac{\pi}{2}\right).$$

……

$$y^{(n)} = \sin\left(x + n \cdot \dfrac{\pi}{2}\right).$$

即

$$(\sin x)^{(n)} = \sin\left(x + n \cdot \dfrac{\pi}{2}\right).$$

同理可得

$$(\cos x)^{(n)} = \cos\left(x + n \cdot \dfrac{\pi}{2}\right).$$

例 4 求 $y = \ln x$ 的 n 阶导数.

解 $y' = (\ln x)' = \dfrac{1}{x} = x^{-1}$.

$$y'' = (y')' = (x^{-1})' = (-1) \cdot x^{-2}.$$

$$y''' = (y'')' = [(-1) \cdot x^{-2}]' = (-1)(-2)x^{-3}.$$

……

$$y^{(n)} = (\ln x)^{(n)} = (-1)(-2)(-3)\cdots[-(n-1)]x^{-n} = (-1)^{(n-1)}(n-1)!x^{-n}.$$

注意 求 n 阶导数时，要先求出一阶、二阶、三阶导数，找出规律，再归纳出 n 阶导数的表达式，因此，求 n 阶导数的关键在于从各阶导数中寻求规律.

课堂练习 2

填空：

（1） $(a^x)''' = ($ $)$;　　（2） $(\mathrm{e}^x)^{(n)} = ($ $)$;　　（3） $\left(5x^2 - \dfrac{\pi}{11}\right)^{(8)} = ($ $)$.

习题 2.3

1. 求下列函数的二阶导数.

（1） $y = (3x+2)^5$;　　　　　　　　（2） $y = x\cos x$;

（3） $y = \mathrm{e}^{2x^2+1}$;　　　　　　　　（4） $y = \ln(2x^2+3)$;

（5） $y = \arcsin x$;　　　　　　　　（6） $y = \tan x$;

（7）$y = \mathrm{e}^{-x} \sin x$ ；　　　　　　　　（8）$y = \dfrac{\mathrm{e}^x}{x}$.

2. 求下列函数所指定的阶的导数.

（1）$y = \ln 2x$ ，求 y'' ；　　　　　　　（2）$y = \cos 3x$ ，求 y''' ；

（3）$y = \mathrm{e}^{-2x}$ ，求 y''' ；　　　　　　（4）$y = \mathrm{e}^{2x} \sin 3x$ ，求 y'' .

3. 求下列函数的 n 阶导数.

（1）$y = x^n$ ；　　　　　　　　　　（2）$y = a^x$ ；

（3）$y = \dfrac{1-x}{1+x}$ ；　　　　　　　　（4）$y = \sin^2 x$.

4. 设 $f(x) = 4x^3 + 3x^2 - 9x - 5$ ，求 $f''(1)$ ，$f'''(1)$ ，$f^{(4)}(1)$.

5. 设质点作曲线运动，其运动规律为

$$s(t) = 100 \sin \frac{\pi t}{3} ,$$

求质点在 $t = 1$ 时的速度和加速度.

2.4　隐函数和参数方程所确定的函数的导数

2.4.1　隐函数的导数

用解析式表示函数有两类表达方式：一种是函数 y 能直接表示成自变量 x 的函数式，如 $y = \sin x$，$y = 2^x$ 等，这种函数称为**显函数**；另一种是函数 y 与自变量 x 的函数关系隐含于某一方程之中，即它们的关系由方程 $F(x, y) = 0$ 所确定，如方程 $x^2 + y + y^2 = 3$ 和 $xy + \ln y = 1$ 均可确定 y 是 x 的函数，这种函数称为**隐函数**. 有些隐函数很容易转化为显函数，例如，从方程 $x - 2y + 3 = 0$ 中解出 $y = \dfrac{x+3}{2}$，这类函数可以用以前的求导方法求出导数 y'. 但有些隐函数要化成显函数却很困难，甚至是不可能的，例如，由方程 $\mathrm{e}^y + x^2 y + \mathrm{e}^x = 2$ 所确定的隐函数. 下面讨论这类隐函数的求导方法. 因为 y 是 x 的函数，所以隐函数的导数可根据复合函数的求导法则，直接由方程 $F(x, y) = 0$ 求出.

设 $y = f(x)$ 是由方程 $F(x, y) = 0$ 所确定的隐函数，为求隐函数 $y = f(x)$ 的导数 $\dfrac{\mathrm{d}y}{\mathrm{d}x}$，对方程 $F(x, y) = 0$ 的两边分别对 x 求导，即

$$\frac{\mathrm{d}}{\mathrm{d}x}[F(x, y)] = 0 ,$$

然后解出 $\dfrac{\mathrm{d}y}{\mathrm{d}x}$.

例 1　求由方程 $x^2 y + \ln y = \mathrm{e}^x$ 所确定的隐函数的导数 y' .

解　方程两边同时对 x 求导，得

$$(x^2 y)' + (\ln y)' = (e^x)' .$$

方程中 y 是 x 的函数，由复合函数求导法则得

$$2xy + x^2 y' + \frac{1}{y} \cdot y' = e^x .$$

所以

$$y' = \frac{y(e^x - 2xy)}{x^2 y + 1} \ (x^2 y + 1 \neq 0) .$$

注意 1° 由于隐函数常常解不出 $y = f(x)$ 的显函数式，因此在导数 y' 的表达式中往往同时含有 x 和 y；

2° 隐函数的导数 y' 的表达式中 x 和 y 由原方程 $F(x, y) = 0$ 确定.

例 2 求由方程 $e^y + x^2 y + e^x = 2$ 所确定的隐函数的导数 y' 和 $y'|_{x=0}$.

解 方程两边同时对 x 求导，得

$$e^y y' + 2xy + x^2 y' + e^x = 0 .$$

所以

$$y' = -\frac{2xy + e^x}{e^y + x^2} \ (e^y + x^2 \neq 0) .$$

将 $x = 0$ 代入原方程 $e^y + x^2 y + e^x = 2$，求得 $y = 0$，故

$$y'|_{x=0} = -\frac{2xy + e^x}{e^y + x^2}\bigg|_{\substack{x=0 \\ y=0}} = -\frac{0 + e^0}{e^0 + 0} = -1 .$$

例 3 求曲线 $xy + \ln y = 1$ 在点 $(1, 1)$ 处的切线方程.

解 方程两边分别对 x 求导，得

$$y + xy' + \frac{1}{y} y' = 0 .$$

从而

$$y' = -\frac{y^2}{xy + 1} .$$

于是曲线在点 $(1, 1)$ 处的切线斜率为 $y'|_{\substack{x=1 \\ y=1}} = -\frac{1}{2}$. 因此，切线方程为

$$y - 1 = -\frac{1}{2}(x - 1) ,$$

即

$$x + 2y - 3 = 0 .$$

课堂练习 1

1. 求由方程 $x^2 + y^2 - 4 = 0$ 所确定的隐函数的导数 y' 和 $y'|_{x=1}$.

2. 求曲线 $y^2 + 2\ln y = x^4$ 在点 $(-1, 1)$ 处的切线方程.

2.4.2 对数求导法

当显函数 $y = f(x)$ 由几个因子通过乘、除、乘方或开方等运算构成比较复杂的函数时，可先对表达式两边取对数，化乘、除为加、减，化乘方、开方为乘积，再用隐函数求导数的方法求导数 y'，这种方法称为**对数求导法**.

例 4 求函数 $y = \dfrac{e^x \sqrt[3]{(x-1)^2}}{(3x+5)^2}$ 的导数.

解 两边同时取对数，得

$$\ln y = x + \frac{2}{3}\ln(x-1) - 2\ln(3x+5) .$$

上式两边同时对 x 求导，得

$$\frac{1}{y}y' = 1 + \frac{2}{3(x-1)} - \frac{6}{3x+5} .$$

于是

$$y' = y\left[1 + \frac{2}{3(x-1)} - \frac{6}{3x+5}\right] = \frac{e^x \sqrt[3]{(x-1)^2}}{(3x+5)^2}\left[1 + \frac{2}{3(x-1)} - \frac{6}{3x+5}\right].$$

注意 运用对数求导法求导时，在 y' 的表达式中不保留变量 y，变量 y 要用 $f(x)$ 替换.

例 5 求函数 $y = x^{\cos x}$ $(x > 0)$ 的导数.

解 两边同时取对数，得

$$\ln y = \cos x \ln x .$$

上式两边同时对 x 求导，得

$$\frac{1}{y}y' = -\sin x \ln x + \cos x \cdot \frac{1}{x} .$$

于是

$$y' = y\left(-\sin x \ln x + \frac{\cos x}{x}\right) = x^{\cos x}\left(\frac{1}{x}\cos x - \sin x \ln x\right).$$

课堂练习 2

用对数求导法求下列函数的导数 $\dfrac{dy}{dx}$.

（1） $y = \sqrt[5]{\dfrac{(x-1)^2(x+2)^3}{(2x-3)(x+1)}}$ ； （2） $y = x^x$ $(x>0)$ ； （3） $y = x^{\sin x}$ $(x>0)$.

2.4.3 由参数方程所确定的函数的导数

在中学解析几何中我们学习过参数方程，它的一般形式为

$$\begin{cases} x = \varphi(t) \\ y = \psi(t) \end{cases} (t \text{ 为参数}),$$

下面给出由参数方程所确定的函数 $y = f(x)$ 的求导公式：

$$\frac{\mathrm{d}y}{\mathrm{d}x} = \frac{\dfrac{\mathrm{d}y}{\mathrm{d}t}}{\dfrac{\mathrm{d}x}{\mathrm{d}t}} = \frac{\psi'(t)}{\varphi'(t)}.$$

例 6　求由圆的参数方程 $\begin{cases} x = \cos t \\ y = \sin t \end{cases}$ $(0 \leqslant t < 2\pi)$ 所确定的函数 $y = f(x)$ 的导数.

解　$\dfrac{\mathrm{d}y}{\mathrm{d}x} = \dfrac{\dfrac{\mathrm{d}y}{\mathrm{d}t}}{\dfrac{\mathrm{d}x}{\mathrm{d}t}} = \dfrac{(\sin t)'}{(\cos t)'} = \dfrac{\cos t}{-\sin t} = -\cot t$.

例 7　求摆线 $\begin{cases} x = a(t - \sin t) \\ y = a(1 - \cos t) \end{cases}$ $(0 \leqslant t \leqslant 2\pi)$ 在 $t = \dfrac{\pi}{6}$ 相应的点处的切线方程.

解　因为

$$\frac{\mathrm{d}y}{\mathrm{d}x} = \frac{\dfrac{\mathrm{d}y}{\mathrm{d}t}}{\dfrac{\mathrm{d}x}{\mathrm{d}t}} = \frac{[a(1 - \cos t)]'}{[a(t - \sin t)]'} = \frac{a \sin t}{a(1 - \cos t)} = \frac{\sin t}{1 - \cos t},$$

所以

$$\left. \frac{\mathrm{d}y}{\mathrm{d}x} \right|_{t = \frac{\pi}{6}} = \left. \frac{\sin t}{1 - \cos t} \right|_{t = \frac{\pi}{6}} = 2 + \sqrt{3}.$$

又当 $t = \dfrac{\pi}{6}$ 时，$x = \dfrac{\pi - 3}{6} a$，$y = \dfrac{2 - \sqrt{3}}{2} a$，所以摆线在点 $\left(\dfrac{\pi - 3}{6} a, \dfrac{2 - \sqrt{3}}{2} a \right)$ 处的切线方程为

$$y - \frac{2 - \sqrt{3}}{2} a = (2 + \sqrt{3}) \left(x - \frac{\pi - 3}{6} a \right).$$

整理，得

$$6(2 + \sqrt{3})x - 6y - (2 + \sqrt{3})\pi a + 12a = 0.$$

课堂练习3

1. 求由下列参数方程的所确定的隐函数 $y = f(x)$ 的导数 $\dfrac{\mathrm{d}y}{\mathrm{d}x}$.

（1）$\begin{cases} x = 1 - 2t \\ y = t^2 \end{cases}$；　　　　　　　（2）$\begin{cases} x = \sin t \\ y = \cos t \end{cases}$.

2. 求曲线 $\begin{cases} x = 1 + t^2 \\ y = t^3 \end{cases}$ 在 $t = 2$ 相应的点处的切线方程.

习题 2.4

1. 求由下列方程所确定的隐函数 $y = f(x)$ 的导数.

（1）$x^3 - 3x^2 y + y^3 = 0$；

（2）$xy - e^x + e^y = 0$；

（3）$xy = e^{x+y}$；

（4）$\ln(x^2 + y) = x^3 y + \sin x$.

2. 用对数求导法求下列函数的导数.

（1）$y = (\cos x)^{\sin x}$ $(\cos x > 0)$；

（2）$y = \dfrac{(3x-5) \cdot \sqrt[3]{x-2}}{\sqrt{x+1}}$；

（3）$y = \dfrac{(x+1)^2 \sqrt{x-3}}{e^x (3x+2)}$；

（4）$y = \sqrt[3]{\dfrac{x(x-1)}{(x-2)(x-3)}}$；

（5）$y = x^{\sqrt{x}}$；

（6）$y = (1+\sqrt{x})(1+\sqrt{2x})(1+\sqrt{3x})$.

3. 求椭圆 $\dfrac{x^2}{4} + \dfrac{y^2}{9} = 1$ 在点 $\left(\sqrt{2}, \dfrac{3}{2}\sqrt{2}\right)$ 处的切线方程和法线方程.

4. 求曲线 $xy - e^y = 1$ 在点 $(1+e, 1)$ 处的切线方程.

5. 求由下列各参数方程所确定的函数 $y = f(x)$ 的导数 $\dfrac{\mathrm{d}y}{\mathrm{d}x}$.

（1）$\begin{cases} x = 2t \\ y = t + \cos t \end{cases}$；

（2）$\begin{cases} x = e^t \cos t \\ y = e^t \sin t \end{cases}$；

（3）$\begin{cases} x = 2t - t^2 \\ y = 3t - t^3 \end{cases}$；

（4）$\begin{cases} x = t \ln t \\ y = e^t \end{cases}$；

（5）$\begin{cases} x = 1 - t^2 \\ y = t - t^3 \end{cases}$；

（6）$\begin{cases} x = \cos^4 t \\ y = \sin^4 t \end{cases}$；

（7）$\begin{cases} x = 2(t - \sin t) \\ y = 5(1 - \cos t) \end{cases}$；

（8）$\begin{cases} x = a \cos t \\ y = b \sin t \end{cases}$ $(0 \leqslant t < 2\pi)$.

6. 求曲线 $\begin{cases} x = \sin t \\ y = \cos 2t \end{cases}$ 在 $t = \dfrac{\pi}{4}$ 相应的点处的切线方程.

2.5　函数的微分

2.5.1　微分的概念

对于函数 $y = f(x)$，当自变量在某一点有一个微小的增量 Δx 时，有时需要近似计算相应函数值的增量 Δy，这就需要引进微分的概念.

引例　如图 2.5-1 所示，一正方形金属薄片受温度变化的影响，其边长由 x_0 变到 $x_0 + \Delta x$，求薄片面积的改变量.

设此薄片的边长为 x，面积 $y = f(x) = x^2$，当边长由 x_0 变到 $x_0 + \Delta x$ 时，薄片面积相应的改

变量为 Δy ，则

$$\Delta y = (x_0 + \Delta x)^2 - x_0^2 = 2x_0\Delta x + (\Delta x)^2 .$$

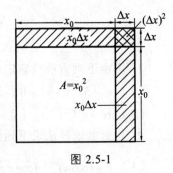

图 2.5-1

上式由两部分组成，第一部分 $2x_0\Delta x$ 是 Δx 的线性函数，是图 2.5-1 中画有斜线的两个矩形面积之和，系数 $2x_0$ 是 $f(x)$ 在点 $x = x_0$ 处的导数；第二部分 $(\Delta x)^2$ ，当 $\Delta x \to 0$ 时，它是比 Δx 高阶的无穷小，所以 Δy 的主要部分是第一项. 也就是说，如果边长改变很微小，即 $|\Delta x|$ 很小时，面积增量 Δy 可以近似地用第一部分 $2x_0\Delta x$ 表示，即

$$\Delta y \approx 2x_0\Delta x = A\Delta x .$$

定义 设函数 $y = f(x)$ 在某区间内有定义， x_0 及 $x_0 + \Delta x$ 在这个区间内，如果函数的增量

$$\Delta y = f(x_0 + \Delta x) - f(x_0)$$

可以表示为

$$\Delta y = A\Delta x + o(\Delta x) ,$$

其中 A 是与 Δx 无关的常数，则称函数 $y = f(x)$ 在点 x_0 处是**可微**的， $A\Delta x$ 叫做函数 $y = f(x)$ 在点 x_0 处的微分，记为 $\mathrm{d}y$ ，即

$$\mathrm{d}y = A\Delta x . \tag{2.5-1}$$

可以证明，函数 $y = f(x)$ 在点 x_0 处可微的充分必要条件是函数 $y = f(x)$ 在点 x_0 处可导，且（2.5-1）式中的 $A = f'(x_0)$ ，即

$$\mathrm{d}y = f'(x_0)\Delta x .$$

若函数 $y = f(x)$ 在某区间内每一点都可微，则称函数 $y = f(x)$ 在此区间内可微，函数 $y = f(x)$ 在区间内任一点的微分记作 $\mathrm{d}y$ 或 $\mathrm{d}f(x)$ ，即

$$\mathrm{d}y = f'(x)\Delta x .$$

通常把自变量 x 的增量 Δx 称为自变量的微分，记作 $\mathrm{d}x$ ，即 $\mathrm{d}x = \Delta x$ ，也就是，自变量的微分等于自变量的增量. 因此

$$\mathrm{d}y = f'(x)\mathrm{d}x . \tag{2.5-2}$$

将上式变形得到 $f'(x) = \dfrac{\mathrm{d}y}{\mathrm{d}x}$ ，因此，原来作为整体出现的导数符号 $\dfrac{\mathrm{d}y}{\mathrm{d}x}$ 可看成函数的微分 $\mathrm{d}y$ 与自变量的微分 $\mathrm{d}x$ 之商，因此，导数也称**微商**.

例 1 设函数 $y = x^2 - 2x - 3$ ，

（1）求函数的微分；

（2）求函数在 $x = 3$ 处的微分；

（3）求函数在 $x = 3$ 处，当 $\Delta x = 0.01$ 时的微分和增量.

解 （1） $\mathrm{d}y = (x^2 - 2x - 3)'\mathrm{d}x = (2x - 2)\mathrm{d}x .$

（2）$dy\big|_{x=3} = (2x-2)\big|_{x=3} dx = 4dx$.

（3）$dy\bigg|_{\substack{x=3 \\ \Delta x=0.01}} = 4dx\bigg|_{\substack{x=3 \\ \Delta x=0.01}} = 4\Delta x\bigg|_{\substack{x=3 \\ \Delta x=0.01}} = 4\times 0.01 = 0.04$ ；

$\Delta y = [(3+0.01)^2 - 2(3+0.01) - 3] - (3^2 - 2\times 3 - 3) = 0.0401$.

从例 1 可看出，函数的微分 $dy = f'(x)dx$ 与 x 和 Δx 有关，且函数的增量 Δy 可由函数在该点的微分 dy 来近似代替，即

$$\Delta y\bigg|_{\substack{x=3 \\ \Delta x=0.01}} \approx dy\bigg|_{\substack{x=3 \\ \Delta x=0.01}} .$$

例 2　求下列函数的微分.

（1）$y = \ln\cos x$ ；　　　　　　　　　（2）$y = x\sin x$.

解　（1）$dy = (\ln\cos x)'dx = \dfrac{-\sin x}{\cos x}dx = -\tan x dx$.

（2）$dy = (x\sin x)'dx = (\sin x + x\cos x)dx$.

课堂练习 1

设函数 $y = x^2$ ，

（1）求函数的微分；

（2）求函数在 $x=1$ 处的微分；

（3）求函数在 $x=1$ 处，当 $\Delta x = -0.01$ 时的微分和增量.

2.5.2　微分的几何意义

如图 2.5-2 所示，对于曲线上一个确定的点 $M(x_0, y_0)$ ，当横坐标 x 有增量 Δx 时，纵坐标 y 也有相应的增量 Δy ，得到点 $N(x_0+\Delta x, y_0+\Delta y)$ ，即

$$MQ = \Delta x , \quad NQ = \Delta y .$$

过点 M 作曲线的切线 MT ，其倾斜角为 α ，则

$$QP = MQ\cdot\tan\alpha = \Delta x\cdot f'(x_0) ,$$

即

$$QP = dy .$$

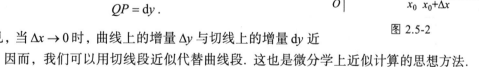

图 2.5-2

由此可见，当 $\Delta x \to 0$ 时，曲线上的增量 Δy 与切线上的增量 dy 近似相等，因而，我们可以用切线段近似代替曲线段. 这也是微分学上近似计算的思想方法.

2.5.3　基本初等函数的微分公式与微分运算法则

由（2.5-2）式可知，一个函数的微分等于它的导数乘以自变量的微分，因此，由导数公式和求导法则可推出相应的微分公式和微分运算法则.

1. 基本初等函数的微分公式

表 2.5-1 是导数公式和微分公式的对照表.

表 2.5-1

序号	导数公式	微分公式
1	$C' = 0$	$\mathrm{d}(C) = 0$
2	$x' = 1$	$\mathrm{d}x = 1\mathrm{d}x$
3	$\left(\dfrac{1}{x}\right)' = -\dfrac{1}{x^2}$	$\mathrm{d}\left(\dfrac{1}{x}\right) = -\dfrac{1}{x^2}\mathrm{d}x$
4	$(\sqrt{x})' = \dfrac{1}{2\sqrt{x}}$	$\mathrm{d}(\sqrt{x}) = \dfrac{1}{2\sqrt{x}}\mathrm{d}x$
5	$(x^\alpha)' = \alpha x^{\alpha-1}$	$\mathrm{d}(x^\alpha) = \alpha x^{\alpha-1}\mathrm{d}x$
6	$(a^x)' = a^x \ln a$	$\mathrm{d}(a^x) = a^x \ln a\mathrm{d}x$
7	$(\mathrm{e}^x)' = \mathrm{e}^x$	$\mathrm{d}\mathrm{e}^x = \mathrm{e}^x\mathrm{d}x$
8	$(\log_a x)' = \dfrac{1}{x\ln a}$	$\mathrm{d}(\log_a x) = \dfrac{1}{x\ln a}\mathrm{d}x$
9	$(\ln x)' = \dfrac{1}{x}$	$\mathrm{d}(\ln x) = \dfrac{1}{x}\mathrm{d}x$
10	$(\sin x)' = \cos x$	$\mathrm{d}(\sin x) = \cos x\mathrm{d}x$
11	$(\cos x)' = -\sin x$	$\mathrm{d}(\cos x) = -\sin x\mathrm{d}x$
12	$(\tan x)' = \sec^2 x$	$\mathrm{d}(\tan x) = \sec^2 x\mathrm{d}x$
13	$(\cot x)' = -\csc^2 x$	$\mathrm{d}(\cot x) = -\csc^2 x\mathrm{d}x$
14	$(\sec x)' = \sec x \tan x$	$\mathrm{d}(\sec x) = \sec x \tan x\mathrm{d}x$
15	$(\csc x)' = -\csc x \cot x$	$\mathrm{d}(\csc x) = -\csc x \cot x\mathrm{d}x$
16	$(\arcsin x)' = \dfrac{1}{\sqrt{1-x^2}}$	$\mathrm{d}(\arcsin x) = \dfrac{1}{\sqrt{1-x^2}}\mathrm{d}x$
17	$(\arccos x)' = -\dfrac{1}{\sqrt{1-x^2}}$	$\mathrm{d}(\arccos x) = -\dfrac{1}{\sqrt{1-x^2}}\mathrm{d}x$
18	$(\arctan x)' = \dfrac{1}{1+x^2}$	$\mathrm{d}(\arctan x) = \dfrac{1}{1+x^2}\mathrm{d}x$
19	$(\text{arccot}\,x)' = -\dfrac{1}{1+x^2}$	$\mathrm{d}(\text{arccot}\,x) = -\dfrac{1}{1+x^2}\mathrm{d}x$

2. 函数和、差、积、商的微分法则

设 $u = u(x)$，$v = v(x)$ 都可导，函数和、差、积、商的求导法则和微分法则的比较如表 2.5-2 所示.

表 2.5-2

函数和、差、积、商的求导法则	函数和、差、积、商的微分法则
$(u \pm v)' = u' \pm v'$	$\mathrm{d}(u \pm v) = \mathrm{d}u \pm \mathrm{d}v$
$(uv) = u'v + uv'$	$\mathrm{d}(uv) = v\mathrm{d}u + u\mathrm{d}v$
$\left(\dfrac{u}{v}\right)' = \dfrac{u'v - uv'}{v^2}\ (v \neq 0)$	$\mathrm{d}\left(\dfrac{u}{v}\right) = \dfrac{v\mathrm{d}u - u\mathrm{d}v}{v^2}\ (v \neq 0)$
$(Cu)' = Cu'\,(C\ 为任意常数)$	$\mathrm{d}(Cu) = C\mathrm{d}u\,(C\ 为任意常数)$

3. 复合函数的微分法则

设函数 $y = f(u)$ 和 $u = \varphi(x)$ 都可导，则复合函数 $y = f[\varphi(x)]$ 的微分为

$$\mathrm{d}y = y_x'\mathrm{d}x = f'(u)\varphi'(x)\mathrm{d}x .$$

又因为 $u = \varphi(x)$ ，有 $\mathrm{d}u = \varphi'(x)\mathrm{d}x$ ，所以复合函数 $y = f[\varphi(x)]$ 的微分又可写为

$$\mathrm{d}y = f'(u)\mathrm{d}u \quad 或 \quad \mathrm{d}y = y_u'\mathrm{d}u .$$

由此可知，不论 u 是中间变量还是自变量，微分形式 $\mathrm{d}y = f'(u)\mathrm{d}u$ 均不变. 这一性质称为**微分形式的不变性**.

例 3　设 $y = \mathrm{e}^x + \cos x$ ，求 $\mathrm{d}y$.

解（解法一）　$\mathrm{d}y = y'\mathrm{d}x = (\mathrm{e}^x - \sin x)\mathrm{d}x$.

（解法二）　$\mathrm{d}y = \mathrm{d}(\mathrm{e}^x + \cos x) = \mathrm{d}(\mathrm{e}^x) + \mathrm{d}(\cos x) = \mathrm{e}^x\mathrm{d}x - \sin x\mathrm{d}x = (\mathrm{e}^x - \sin x)\mathrm{d}x$.

例 4　设 $y = \ln \sin x$.

（1）利用微分与导数的关系式 $\mathrm{d}y = f'(x)\mathrm{d}x$ ，求 $\mathrm{d}y$ ；

（2）利用一阶微分形式的不变性 $\mathrm{d}y = f'(u)\mathrm{d}u$ ，求 $\mathrm{d}y$.

解　（1）$\mathrm{d}y = (\ln \sin x)_x'\mathrm{d}x = \dfrac{\cos x}{\sin x}\mathrm{d}x = \cot x\mathrm{d}x$.

（2）令 $u = \sin x$ ，则 $y = \ln u$ ，所以

$$\mathrm{d}y = (\ln u)'\mathrm{d}u = \dfrac{1}{u}\mathrm{d}u = \dfrac{1}{\sin x}\mathrm{d}(\sin x) = \dfrac{\cos x}{\sin x}\mathrm{d}x = \cot x\mathrm{d}x .$$

课堂练习 2

1. 在括号内填上适当函数使得等式成立.

（1）d(　　　) $= x\mathrm{d}x$ ；　　　　　　　　（2）d(　　　) $= \cos 2t\mathrm{d}t$.

2. 设 $y = \dfrac{\sin x}{x}$ ，求 $\mathrm{d}y$.

2.5.4　微分在近似计算中的应用

近似计算是工程中经常遇到的问题，而对近似计算公式的要求有两条：一是计算简便，二是精度要高，所以用微分进行近似计算能满足这两条要求.

我们已经知道，当 $|\Delta x|$ 很小时，$\Delta y \approx \mathrm{d}y$，而

$$\Delta y = f(x_0 + \Delta x) - f(x_0)，\quad \mathrm{d}y = f'(x_0)\Delta x，$$

所以

$$\Delta y = f(x_0 + \Delta x) - f(x_0) \approx \mathrm{d}y = f'(x_0)\Delta x.$$

由此可以推出微分在近似计算应用中的两种情况：

（1）计算函数值的近似值：$f(x_0 + \Delta x) \approx f(x_0) + f'(x_0)\Delta x$（$|\Delta x|$ 较小）.

（2）计算函数增量的近似值：$\Delta y \approx f'(x_0)\Delta x$（$|\Delta x|$ 较小）.

例 5　计算 $\tan 46°$ 的近似值.

解　设 $f(x) = \tan x$，则 $f'(x) = \sec^2 x$. 所以

$$\tan 46° = \tan(45° + 1°) \approx \tan 45° + f'(45°) \times \frac{\pi}{180}$$

$$= 1 + \sec^2 45° \times \frac{\pi}{180} = 1 + 2 \times \frac{\pi}{180} \approx 1.0349.$$

例 6　计算 1.005^4.

解　设函数 $f(x) = x^4$，则 $f'(x) = 4x^3$. 所以

$$1.005^4 = (1 + 0.005)^4 \approx f(1) + f'(1) \times 0.005$$

$$= 1^4 + 4 \times 1^3 \times 0.005 = 1.020.$$

例 7　半径为 $10\ \mathrm{cm}$ 的金属圆片加热后，半径增加了 $0.05\ \mathrm{cm}$，问面积大约增大了多少？

解　设圆的面积为 A，半径为 r，则 $A = \pi r^2$，$A' = 2\pi r$. 所以

$$\Delta A \approx \mathrm{d}A = A'\Delta r = 2\pi r \Delta r = 2\pi \times 10 \times 0.05 = \pi\ (\mathrm{cm}^2).$$

可以证明，当 $|x|$ 很小时，有

（1）$\mathrm{e}^x \approx 1 + x$；　　　　　　　　　（2）$\ln(1 + x) \approx x$；

（3）$\sin x \approx x$（x 的单位为弧度）；　　（4）$\tan x \approx x$（x 的单位为弧度）

（5）$\sqrt[n]{1 + x} \approx 1 + \dfrac{x}{n}$；　　　　　（6）$\arcsin x \approx x$；

（7）$(1 + x)^a \approx 1 + ax$（$a > 0$）.

工程上常用这些公式进行近似计算.

课堂练习 3

1. 计算：（1）$\sin 29°30'$；　（2）$\sqrt[3]{999}$.

2. 当圆的半径由 $r = 2\ \mathrm{cm}$ 变到 $r = 2.05\ \mathrm{cm}$ 时，求圆的面积的改变量的近似值.

习题 2.5

1. 求函数 $y = x^2 + 1$ 在 $x = 2$，$\Delta x = -0.01$ 时的增量及微分.

2. 填空题:

(1) d(   ) $= 3x^2 \mathrm{d}x$;   (2) d(   ) $= \dfrac{\mathrm{d}x}{2\sqrt{x}}$;

(3) d(   ) $= 2\mathrm{e}^{2x}\mathrm{d}x$;   (4) d(   ) $= \sin 2x\,\mathrm{d}x$;

(5) d(   ) $= \dfrac{1}{1+x^2}\mathrm{d}x$;   (6) d(   ) $= \dfrac{1}{\sqrt{1-x^2}}\mathrm{d}x$.

3. 求下列微分.

(1) $y = 2x^3$, $\mathrm{d}y\big|_{x=2}$;   (2) $y = \sin x^2$, $\mathrm{d}y\big|_{\substack{x=2,\\ \Delta x=0.1}}$;

4. 求下列函数的微分.

(1) $y = \mathrm{e}^x + \sin x + 2$;   (2) $y = \ln(x^2 - x + 1)$;

(3) $y = \dfrac{x}{x^2 - 1}$;   (4) $y = \mathrm{e}^{-x}\cos(1 - 2x)$.

5. 利用微分求近似值(结果保留 4 位小数).

(1) $\sin 31°$;   (2) $\ln 0.998$;   (3) $\mathrm{e}^{0.03}$;

(4) 1.004^5;   (5) $\sqrt[3]{1.02}$;   (6) $\arcsin 0.501$.

6. 要制造内部棱长为 10 cm,厚度为 0.05 cm 的正方体盒子,估计需要多少体积的材料?

7. 半径为 10 cm 的球,表层要镀上一层厚度为 0.01 cm 的锌. 估计 100 个这样的球要用多少克锌?(锌的密度为 7.14 g/cm^3)(精确到 1 g)

主要知识点小结

1. 导数的概念

(1) 导数的定义.

$$f'(x) = \lim_{\Delta x \to 0} \frac{\Delta y}{\Delta x} = \lim_{\Delta x \to 0} \frac{f(x + \Delta x) - f(x)}{\Delta x} = \lim_{x \to x_0} \frac{f(x) - f(x_0)}{x - x_0}.$$

(2) 导数的几何意义:函数 $y = f(x)$ 在点 x_0 处的导数就是曲线 $y = f(x)$ 在点 (x_0, y_0) 处的切线的斜率,即 $k = f'(x_0)$. 其切线和法线方程分别为:

$$y - y_0 = f'(x_0)(x - x_0);$$
$$y - y_0 = -\frac{1}{f'(x_0)}(x - x_0).$$

2. 常用的导数公式和微分公式

见表 2.5-1.

3. 导数与微分的和、差、积、商的运算法则

见表 2.5-2.

4. 复合函数的导数和微分法则

若 $y = f(u)$，$u = \varphi(x)$，则复合函数 $y = f[\varphi(x)]$ 的导数和微分分别为：

$$\frac{\mathrm{d}y}{\mathrm{d}x} = y'_u \cdot u_x = f'(u) \cdot \varphi'(x);$$

$$\mathrm{d}y = y'_x \mathrm{d}x = f'(u)\varphi'(x)\mathrm{d}x \quad \text{或} \quad \mathrm{d}y = f'(u)\mathrm{d}u = f'[\varphi(x)]\varphi'(x)\mathrm{d}x.$$

5. 隐函数的导数

设 $y = f(x)$ 是由方程 $F(x, y) = 0$ 所确定的隐函数，方程 $F(x, y) = 0$ 两边对 x 求导，可解得 $\frac{\mathrm{d}y}{\mathrm{d}x}$.

6. 由参数方程所确定的函数的导数

若 $\begin{cases} x = \varphi(t) \\ y = \psi(t) \end{cases}$ (t 为参数)，则

$$\frac{\mathrm{d}y}{\mathrm{d}x} = \frac{\dfrac{\mathrm{d}y}{\mathrm{d}t}}{\dfrac{\mathrm{d}x}{\mathrm{d}t}} = \frac{\psi'(t)}{\varphi'(t)}.$$

7. 高阶导数

二阶及二阶以上的导数统称为高阶导数.

8. 函数微分的应用

（1）计算函数值的近似值：$f(x_0 + \Delta x) \approx f(x_0) + f'(x_0)\Delta x$（$|\Delta x|$ 较小）.

（2）计算函数增量的近似值：$\Delta y \approx f'(x_0)\Delta x$（$|\Delta x|$ 较小）.

复习题二

一、填空题

1. 函数 $f(x)$ 在点 x_0 处可导是函数 $f(x)$ 在点 x_0 处连续的_____条件，函数 $f(x)$ 在点 x_0 处连续是函数 $f(x)$ 在点 x_0 处可导的_____.

2. 函数 $f(x)$ 在点 x_0 处的左导数 $f'_-(x_0)$ 和右导数 $f'_+(x_0)$ 都存在且相等，是函数 $f(x)$ 在点 x_0 处可导的_____条件.

3. 设函数 $y = x^2$，则 $\lim\limits_{x \to 1} \dfrac{f(x) - f(1)}{x - 1} = $ _____.

4. 曲线 $y = x^2 + 2x - 3$ 在点 $P(2, 5)$ 处的切线斜率为_____，切线方程为_____.

5. 若 $f(x)$ 在 x_0 处可导，则 $\lim\limits_{h \to 0} \dfrac{f(x_0 + h) - f(x_0)}{2h} = $ _____.

6. 曲线 $y = x^2 + x$ 上点_____处的切线平行于直线 $y = 3x - 4$.

7. 已知 $y = x^{\frac{2}{3}}$ ，则 $y'|_{x=2} =$ _____ .

8. 已知 $f(x) = \sin 2x$ ，则 $f''(x) =$ _____ .

9. 设函数 $y = f(x^2)$ ，则 $\mathrm{d}y =$ _____ .

10. 已知 $f'(x_0) = A$ ，则 $\lim\limits_{h \to 0} \dfrac{f(x_0 - 2h) - f(x_0 - h)}{h} =$ _____ .

二、选择题

1. 关于导数定义 $f'(x) = \lim\limits_{\Delta x \to 0} \dfrac{\Delta y}{\Delta x}$ ，下面说法正确的是（　　　　）.

A. Δx 可为 0 ， Δy 不可为 0 　　　　B. Δx 不可为 0 ， Δy 可为 0

C. Δx , Δy 都可为 0 　　　　D. Δx , Δy 都不可为 0

2. 设 $f(x) = \begin{cases} x^2, & 0 \leqslant x < 2 \\ 2x, & x \geqslant 2 \end{cases}$ 在 $x = 2$ 处（　　　　）.

A. 不连续　　　　　　　　　　B. 连续但不可导

C. 可导但不连续　　　　　　　D. 连续且可导

3. 设函数 $f(x) = \dfrac{1}{x^2}$ ，则 $f'''(-1) = $ （　　　　）.

A. 24　　　　　　B. -24 　　　　C. 6　　　　　　D. -6

4. 设函数 $y = x^3 - 6x^2 + 9x + 10 = 0$ 的一阶导数为 0 ，则 $x = $ （　　　　）.

A. 1 或 3　　　　B. -1 或 3　　　　C. 1 或 -3 　　　　D. -1 或 -3

5. 下列说法错误的是（　　　　）.

A. 函数在某点的导数是函数在该点的瞬时变化率

B. 若 $f'(x) = g'(x)$ ，则 $f(x) = g(x)$

C. 若 $f(x) = g(x)$ ，则 $f'(x) = g'(x)$

D. 设 $f(1) = 0$, $f'(1)$ 存在，则 $\lim\limits_{x \to 1} \dfrac{f(x)}{x - 1} = f'(1)$

6. 下列说法正确的是（　　　　）.

A. $f'(x_0) = [f(x_0)]'$

B. 若 $f(x)$ 在点 x_0 处的导数不存在，则曲线 $y = f(x)$ 在点 $(x_0, f(x_0))$ 处的切线也不存在

C. 若 $f(x)$ 在点 x_0 处可导，则 $f(x)$ 在点 x_0 处连续

D. 若 $f(x)$ 在点 x_0 处连续，则 $f(x)$ 在点 x_0 处可导

7. 已知 $y = (2x^2 + 5)^{10}$ ，则 $\dfrac{\mathrm{d}y}{\mathrm{d}x} = $ （　　　　）.

A. $10x(2x^2 + 5)^9$ 　　　　　　B. $20x(2x^2 + 5)^9$

C. $30x(2x^2 + 5)^9$ 　　　　　　D. $40x(2x^2 + 5)^9$

8. 下列函数中导数为 $\sin 2x$ 的是（　　　　）.

A. $\cos 2x$ 　　　　B. $-\cos 2x$ 　　　　C. $\cos^2 x$ 　　　　D. $\sin^2 x$

9. 下列各式正确的是（　　　　）.

A. $\mathrm{d}(\sqrt{x}) = \dfrac{1}{2\sqrt{x}}\mathrm{d}x$ B. $\mathrm{d}(x+1) = x\mathrm{d}x$

C. $\mathrm{d}\left(\dfrac{1}{x}\right) = \ln x \mathrm{d}x$ D. $\mathrm{d}(\arccos x) = \dfrac{1}{\sqrt{1-x^2}}\mathrm{d}x$

10. 设函数 $y = \mathrm{e}^{xy}$ ，则 $\mathrm{d}y = ($ 　　　　$)$ ．

A. $\mathrm{e}^{xy}(1+x)\mathrm{d}x$ B. $\mathrm{e}^{xy}\mathrm{d}x$

C. $\dfrac{y\mathrm{e}^{xy}}{1-x\mathrm{e}^{xy}}\mathrm{d}x$ D. $\dfrac{x\mathrm{e}^{xy}}{1-y\mathrm{e}^{xy}}\mathrm{d}x$

三、求下列函数的导数

1. $y = x^3 - 3^x + \sqrt[3]{x} + \ln 3$ ；   2. $y = \dfrac{\ln x}{1+x^2}$ ；

3. $y = \ln\cos(x^2+1)$ ；   4. $y = \dfrac{\sin 2x}{\sqrt{1+x^2}}$ ；

5. $y = \sin^3 2x \cos^2 3x$ ；   6. $y = \sin^2(\mathrm{e}^{x^2+2x-3})$ ；

7. $\sin(xy) = x^2 y^2$ ；   8. $x^2 + y^2 - xy + 3x = 1$ ；

9. $\begin{cases} x = \operatorname{arccot} t \\ y = \ln(1+t^2) \end{cases}$ ；   10. $\begin{cases} x = t\ln t \\ y = \mathrm{e}^t \end{cases}$ ；

11. $y = x(1+x)(1+x^2)(1+x^3)$ ；   12. $y = \left(\dfrac{x}{1+x}\right)^x$ ．

四、应用题

1. 已知曲线 $y = x^2 + 2x - 3$ 上有两点 $P(1,0)$ ，$Q(2,5)$ ，求：

（1）割线 PQ 的斜率；

（2）点 P 处的切线方程．

2. 一串钥匙从离地面 20 m 的高楼上自由落下，已知钥匙下落高度 h（单位：m）与其下落时间 t（单位：s）存在函数关系：$h = 5t^2$ ，请问：

（1）经过几秒钥匙落到地面？

（2）落到地面时，钥匙的速度为多少？

3. 正方体的体积从 27 m^3 扩大到 27.3 m^3 ，问它的边长近似地改变了多少？（精确到 1 mm）

4. 已知单摆运动的周期 $T = 2\pi\sqrt{\dfrac{l}{g}}$ ，$g = 980\ \mathrm{cm/s}^2$ ，l 为摆长（单位：cm），设原摆长为 20 cm，为使周期 T 增大 0.05 s，摆长约需加长多少？（精确到 1 mm）

第 3 章
导数的应用

上一章从实际问题出发,建立了导数和微分的概念,并研究了它们的计算方法.本章中,我们将应用导数来讨论函数的单调性与极值、最值以及曲线的凹凸性等特性,并运用这些知识解决一些实际问题.微分学中的中值定理是导数应用的理论基础,为此,先介绍中值定理.

3.1 微分中值定理 洛必达法则

3.1.1 微分中值定理

定理 1（罗尔定理） 若函数 $y=f(x)$ 满足：

（1）在闭区间 $[a,b]$ 上连续；

（2）在开区间 (a,b) 内可导；

（3）$f(a)=f(b)$，

则至少存在一点 $\xi \in (a,b)$，使得 $f'(\xi)=0$.

罗尔定理的几何意义是：如果连续曲线除端点外处处都有不垂直于 x 轴的切线，且两端点的纵坐标相同，那么该曲线上至少有一点，使曲线在该点的切线平行于 x 轴，如图 3.1-1 所示.

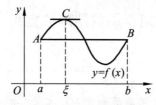

图 3.1-1 罗尔定理

例 1 验证函数 $f(x)=x^2-2x$ 在闭区间 $[-1,3]$ 上满足罗尔定理，并求出定理中的 ξ.

解 由初等函数的连续性可知，函数 $f(x)=x^2-2x$ 在 $[-1,3]$ 上连续. 又 $f'(x)=2x-2$ 在 $(-1,3)$ 内存在，且 $f(-1)=f(3)=3$，所以 $f(x)$ 在 $[-1,3]$ 上满足罗尔定理的三个条件. 因此，至少存在一点 $\xi \in (-1,3)$，使得 $f'(\xi)=0$.

令 $f'(x)=0$，即 $2x-2=0$，解得 $x=1 \in (-1,3)$. 所以，$\xi=1$.

定理 2（拉格朗日中值定理） 若函数 $y=f(x)$ 满足：

（1）在闭区间 $[a,b]$ 上连续；

（2）在开区间 (a,b) 内可导，

则至少存在一点 $\xi \in (a,b)$，使得

$$f'(\xi)=\frac{f(b)-f(a)}{b-a}.$$

拉格朗日中值定理的几何意义是：如果连续曲线除端点外处处都有不垂直于 x 轴的切线，那么该曲线上至少存在一点，使曲线在该点的切线平行于两端点的连线，如图 3.1-2 所示.

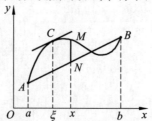

图 3.1-2 拉格朗日中值定理

显然，罗尔定理是拉格朗日中值定理 $f(a) = f(b)$ 时的特殊情形.

推论　如果函数 $y = f(x)$ 在闭区间 $[a,b]$ 上连续，在开区间 (a,b) 内可导，且 $f'(x) \equiv 0$，则函数 $f(x)$ 在区间 $[a,b]$ 上是一个常数.

例 2　设 $f(x) = x^2 - 4x + 3$，$x \in [3,5]$，求使拉格朗日中值定理成立的 ξ 值.

解　函数 $f(x) = x^2 - 4x + 3$ 在 $[3,5]$ 上连续，且 $f'(x) = 2x - 4$ 在 $(3,5)$ 内存在，所以函数 $f(x)$ 满足拉格朗日中值定理的条件. 又 $f(3) = 0$，$f(5) = 8$，代入拉格朗日中值公式，得

$$2\xi - 4 = \frac{8 - 0}{5 - 3}.$$

解得，$\xi = 4$.

课堂练习 1

1. 填空：设 $f(x) = x^2 - 2x - 3$，$x \in [-1,3]$，当 $x = ($　　　$)$ 时，$f'(x) = 0$.
2. 若 $f(x) = x^2$，$x \in [-3,1]$，则拉格朗日中值定理中的 $\xi = ($　　　$)$.

3.1.2　洛必达法则

如果 $x \to x_0$（或 $x \to \infty$），两个函数 $f(x)$ 与 $g(x)$ 都趋于零或都趋于无穷大，那么极限 $\lim\limits_{\substack{x \to x_0 \\ (x \to \infty)}} \dfrac{f(x)}{g(x)}$ 可能存在也可能不存在，这种极限称为**未定式**，并简记为 $\dfrac{0}{0}$ 型或 $\dfrac{\infty}{\infty}$ 型. 下面给出求未定式的一种简便且重要的法则 —— 洛必达法则.

1. $\dfrac{0}{0}$ 或 $\dfrac{\infty}{\infty}$ 型未定式

定理 3　如果函数 $f(x)$ 与 $g(x)$ 满足：

（1）$\lim\limits_{x \to x_0} f(x) = \lim\limits_{x \to x_0} g(x) = 0$（或 $\lim\limits_{x \to x_0} f(x) = \lim\limits_{x \to x_0} g(x) = \infty$）；

（2）在点 x_0 的某去心邻域内 $f(x)$ 与 $g(x)$ 都可导，且 $g'(x) \neq 0$；

（3）$\lim\limits_{x \to x_0} \dfrac{f'(x)}{g'(x)} = A$（或 ∞），

则

$$\lim_{x \to x_0} \frac{f(x)}{g(x)} = \lim_{x \to x_0} \frac{f'(x)}{g'(x)} = A（或 \infty）.$$

注意　对定理 3 有两点需要说明：

（1）在洛必达法则中，将 $x \to x_0$ 改为 $x \to \infty$ 时，结论同样成立.

（2）使用一次洛必达法则后，如果极限仍是 $\dfrac{0}{0}$ 或 $\dfrac{\infty}{\infty}$ 型未定式，且 $f'(x)$ 与 $g'(x)$ 满足定理 3 的条件，则可继续使用洛必达法则，即

$$\lim_{x \to x_0} \frac{f(x)}{g(x)} = \lim_{x \to x_0} \frac{f'(x)}{g'(x)} = \lim_{x \to x_0} \frac{f''(x)}{g''(x)}.$$

例 3 求 $\lim\limits_{x \to 1} \dfrac{\ln x}{x^2 - 1}$.

解 这是 $\dfrac{0}{0}$ 型未定式，由洛必达法则可得

$$\lim_{x \to 1} \frac{\ln x}{x^2 - 1} = \lim_{x \to 1} \frac{(\ln x)'}{(x^2 - 1)'} = \lim_{x \to 1} \frac{\frac{1}{x}}{2x} = \lim_{x \to 1} \frac{1}{2x^2} = \frac{1}{2}.$$

例 4 求 $\lim\limits_{x \to 0} \dfrac{2^x - 1}{x}$.

解 这是 $\dfrac{0}{0}$ 型未定式，由洛必达法则可得

$$\lim_{x \to 0} \frac{2^x - 1}{x} = \lim_{x \to 0} \frac{(2^x - 1)'}{x'} = \lim_{x \to 0} (2^x \ln 2) = \ln 2.$$

例 5 求 $\lim\limits_{x \to 1} \dfrac{x^4 - 4x + 3}{x^3 - 2x^2 + x}$.

解 这是 $\dfrac{0}{0}$ 型未定式，由洛必达法则可得

$$\lim_{x \to 1} \frac{x^4 - 4x + 3}{x^3 - 2x^2 + x} = \lim_{x \to 1} \frac{4x^3 - 4}{3x^2 - 4x + 1} = \lim_{x \to 1} \frac{12x^2}{6x - 4} = 6.$$

注意 上例中，极限 $\lim\limits_{x \to 1} \dfrac{12x^2}{6x - 4}$ 已不是 $\dfrac{0}{0}$ 型未定式，如果不验证条件而继续使用洛必达法则，将会导致错误.

例 6 求 $\lim\limits_{x \to +\infty} \dfrac{\ln x}{x^2}$.

解 这是 $\dfrac{\infty}{\infty}$ 型未定式，由洛必达法则可得

$$\lim_{x \to +\infty} \frac{\ln x}{x^2} = \lim_{x \to +\infty} \frac{\frac{1}{x}}{2x} = \lim_{x \to +\infty} \frac{1}{2x^2} = 0.$$

例 7 求 $\lim\limits_{x \to +\infty} \dfrac{x^n}{e^x}, n \in \mathbf{Z}$.

解 这是 $\dfrac{\infty}{\infty}$ 型未定式，连续 n 次使用洛必达法则可得

$$\lim_{x \to +\infty} \frac{x^n}{e^x} = \lim_{x \to +\infty} \frac{nx^{n-1}}{e^x} = \lim_{x \to +\infty} \frac{n(n-1)x^{n-2}}{e^x} = \cdots = \lim_{x \to +\infty} \frac{n!}{e^x} = 0.$$

例 8 求 $\lim\limits_{x \to \infty} \dfrac{x - \sin x}{x}$.

分析 这是 $\dfrac{\infty}{\infty}$ 型未定式，若应用洛必达法则，得

$$\lim_{x \to \infty} \frac{x - \sin x}{x} = \lim_{x \to \infty} \frac{1 - \cos x}{1}.$$

显然右边的极限不存在，不能继续下去，需要改用其他方法求解.

解　$\lim\limits_{x \to \infty} \dfrac{x - \sin x}{x} = \lim\limits_{x \to \infty} \left(1 - \dfrac{\sin x}{x}\right) = 1 - 0 = 1.$

上例说明，洛必达法则也有失效的时候，当 $\lim\limits_{\substack{x \to \infty \\ (x \to x_0)}} \dfrac{f'(x)}{g'(x)}$ 不存在时，不能说明 $\lim\limits_{\substack{x \to \infty \\ (x \to x_0)}} \dfrac{f(x)}{g(x)}$ 不

存在，此时应采用其他方法求解.

课堂练习 2

求下列极限.

（1）$\lim\limits_{x \to 1} \dfrac{\ln x}{x - 1}$；　　　（2）$\lim\limits_{x \to 0} \dfrac{e^x - 1}{x}$；　　　（3）$\lim\limits_{x \to +\infty} \dfrac{\ln x}{x}$；　　　（4）$\lim\limits_{x \to 0} \dfrac{1 - \cos x}{2x}$.

---

2. 其他类型的未定式

除了 $\dfrac{0}{0}$ 和 $\dfrac{\infty}{\infty}$ 型两种基本未定式外，还有 $0 \cdot \infty$，$\infty - \infty$，0^0，1^∞，∞^0 型未定式，它们都可以经

过适当变形，化为 $\dfrac{0}{0}$ 型或 $\dfrac{\infty}{\infty}$ 型未定式后，再应用洛必达法则.

例 9　求 $\lim\limits_{x \to 0^+} x \ln x$.

解　这是 $0 \cdot \infty$ 型未定式，化为 $\dfrac{\infty}{\infty}$ 型未定式，再应用洛必达法则.

$$\lim_{x \to 0^+} x \ln x = \lim_{x \to 0^+} \frac{\ln x}{\dfrac{1}{x}} = \lim_{x \to 0^+} \frac{\dfrac{1}{x}}{-\dfrac{1}{x^2}} = -\lim_{x \to 0^+} x = 0.$$

例 10　求 $\lim\limits_{x \to 1} \left(\dfrac{1}{x - 1} - \dfrac{1}{\ln x}\right)$.

解　这是 $\infty - \infty$ 型未定式，通分化为 $\dfrac{0}{0}$ 型未定式，再应用洛必达法则.

$$\lim_{x \to 1} \left(\frac{1}{x - 1} - \frac{1}{\ln x}\right) = \lim_{x \to 1} \frac{\ln x - x + 1}{(x - 1) \ln x} = \lim_{x \to 1} \frac{\dfrac{1}{x} - 1}{\ln x + \dfrac{x - 1}{x}} = \lim_{x \to 1} \frac{-\dfrac{1}{x^2}}{\dfrac{1}{x} + \dfrac{1}{x^2}} = -\frac{1}{2}.$$

例 11　求 $\lim\limits_{x \to 0^+} x^x$.

解　这是 0^0 型未定式. 设 $y = x^x$，两边取对数得

$$\ln y = x \ln x.$$

由例 9 得：$\lim\limits_{x \to 0^+} x \ln x = 0.$ 所以

$$\lim_{x\to0^+}y=\lim_{x\to0^+}x^x=\lim_{x\to0^+}e^{x\ln x}=e^{\lim_{x\to0^+}x\ln x}=e^0=1.$$

课堂练习 3

求下列函数的极限.

（1）$\lim\limits_{x\to0}x\cot2x$；　　（2）$\lim\limits_{x\to+\infty}x\left(\dfrac{\pi}{2}-\arctan x\right)$；　　（3）$\lim\limits_{x\to1}x^{\frac{1}{1-x}}$.

习题 3.1

1. 验证下列函数是否满足罗尔定理的条件，若满足，求出定理中的 ξ.

（1）$f(x)=x^2-5x+6$，$x\in[2,3]$；　　（2）$f(x)=|x|$，$x\in[-1,1]$.

2. 用拉格朗日中值定理证明：如果函数 $y=f(x)$ 在区间 (a,b) 内任意一点的导数 $f'(x)\equiv0$，则函数 $f(x)$ 在区间 (a,b) 内恒为一个常数.

3. 验证下列函数是否满足拉格朗日中值定理的条件，若满足，求出定理中的 ξ.

（1）$f(x)=\ln x$，$x\in[1,e]$；　　（2）$f(x)=x^2+2x$，$x\in[-1,3]$.

4. 求下列极限.

（1）$\lim\limits_{x\to a}\dfrac{\sin x-\sin a}{x-a}$；

（2）$\lim\limits_{x\to0}\dfrac{e^x-e^{-x}}{x}$；

（3）$\lim\limits_{x\to1}\dfrac{x^3-3x+2}{x^3-x^2-x+1}$；

（4）$\lim\limits_{x\to0}\dfrac{\sin x-x}{x^3}$；

（5）$\lim\limits_{x\to\frac{\pi}{2}^+}\dfrac{\ln\left(x-\dfrac{\pi}{2}\right)}{\tan x}$；

（6）$\lim\limits_{x\to0^+}\dfrac{\ln(\sin x)}{\ln(\sin 3x)}$；

（7）$\lim\limits_{x\to\frac{\pi}{2}}\dfrac{\ln(\sin x)}{\left(x-\dfrac{\pi}{2}\right)^2}$；

（8）$\lim\limits_{x\to0}\dfrac{e^x-e^{-x}}{\sin x}$；

（9）$\lim\limits_{x\to0^+}x^2\ln x$；

（10）$\lim\limits_{x\to0}\left[\dfrac{1}{x}-\dfrac{1}{\ln(1+x)}\right]$；

（11）$\lim\limits_{x\to0^+}x^{2x}$；

（12）$\lim\limits_{x\to0}\left(\dfrac{1}{x}-\dfrac{1}{e^x-1}\right)$.

3.2 函数的单调性与极值

3.2.1 函数的单调性

由函数的单调性定义可知：单调增函数的图形沿 x 轴正向逐渐上升，单调减函数的图形

沿 x 轴正向逐渐下降.

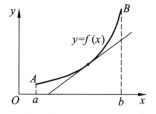 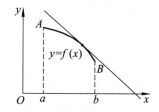

（a）增函数的切线的斜率为正　　　　（b）减函数的切线的斜率为负

图 3.2-1

图 3.2-1（a）中函数 $y = f(x)$ 在 $[a,b]$ 上单调增加，曲线上各点处切线的倾斜角 α 都是锐角，那么 $f'(x) = \tan\alpha > 0$；图 3.2-1（b）中函数 $y = f(x)$ 在 $[a,b]$ 上单调减少，曲线上各点处切线的倾斜角 α 都是钝角，那么 $f'(x) = \tan\alpha < 0$. 由此可见，函数的单调性与导数的符号有密切的联系.

定理 1（函数单调性的判定定理）　设函数 $y = f(x)$ 在 $[a,b]$ 上连续，在 (a,b) 内可导，

（1）在区间 (a,b) 内，若 $f'(x) > 0$，则 $y = f(x)$ 在 $[a,b]$ 上单调增加；

（2）在区间 (a,b) 内，若 $f'(x) < 0$，则 $y = f(x)$ 在 $[a,b]$ 上单调减少.

注意 1°　定理 1 中的闭区间 $[a, b]$ 换成其他各种区间（开区间、半开半闭区间、无穷区间）结论都成立.

2°　在区间 (a,b) 内，如果 $f'(x) \geqslant 0$（或 $f'(x) \leqslant 0$），且等号仅在个别点处成立，结论仍成立. 例如，函数 $y = x^3$ 的导数 $y' = 3x^2 \geqslant 0$，它只在点 $x = 0$ 处的导数为零，所以它在定义域 $(-\infty,+\infty)$ 内仍然是单调增函数.

例 1　判定函数 $f(x) = 2x - \ln x$ 在 $(1,+\infty)$ 内的单调性.

解　当 $x \in (1,+\infty)$ 时，

$$f'(x) = 2 - \frac{1}{x} > 0，$$

所以 $f(x)$ 在 $(1,+\infty)$ 内单调增加.

例 2　求函数 $f(x) = x^2 - 4x + 3$ 的单调区间.

解　先求导数：$f'(x) = 2x - 4$.

令 $2x - 4 = 0$，解得 $x = 2$.

当 $x < 2$ 时，$f'(x) < 0$，函数 $f(x)$ 单调减少；当 $x > 2$ 时，$f'(x) > 0$，函数 $f(x)$ 单调增加.

所以，函数 $f(x)$ 的单调减区间为 $(-\infty,2]$，单调增区间为 $[2,+\infty)$.

如果 $f'(x_0) = 0$，那么点 x_0 叫做函数 $y = f(x)$ 的**驻点**. 比如，例 2 中的点 $x = 2$ 是函数的驻点，同时它也是单调减区间与单调增区间的分界点.

一般来说，驻点和导数不存在的点，可能是函数单调区间的分界点，由此可得出求函数 $y = f(x)$ 的单调区间的一般步骤：

（1）求函数的定义域和 $f'(x)$；

（2）求驻点和 $f'(x)$ 不存在的点，并以这些点为分界点，将定义域分成若干个区间；

（3）列表确定 $f'(x)$ 在各个区间内的符号，从而确定单调区间.

例 3 讨论函数 $f(x) = 2x^3 + 3x^2 - 12x + 6$ 的单调性.

解 （1）函数的定义域为 $(-\infty, +\infty)$.

$$f'(x) = 6x^2 + 6x - 12 = 6(x-1)(x+2).$$

（2）令 $f'(x) = 0$ 得，$x_1 = -2$，$x_2 = 1$；没有 $f'(x)$ 不存在的点. $x_1 = -2$，$x_2 = 1$ 将定义域分为三个区间 $(-\infty, -2]$，$[-2, 1]$ 和 $[1, +\infty)$.

（3）各个区间内 $f'(x)$ 的符号及函数 $f(x)$ 的单调性如下表所示：

x	$(-\infty, -2)$	-2	$(-2, 1)$	1	$(1, +\infty)$
$f'(x)$	+	0	−	0	+
$f(x)$	↗		↘		↗

所以，函数在区间 $(-\infty, -2]$ 和 $[1, +\infty)$ 内是增函数；在区间 $[-2, 1]$ 上是减函数.

例 4 求函数 $f(x) = (x-2)x^{\frac{1}{3}}$ 的单调区间.

解 （1）函数的定义域为 $(-\infty, +\infty)$.

$$f'(x) = \frac{2(2x-1)}{3x^{\frac{2}{3}}}.$$

（2）令 $f'(x) = 0$，得 $x = \frac{1}{2}$；当 $x = 0$ 时，导数 $f'(x)$ 不存在. $x = 0$ 和 $x = \frac{1}{2}$ 把定义域分成三个区间：$(-\infty, 0]$，$\left[0, \frac{1}{2}\right]$，$\left[\frac{1}{2}, +\infty\right)$.

（3）在各个区间内 $f'(x)$ 的符号及函数 $f(x)$ 的单调性如下表所示：

x	$(-\infty, 0)$	0	$\left(0, \dfrac{1}{2}\right)$	$\dfrac{1}{2}$	$\left(\dfrac{1}{2}, +\infty\right)$
$f'(x)$	−	不存在	−	0	+
$f(x)$	↘		↘		↗

所以，函数的单调减区间为 $\left(-\infty, \dfrac{1}{2}\right]$，单调增区间为 $\left[\dfrac{1}{2}, +\infty\right)$.

例 5 利用函数的单调性证明：当 $x > 0$ 时，$\arctan x < x$.

证明 设 $f(x) = \arctan x - x$，则

$$f'(x) = \frac{1}{x^2+1} - 1 = -\frac{x^2}{x^2+1}.$$

当 $x > 0$ 时，$f'(x) < 0$，所以函数 $f(x)$ 在区间 $[0, +\infty)$ 上单调减少. 而 $f(0) = 0$，所以在区间 $(0, +\infty)$ 内，$f(x) < f(0) = 0$，即

$$\arctan x - x < 0,$$

也就是

$$\arctan x < x.$$

课堂练习 1

1. 讨论函数 $y = x + \cos x$ 在 $[0, \pi]$ 上的单调性.
2. 求函数 $y = \sqrt[3]{x^2}$ 的单调区间.

3.2.2　函数的极值

定义　设函数 $f(x)$ 在点 x_0 的某邻域 $U(x_0)$ 内有定义，若对去心邻域 $\overset{\circ}{U}(a, \delta)$ 内任意点 x，都有

$$f(x) < f(x_0)\ （或 f(x) > f(x_0)），$$

则称 $f(x_0)$ 是函数 $f(x)$ 的一个**极大值**（或**极小值**），x_0 称为**极值点**.

函数的极大值与极小值统称为**极值**.

函数的极值是一个局部概念，它只是与极值点邻近的点的函数值相比较而言的，在整个区间内，极大值与极小值不一定是最大值和最小值，极大值也不一定比极小值大. 如图 3.2-2，在区间 $[a, b]$ 上有极大值 $f(x_1)$，$f(x_3)$，极小值 $f(x_2)$，$f(x_4)$，极小值 $f(x_2)$ 是区间 $[a, b]$ 上的最小值，但没有一个极大值是 $[a, b]$ 上的最大值，并且极大值 $f(x_1)$ 比极小值 $f(x_4)$ 还小.

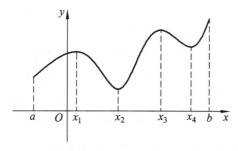

图 3.2-2　函数的极值

下面讨论如何求极值.

定理 2　若函数 $f(x)$ 在点 x_0 处可导，且 x_0 为极值点，则必有 $f'(x_0) = 0$.

定理 3（极值判定定理 1）　设函数 $f(x)$ 在点 x_0 处连续，在点 x_0 的某个去心邻域内可导，

（1）如果当 $x < x_0$ 时，$f'(x) > 0$；当 $x > x_0$ 时，$f'(x) < 0$，则 $f(x_0)$ 是 $f(x)$ 的极大值；

（2）如果当 $x < x_0$ 时，$f'(x) < 0$；当 $x > x_0$ 时，$f'(x) > 0$，则 $f(x_0)$ 是 $f(x)$ 的极小值；

（3）如果在点 x_0 两侧，$f'(x)$ 的符号相同，则 $f(x_0)$ 不是 $f(x)$ 的极值.

由定理 2 和定理 3 可知，求函数 $f(x)$ 的极值可按下列步骤进行：

（1）求出函数 $f(x)$ 的定义域及导数 $f'(x)$；

（2）求出 $f(x)$ 的驻点及导数不存在的点，这些点将定义域分成若干个区间；

（3）列表讨论 $f'(x)$ 在各区间内的符号，确定函数 $f(x)$ 的单调性和极值点；

（4）求出各极值点处的函数值，得到函数的极值.

例 6　求函数 $f(x) = \dfrac{1}{8}(x^2 - 4)^3 + 6$ 的极值.

解 （1）函数的定义域为 $(-\infty, +\infty)$．

$$f'(x) = \frac{3}{4}x(x^2-4)^2.$$

（2）令 $f'(x)=0$，得驻点 $x_1=-2$，$x_2=0$，$x_3=2$；没有使 $f'(x)$ 不存在的点．三个驻点将定义域分成四个区间 $(-\infty,-2]$，$[-2,0]$，$[0,2]$，$[2,+\infty)$．

（3）在各个区间内，$f'(x)$ 的符号及函数 $f(x)$ 的单调性如下表所示．

x	$(-\infty,-2)$	-2	$(-2,0)$	0	$(0,2)$	2	$(2,+\infty)$
$f'(x)$	$-$	0	$-$	0	$+$	0	$+$
$f(x)$	↘	无极值	↘	极小值 -2	↗	无极值	↗

（4）从表中讨论可以得到，函数 $f(x)$ 的极小值为 $f(0)=-2$．

例 7 求函数 $y=(x-1)\sqrt{x+2}$ 的单调区间和极值．

解 （1）函数的定义域为 $[-2,+\infty)$．

$$y' = \frac{3(x+1)}{2\sqrt{x+2}}.$$

（2）令 $y'=0$，得驻点 $x=-1$；当 $x=-2$ 时，y' 不存在．$x=-2$ 和 $x=-1$ 将定义域分成两个区间 $[-2,-1]$，$[-1,+\infty)$．

（3）在各个区间内，$f'(x)$ 的符号及函数 $f(x)$ 的单调性如下表所示：

x	-2	$(-2,-1)$	-1	$(-1,+\infty)$
$f'(x)$	不存在	$-$	0	$+$
$f(x)$	0	↘	极小值 -2	↗

（4）从表中讨论可以得到，在区间 $[-2,-1]$ 上函数单调减，在 $[-1,+\infty)$ 上函数单调增；极小值为 $f(-1)=-2$．

定理 4（极值判定定理 2） 设函数在点 x_0 处有二阶导数，且 $f'(x_0)=0$，$f''(x_0)\neq 0$，那么

（1）当 $f''(x_0)<0$ 时，$f(x_0)$ 是函数 $f(x)$ 的极大值；

（2）当 $f''(x_0)>0$ 时，$f(x_0)$ 是函数 $f(x)$ 的极小值．

例 8 求函数 $f(x)=\frac{1}{3}x^3-x+2$ 的极值．

解 函数的定义域为 $(-\infty,+\infty)$．

$$f'(x) = x^2-1 = (x+1)(x-1).$$
$$f''(x) = 2x.$$

令 $f'(x)=0$，得驻点 $x_1=-1$，$x_2=1$．

$f''(-1)=-2<0$，故 $f(x)$ 在点 $x=-1$ 处有极大值，极大值 $f(-1)=\frac{8}{3}$；

$f''(1)=2>0$，故 $f(x)$ 在点 $x=1$ 处有极小值，极小值 $f(1)=\frac{4}{3}$．

课堂练习 2

求下列函数的极值点与极值，并指出所求极值是极大值还是极小值.

（1）$y = -x^2 + 4x + 5$；　　　　　　　（2）$y = x^3 - 27x + 44$.

习题 3.2

1. 求下列函数的单调区间.

（1）$y = x + \sin x$；　　　　（2）$y = -x^3 + 12x + 6$；　　　　（3）$y = \dfrac{1}{\ln x}$；

（4）$y = x + \dfrac{1}{x}$；　　　　（5）$y = x - \ln(x+1)$；　　　　（6）$y = \dfrac{1}{x^2 + 4x - 5}$.

2. 利用单调性证明下列不等式.

（1）当 $x > 0$ 时，$1 + \dfrac{x}{2} > \sqrt{x+1}$；　　　　（2）当 $x > 0$ 时，$x > \ln(1 + 2x)$.

3. 求下列函数的极值.

（1）$y = 2x^3 - 3x^2$；　　　　　　　（2）$y = 2x^2 - x^4$；

（3）$y = \dfrac{2x}{1 + x^2}$；　　　　　　　（4）$y = x^2 \mathrm{e}^{-x}$；

（5）$y = (x - 4)\sqrt[3]{(x+1)^2}$；　　　　（6）$y = 1 + \sqrt{x^2 - 1}$.

3.3　函数的最大值与最小值

在日常生活、生产和科研中，常常会遇到"材料最省""利润最大""效率最高"等问题，这些问题都可以通过建立数学模型，用求函数的最大值和最小值来解决.

由连续函数的性质可知，在闭区间 $[a,b]$ 上连续的函数 $f(x)$，在 $[a,b]$ 上一定存在最大值和最小值. 最大值与最小值统称为**最值**.

通过对函数极值的学习可知，函数 $f(x)$ 在 $[a,b]$ 上的最值，只可能在 (a,b) 内的极值点和端点处取得. 因此可按如下**步骤**求 $f(x)$ 在 $[a,b]$ 上的最大值与最小值.

（1）求 $f(x)$ 在 (a,b) 内所有的驻点和 $f'(x)$ 不存在的点；

（2）求 $f(x)$ 在上述驻点和不可导点的函数值及函数 $f(x)$ 在区间 $[a,b]$ 端点处的值 $f(a)$ 和 $f(b)$；

（3）比较（2）中所有值的大小，其中最大的就是 $f(x)$ 在 $[a,b]$ 上的最大值，记为 $y_{\max}$，最小的就是 $f(x)$ 在 $[a,b]$ 上的最小值，记为 $y_{\min}$.

例 1　求函数 $f(x) = x^3 - 3x^2 - 24x + 2$ 在区间 $[-3, 6]$ 上的最大值和最小值.

解　$f'(x) = 3x^2 - 6x - 24 = 3(x+2)(x-4)$.

令 $f'(x) = 0$，得驻点 $x_1 = -2$，$x_2 = 4$.

分别求出 $f(x)$ 在驻点与端点处的函数值：

$$f(-2) = 30，\quad f(4) = -78，\quad f(-3) = 20，\quad f(6) = -34.$$

比较上述函数值，得 $y_{\max} = f(-2) = 30$，$y_{\min} = f(4) = -78$.

处理实际问题时，如果函数 $f(x)$ 在 (a,b) 内只有一个驻点 x_0，而从实际问题的含义分析知，在 (a,b) 内一定存在最大值或最小值，那么不必讨论 $f(x_0)$ 是不是极值，也不必计算 $f(a)$ 与 $f(b)$ 的值，就可以断定 $f(x_0)$ 是所要求的最大值或最小值.

例 2　如图 3.3-1 所示，用边长为 48 cm 的正方形铁皮做一个无盖水箱. 先在四角分别截去一个小正方形，然后将四边折起，做成长方体的水箱. 问四角截去多大的正方形时，水箱容积最大？最大容积是多少？

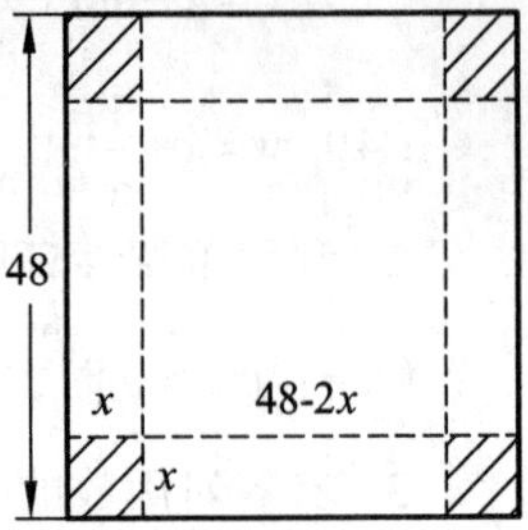

解　设截去小正方形的边长为 x cm $(0 < x < 24)$，则水箱的容积为

$$V(x) = x(48 - 2x)^2.$$

$$V'(x) = 12(x-8)(x-24).$$

令 $V'(x) = 0$，得 $x_1 = 8$，$x_2 = 24$（不合题意，舍去）. 所以 $x = 8$ 是函数 $V(x)$ 唯一的驻点. 所以将 $x = 8$ 代入 $V(x)$，得最大容积：

图 3.3-1　例 2 图

$$V_{\max} = 8 \times (48 - 2 \times 8)^2 = 8192.$$

因此，四角截去边长为 8 cm 的小正方形时，水箱容积最大，最大容积为 8192 cm³.

例 3　甲、乙两村位于河岸 AB 的同侧，两村合建一个自来水厂，已知甲、乙两村到河岸的垂直距离分别为 1 km 和 1.5 km，如图 3.3-2 所示，$AB = 3$ km，问水厂建在何处，所用水管最短？

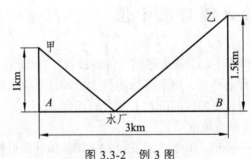

图 3.3-2　例 3 图

解　设水厂建在与 A 相距 $x(0 \leqslant x \leqslant 3)$ km 处，所用水管长为

$$y = \sqrt{1 + x^2} + \sqrt{1.5^2 + (3-x)^2}.$$

则

$$y' = \frac{x}{\sqrt{1+x^2}} - \frac{3-x}{\sqrt{2.25 + (3-x)^2}}.$$

令 $y' = 0$，得 $x_1 = 1.2$，$x_2 = -6$（不合题意，舍去）. 所以水厂建在与 A 相距 1.2 km 的地方时，所用水管最短.

课堂练习

1. 求函数 $y = x^3 - 12x$，$x \in [-3, 3]$ 的最大值和最小值.

2. 将长为 60 cm 的正方形纸板的四个角剪去相同的小正方形，折成一个无盖的盒子. 要使盒子的容积最大，剪去的小正方形的边长应为多少？

习题 3.3

1. 求下列函数在指定区间上的最大值与最小值.

（1）$y = 2x^2 - 3x - 5$，$x \in [-2, 3]$；　　　（2）$y = 2x^3 - 3x^2 + 1$，$x \in [-1, 2]$；

（3）$y = \sin 2x - 2$，$x \in \left[-\dfrac{\pi}{2}, \dfrac{\pi}{2}\right]$；　　（4）$y = (x^2 - 1)(x^2 + 2)$，$[-2, 2]$；

（5）$y = x + \sqrt{1 - x}$，$x \in [-5, 1]$；　　　（6）$y = x - 2\sqrt{x}$，$x \in [0, 4]$.

2. 设两正数之和为 a，求其积的最大值.

3. 某商品成本为 40 元，售价为 80 元时，每周卖出 200 件；每件降价 2 元，每周能多售出 20 件. 问如何定价，才能使利润最大？最大利润为多少？

4. 某商品一件的成本为 30 元，在某段时间内若以每件 x 元出售，可卖出 $(200 - x)$ 件. 问应如何定价，才能使利润最大？

5. 甲船位于乙船正东 75 海里处，以 12 海里/小时的速度向正西方向航行，而乙船以 6 海里/小时的速度向正北方向航行. 问经过多少时间，两船相距最近？

6. 圆柱形无盖茶杯的容积为 V，问其底面半径和高分别为多少时，表面积最小？

3.4　曲线的凹凸性与拐点　简单函数图形的描绘

前面利用导数知识研究了函数的单调性、极值及最值问题，本节继续利用导数知识来研究函数图形的弯曲方向和弯曲方向的转变点，以便用所学过的知识更加准确地描绘函数的图形.

3.4.1　曲线的凹凸性与拐点

函数的单调性反映在图像上，就是曲线的上升或下降，但是曲线在上升或下降的过程中，还有一个弯曲方向的问题，这就是曲线的凹凸性.

在图 3.4-1 中，两条曲线弧都是从点 A 上升到点 B 的，但弧 $\overparen{ACB}$ 是向上凸的，曲线在其任意点处切线的下方；弧 $\overparen{ADB}$ 是向下凹的，曲线在其任意点处切线的上方.

定义 1　在区间 (a, b) 内，若曲线弧位于其任意一点处切线的

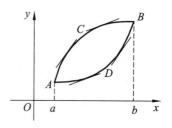

图 3.4-1　曲线的凹凸性

上方，则称曲线在区间 (a,b) 内是**凹的**，区间 (a,b) 称为**凹区间**；在区间 (a,b) 内，若曲线弧位于其任意一点处切线的下方，则称曲线在区间 (a,b) 内是**凸的**，区间 (a,b) 称为**凸区间**.

如何判断曲线的凹凸性呢？如图 3.4-2（a）所示，对于向下凹的曲线，其任意一点处的切线的倾斜角 φ 随着自变量 x 的增大而增大，所以切线的斜率 $k = \tan\varphi$ 也随着 x 的增大而增大，即 k 是单调增加的；由于 $k = f'(x)$，所以 $f'(x)$ 是单调增函数，因此 $[f'(x)]' > 0$，即 $f''(x) > 0$. 同样地，对于图 3.4-2（b）中向上凸的曲线，$f'(x)$ 是单调减函数，所以 $[f'(x)]' < 0$，即 $f''(x) < 0$. 由此可见，曲线 $y = f(x)$ 的凹凸性与二阶导数 $f''(x)$ 的符号有关，下面给出曲线凹凸性的判定定理.

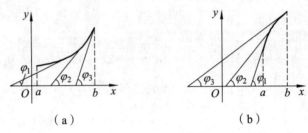

（a）　　　　　　　　　　（b）

图 3.4-2　凹凸性与切线斜率的单调性

定理　设函数 $y = f(x)$ 在区间 (a,b) 内有二阶导数，那么，在区间 (a,b) 内，

（1）如果 $f''(x) > 0$，则曲线 $y = f(x)$ 在 (a,b) 内是凹的；

（2）如果 $f''(x) < 0$，则曲线 $y = f(x)$ 在 (a,b) 内是凸的.

例 1　判定曲线 $y = \lg x$ 的凹凸性.

解　因为

$$y' = \frac{1}{x\ln 10}, \quad y'' = -\frac{1}{x^2\ln 10} < 0,$$

所以 $y = \lg x$ 在其定义域 $(0, +\infty)$ 内是凸的.

例 2　求曲线 $y = \sin 2x$ 在 $(0, \pi)$ 内的凹凸区间.

解　$y' = 2\cos 2x$，$y'' = -4\sin 2x$.

令 $y'' = 0$，得 $x = \dfrac{\pi}{2}$.

当 $x \in \left(0, \dfrac{\pi}{2}\right)$ 时，$y'' = -4\sin 2x < 0$，所以 $\left(0, \dfrac{\pi}{2}\right]$ 是曲线 $y = \sin 2x$ 的凸区间；

当 $x \in \left(\dfrac{\pi}{2}, \pi\right)$ 时，$y'' = -4\sin 2x > 0$，所以 $\left[\dfrac{\pi}{2}, \pi\right)$ 是曲线 $y = \sin 2x$ 的凹区间.

定义 2　连续曲线上凹弧与凸弧的分界点，称为曲线的**拐点**.

例如，例 2 中的点 $\left(\dfrac{\pi}{2}, 0\right)$ 是曲线 $y = \sin 2x$ 的一个拐点.

例 3　判断曲线 $y = x^4$ 是否有拐点？

解　函数的定义域为 $(-\infty, +\infty)$.

$$y' = 4x^3, \quad y'' = 12x^2.$$

由 $y'' = 0$ 得：$x = 0$.

当 $x \neq 0$ 时，$y'' > 0$，在区间 $(-\infty, +\infty)$ 内曲线是凹的，因此曲线无拐点.

由于拐点是曲线凹凸的分界点，所以在拐点左、右两侧近旁 $f''(x)$ 必异号. 因此，曲线拐点只可能是使 $f''(x) = 0$ 或 $f''(x)$ 不存在的点. 所以我们可以按以下步骤来求曲线 $y = f(x)$ 的凹凸区间和拐点：

（1）求出函数的定义域和 $f''(x)$；

（2）求出使 $f''(x) = 0$ 或 $f''(x)$ 不存在的点，这些点将定义域分成若干个区间；

（3）讨论各区间内 $f''(x)$ 的符号，确定曲线的凹凸区间和拐点.

例 4　求曲线 $y = \sqrt[3]{x}$ 的拐点.

解　（1）函数的定义域为 $(-\infty, +\infty)$.

$$y' = \frac{1}{3\sqrt[3]{x^2}}, \quad y'' = -\frac{2}{9\sqrt[3]{x^5}}.$$

（2）没有使二阶导数为零的点，二阶导数不存在的点为 $x = 0$.

（3）当 $x < 0$ 时，$y'' > 0$；当 $x > 0$ 时，$y'' < 0$. 因此，点 $(0,0)$ 为曲线的拐点.

例 5　求曲线 $y = x^4 - 2x^3 + 3$ 的拐点及凹凸区间.

解　（1）函数的定义域为 $(-\infty, +\infty)$.

$$y' = 4x^3 - 6x^2,$$
$$y'' = 12x^2 - 12x = 12x(x-1).$$

（2）令 $y'' = 0$，得 $x_1 = 0$，$x_2 = 1$；没有使 y'' 不存在的点.

（3）列表如下：

x	$(-\infty, 0)$	0	$(0,1)$	1	$(1, +\infty)$
$f''(x)$	+	0	−	0	+
$f(x)$	凹	拐点 $(0,3)$	凸	拐点 $(1,2)$	凹

因此，曲线的拐点是 $(0,3)$ 和 $(1,2)$，凹区间是 $(-\infty, 0]$ 和 $[1, +\infty)$，凸区间是 $[0,1]$.

课堂练习 1

1. 写出函数 $y = \ln x$ 的凹凸区间.

2. 求函数 $y = 2x^3 + 3x^2 + x + 2$ 的凹凸区间和拐点.

3.4.2　函数图形的描绘

1. 曲线的渐近线

为了比较准确地描绘函数的图形，除了知道函数的单调性与极值、凹凸性与拐点外，还应了解曲线的渐近线，渐近线可以帮助我们定性地了解曲线的走向. 下面介绍曲线的渐近线.

定义 3　如果曲线 $y = f(x)$ 上一点沿着曲线无限远离坐标原点时，该点与某条直线 L 的距离趋近于零，则直线 L 就称为曲线 $y = f(x)$ 的**渐近线**.

渐近线分为铅直渐近线、水平渐近线和斜渐近线.

定义 4 （1）如果 $\lim\limits_{x \to x_0} f(x) = \infty$（或 $\lim\limits_{x \to x_0^-} f(x) = \infty$ 或 $\lim\limits_{x \to x_0^+} f(x) = \infty$），则称直线 $x = x_0$ 为曲线 $y = f(x)$ 的**铅直渐近线**.

（2）如果 $\lim\limits_{x \to \infty} f(x) = b$（或 $\lim\limits_{x \to -\infty} f(x) = b$ 或 $\lim\limits_{x \to +\infty} f(x) = b$），则称直线 $y = b$ 为曲线 $y = f(x)$ 的**水平渐近线**.

（3）如果 $\lim\limits_{x \to \infty}[f(x) - (ax+b)] = 0$，则称直线 $y = ax + b$ 为曲线 $y = f(x)$ 的**斜渐近线**，并且

$$a = \lim_{x \to \infty} \frac{f(x)}{x}, \quad b = \lim_{x \to \infty}[f(x) - ax].$$

例如，$x = 0$，即 y 轴是曲线 $y = \ln x$，$x \in (0, +\infty)$ 的铅直渐近线，因为 $\lim\limits_{x \to 0^+} \ln x = -\infty$；$y = \pm\dfrac{\pi}{2}$ 为函数 $y = \arctan x$ 的水平渐近线；$y = \pm\dfrac{b}{a}x$ 是双曲线 $\dfrac{x^2}{a^2} - \dfrac{y^2}{b^2} = 1$ 的斜渐近线. 如图 3.4-3 所示.

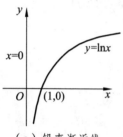 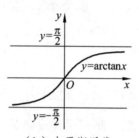 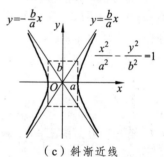

（a）铅直渐近线　　　　（b）水平渐近线　　　　（c）斜渐近线

图 3.4-3　渐近线

例 6　求曲线 $y = x - \dfrac{1}{x}$ 的渐近线.

解　因为 $\lim\limits_{x \to 0}\left(x - \dfrac{1}{x}\right) = -\infty$，所以直线 $x = 0$ 是曲线的铅直渐近线；

因为 $\lim\limits_{x \to \infty}\left(x - \dfrac{1}{x}\right) = \infty$，所以曲线没有水平渐近线；

又因为

$$a = \lim_{x \to \infty} \frac{f(x)}{x} = \lim_{x \to \infty} \frac{x - \dfrac{1}{x}}{x} = 1,$$

$$b = \lim_{x \to \infty}[f(x) - ax] = \lim_{x \to \infty}\left[\left(x - \frac{1}{x}\right) - 1 \cdot x\right] = 0,$$

所以直线 $y = x$ 为曲线的斜渐近线.

课堂练习 2

求下列曲线的渐近线.

（1）$y = \ln(x+1)$；　　　　　　　　（2）$y = \dfrac{2 + x^2}{1 - x^2}$.

2. 曲线图形的描绘

利用导数描绘函数 $y = f(x)$ 图形的一般步骤为：

（1）确定函数的定义域及函数的特性（如周期性、奇偶性、有界性等），求出 $f'(x)$ 和 $f''(x)$；

（2）求出 $f'(x) = 0$ 与 $f''(x) = 0$ 的点，以及 $f'(x)$ 与 $f''(x)$ 不存在的点，用这些点将定义域划分成若干个区间；

（3）列表确定在这些区间内 $f'(x)$ 与 $f''(x)$ 的符号，从而得到函数的单调区间、凹凸区间、极值点和拐点；

（4）求出曲线的渐近线及其他变化趋势；

（5）补充图形上的若干特殊点（如与坐标轴的交点等）；

（6）综合上述分析，描绘出函数的图形.

例 7　描绘函数 $y = x^3 - x^2 - x + 1$ 的图形.

解　（1）函数的定义域为 $(-\infty, +\infty)$.

$$f'(x) = 3x^2 - 2x - 1 = (3x+1)(x-1).$$
$$f''(x) = 6x - 2 = 2(3x-1).$$

（2）$f'(x) = 0$ 的根为 $x_1 = -\dfrac{1}{3}$，$x_2 = 1$；$f''(x) = 0$ 的根为 $x = \dfrac{1}{3}$.

（3）列表分析如下：

x	$\left(-\infty, -\dfrac{1}{3}\right)$	$-\dfrac{1}{3}$	$\left(-\dfrac{1}{3}, \dfrac{1}{3}\right)$	$\dfrac{1}{3}$	$\left(\dfrac{1}{3}, 1\right)$	1	$(1, +\infty)$
$f'(x)$	+	0	−	−	−	0	+
$f''(x)$	−	−	−	0	+	+	+
$f(x)$	⌒↗	极大值	⌒↘	拐点	⌟↘	极小值	⌣↗

表中记号 ↗ 表示曲线单调增且是凸的，↘ 表示曲线单调减且是凸的，↘ 表示曲线单调减且是凹的，↗ 表示曲线单调增且是凹的.

所以，极大值 $f\left(-\dfrac{1}{3}\right) = \dfrac{32}{27}$，极小值 $f(1) = 0$，拐点 $\left(\dfrac{1}{3}, \dfrac{16}{27}\right)$.

（4）曲线无渐近线；当 $x \to -\infty$ 时，$y \to -\infty$；当 $x \to +\infty$ 时，$y \to +\infty$.

（5）再补充一些点：$f(0) = 1$，$f(-1) = 0$，$f\left(\dfrac{3}{2}\right) = \dfrac{5}{8}$.

（6）综合上述分析，描绘出函数 $y = x^3 - x^2 - x + 1$ 的图形，如图 3.4-4 所示.

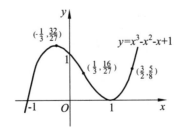

图 3.4-4　函数 $y = x^3 - x^2 - x + 1$ 的图像

例8 描绘函数 $y = \dfrac{x}{1+x^2}$ 的图形.

解 （1）定义域为 $(-\infty, +\infty)$，函数为奇函数，图形关于原点对称，故可以先画出函数在 $(0, +\infty)$ 内的图形.

$$f'(x) = \frac{1-x^2}{(1+x^2)^2}, \quad f''(x) = \frac{2x(x^2-3)}{(1+x^2)^3}.$$

（2）在区间 $[0, +\infty)$ 内，$f'(x) = 0$ 的根为 $x_1 = 1$；$f''(x) = 0$ 的根为 $x_2 = 0, x_3 = \sqrt{3}$.

（3）列表分析如下：

x	0	$(0,1)$	1	$(1,\sqrt{3})$	$\sqrt{3}$	$(\sqrt{3},+\infty)$
$f'(x)$	+	+	0	−	−	−
$f''(x)$	0	−	−	−	0	+
$f(x)$	拐点	⤴	极大值	⤵	拐点	⤵

所以，极大值 $f(1) = \dfrac{1}{2}$，拐点 $(0,0), \left(\sqrt{3}, \dfrac{\sqrt{3}}{4}\right)$.

（4）因为 $\lim\limits_{x \to \infty} f(x) = 0$，所以曲线有水平渐近线 $y = 0$.

（5）综合上述分析，先画出函数在 $[0, +\infty)$ 上的图形，再利用对称性，画出函数 $y = \dfrac{x}{1+x^2}$ 在 $(-\infty, 0]$ 上的图形，从而得到定义域 $(-\infty, +\infty)$ 内的图形，如图 3.4-5 所示.

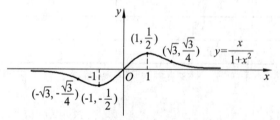

图 3.4-5　函数 $y = \dfrac{x}{1+x^2}$ 的图像

课堂练习3

描绘 $y = \ln(x^2 - 1)$ 的图形.

习题 3.4

1. 求下列曲线的凹凸区间与拐点：

（1）$y = \dfrac{1}{x}$；

（2）$y = \ln(1+x^2)$；

（3）$y = \sqrt{x}$；

（4）$y = x^3 - 5x^2 - 3x + 5$；

（5）$y = x\mathrm{e}^{-x}$；　　　　　　　　　　（6）$y = 3x^4 + 4x^3 + 1$；

（7）$y = (x+1)^4 + \mathrm{e}^x$；　　　　　　　（8）$y = x\ln x$．

2. 已知曲线 $f(x) = ax^3 + bx^2$ 有一个拐点 $(1,3)$，试确定 a, b 的值．

3. 已知曲线 $f(x) = x^3 + ax^2 - 9x + 4$ 在点 $x = 1$ 处有拐点，试确定系数 a 的值，并求曲线的凹凸区间与拐点坐标．

4. 求下列曲线的渐近线．

（1）$y = \dfrac{1}{x^2 + x + 1}$；　　　　　　（2）$y = \dfrac{x}{(x-1)^2}$．

5. 描绘下列函数的图形．

（1）$y = 3x - x^3$；　　　　（2）$y = x^3 - 3x^2 + 6$；　　　　（3）$y = x^2 + \dfrac{1}{x}$．

主要知识点小结

1. 微分中值定理

罗尔定理　若函数 $y = f(x)$ 在闭区间 $[a,b]$ 上连续，在开区间 (a,b) 内可导，且 $f(a) = f(b)$，则至少存在一点 $\xi \in (a,b)$，使得 $f'(\xi) = 0$．

拉格朗日中值定理　若函数 $y = f(x)$ 在闭区间 $[a,b]$ 上连续，在开区间 (a,b) 内可导，则至少存在一点 $\xi \in (a,b)$，使得 $f'(\xi) = \dfrac{f(b) - f(a)}{b - a}$．

2. 洛必达法则

对 $\dfrac{0}{0}$ 或 $\dfrac{\infty}{\infty}$ 型未定式，可使用本部分介绍的洛必达法则求解．

定理　如果函数 $f(x)$ 与 $g(x)$ 满足：

（1）$\lim\limits_{x \to x_0} f(x) = \lim\limits_{x \to x_0} g(x) = 0$（或 $\lim\limits_{x \to x_0} f(x) = \lim\limits_{x \to x_0} g(x) = \infty$）；

（2）在点 x_0 的某去心邻域内 $f(x)$ 与 $g(x)$ 都可导，且 $g'(x) \neq 0$；

（3）$\lim\limits_{x \to x_0} \dfrac{f'(x)}{g'(x)} = A$（或 ∞）．

则 $\lim\limits_{x \to x_0} \dfrac{f(x)}{g(x)} = \lim\limits_{x \to x_0} \dfrac{f'(x)}{g'(x)} = A$（或 ∞）．

3. 函数的单调性与极值

$f'(x) > 0 \Rightarrow$ 函数 $f(x)$ 单调增；$f'(x) < 0 \Rightarrow$ 函数 $f(x)$ 单调减．

改变函数单调性的点是极值点．极值点在驻点和一阶导数不存在的点中取得．

4. 函数的最大值与最小值

求函数 $y = f(x)$ 在 $[a,b]$ 上的最大值与最小值的步骤：

（1）求 $f(x)$ 在 (a,b) 内的所有驻点和导数不存在的点 $x_i(i = 1, 2, \cdots, n)$；

（2）求 $f(x_i), f(a), f(b)$；

（3）$y_{\max} = \max[f(x_i), f(a), f(b)]$，$y_{\min} = \min[f(x_i), f(a), f(b)]$.

5. 曲线的凹凸性与拐点

$f''(x) > 0 \Rightarrow$ 曲线 $y = f(x)$ 是凹的；$f''(x) < 0 \Rightarrow$ 曲线 $y = f(x)$ 是凸的.

改变曲线凹凸性的点是拐点. 拐点在 $f''(x) = 0$ 和 $f''(x)$ 不存在的点中取得.

6. 函数图形的描绘

利用导数描绘函数图形的一般步骤为：

（1）确定函数的定义域及函数的特性（如周期性、奇偶性、有界性等），求出 $f'(x)$ 和 $f''(x)$；

（2）求出 $f'(x) = 0$ 与 $f''(x) = 0$ 的点，以及 $f'(x)$ 与 $f''(x)$ 不存在的点，用这些点将定义域划分成若干个区间；

（3）列表确定在这些区间内 $f'(x)$ 与 $f''(x)$ 的符号，从而得到函数的单调区间、凹凸区间、极值点和拐点；

（4）求出曲线的渐近线及其他变化趋势；

（5）补充图形上的若干特殊点（如与坐标轴的交点等）；

（6）综合上述分析，描绘出函数的图形.

复习题三

一、填空题

1. 函数 $y = \sqrt{x} - 1$ 在 $[1, 4]$ 上满足拉格朗日中值定理的条件，则结论中的 $\xi = $ _____.

2. 函数 $f(x)$ 的极值点在 _____ 和 _____ 的点中取得.

3. 函数 $f(x)$ 的拐点在 _____ 和 _____ 的点中取得.

4. 函数 $y = x^2 - 6x + 8$ 的递增区间是 _____，递减区间是 _____.

5. 函数 $y = -x^2 + 3x - 2$ 在其定义域内的极值点是 _____，极值是 _____.

6. 函数 $y = 2x^3 - 15x^2 + 36x - 24$ 在区间 $[1, 4]$ 内的最大值是 _____，最小值是 _____.

7. 函数 $y = 2 + 5x - 3x^3$ 的拐点是 _____.

8. 函数 $y = x^3 + 12x + 1$ 的凹区间是 _____，凸区间是 _____.

9. 函数 $y = \dfrac{2}{x+2}$ 的铅直渐近线为 _____，水平渐近线为 _____.

10. 双曲线 $\dfrac{x^2}{9} - \dfrac{y^2}{9} = 1$ 的斜渐近线为 _____.

二、选择题

1. 下列说法正确的是（　　）.

A. 定义域内极大值就是最大值

B. 定义域内极小值就是最小值

C. 闭区间上连续函数有最大（小）值

D. 开区间内连续函数有最大（小）值

2. 关于函数 $f(x) = x^3 + 3x^2 - 9x + 3$，在区间 $[-4, 2]$ 内，下列说法正确的是（　　）.

A. 该函数的增区间为 $[-4, -3] \cup [1, 2]$，减区间为 $(-3, 1)$

B. 该函数的增区间为 $(-3, 1)$，减区间为 $[-4, -3] \cup [1, 2]$

C. 该函数的最大值为 $f(-3)$，最小值为 $f(2)$

D. 该函数的最大值为 $f(-4)$，最小值为 $f(1)$

3. 函数 $y = \sin x$ 在 $[0, \pi]$ 上满足罗尔定理结论的 $\xi = $（　　）.

A. 0　　　　　　　B. $\dfrac{\pi}{2}$　　　　　　C. π　　　　　　D. $\dfrac{3\pi}{2}$

4. 下列极限中能使用洛必达法则求出极限的是（　　）.

A. $\lim\limits_{x \to 0} \dfrac{x^2 \sin \dfrac{1}{x}}{\sin x}$　　　　　　B. $\lim\limits_{x \to \infty} \dfrac{x + \cos x}{x - \cos x}$

C. $\lim\limits_{x \to \infty} \dfrac{x - \sin x}{x \sin x}$　　　　　　D. $\lim\limits_{x \to +\infty} \dfrac{x + \ln x}{x - 1}$

5. 函数 $y = x - \sin x$ 在区间 $[0, 1]$ 上的最大值为（　　）.

A. 0　　　　　　　B. 1　　　　　　C. $1 - \sin 1$　　　　　　D. $\dfrac{\pi}{2}$

6. 满足方程 $f'(x_0) = 0$ 的点 x_0 是函数 $y = f(x)$ 的（　　）.

A. 极值点　　　　B. 拐点　　　　C. 驻点　　　　D. 间断点

7. 若 x_0 是函数 $y = f(x)$ 的极值点，下列选项正确的是（　　）.

A. $f'(x_0) = 0$　　　　　　　B. $f'(x_0) \neq 0$

C. $f'(x_0) = 0$ 或 $f'(x_0)$ 不存在　　　　D. $f'(x_0)$ 不存在

8. 若点 $(x_0, f(x_0))$ 是曲线 $y = f(x)$ 的拐点，则（　　）.

A. $f'(x_0) = 0$　　　　　　　B. $f''(x_0) = 0$

C. $f''(x_0) = 0$ 或 $f''(x_0)$ 不存在　　　　D. $f(x_0) = 0$

9. 设函数 $y = f(x)$ 在区间 (a, b) 内有二阶导数，且 $f'(x) < 0$，$f''(x) < 0$，则 $f(x)$ 在区间 (a, b) 内是（　　）.

A. 凸的，单调减　　　　　　　B. 凹的，单调减

C. 凸的，单调增　　　　　　　D. 凹的，单调增

10. 曲线 $y = x(x - 1)$ 的单调增区间是（　　）.

A. $(-\infty, 0) \cup (1, +\infty)$　　　　　　B. $(0, 1)$

C. $\left(-\infty, \dfrac{1}{2} \right)$　　　　　　D. $\left(\dfrac{1}{2}, +\infty \right)$

三、综合题

1. 求下列极限.

（1）$\lim\limits_{x \to 0} \dfrac{\cos x - 1}{e^x + e^{-x} - 2}$；　　　　（2）$\lim\limits_{x \to +\infty} \dfrac{e^x - e^{-x}}{e^x + e^{-x}}$；　　　　（3）$\lim\limits_{x \to +\infty} \dfrac{x^3}{e^x}$；

（4）$\lim\limits_{x \to \frac{\pi}{4}} \dfrac{\tan x - 1}{\sin 4x}$；　　　　（5）$\lim\limits_{x \to 0^+} \dfrac{\ln(\tan x)}{\ln(\tan 2x)}$；　　　　（6）$\lim\limits_{x \to 0^+} \left(\dfrac{1}{x}\right)^{\tan x}$；

（7）$\lim\limits_{x \to 0} \left(\dfrac{1}{x^2} - \dfrac{1}{x \tan x}\right)$.

2. 求下列函数的单调区间和极值.

（1）$y = \dfrac{x^2}{1+x}$；　　　　　　　　（2）$y = 2x^3 - 6x^2 - 18x - 7$.

3. 设两正数之积为 $a\,(a > 0)$，求其和的最小值.

4. 求曲线 $y = \dfrac{4(x+1)}{x^2} - 2$ 的凹凸区间和拐点，并画出该曲线.

四、应用题

1. 某旅馆共有房间 30 间，当每个房间的定价为 100 元时，房间会全部订满；当每个房间的定价增加 10 元时，就会有一间房空出. 若游客居住在这些房间，房间每天的花费需 20 元，问房价定为多少时，旅馆获得的利润最大？

2. 圆柱形金属饮料罐的容积 V 一定时，它的高度 H 与底面半径 R 应怎样选取，才能使所用材料最省？

3. 某商人如果将进货价为 8 元的商品按每件 10 元出售，每天可销售 100 件. 现采用提高售出价、减少进货量的办法增加利润. 已知这种商品每涨价 1 元，其销售量就要减少 10 件，问他将售出价 x 定为多少元时，才能使每天所赚得的利润 y 最大？并求出最大利润.

4. 一游轮上有游客突发疾病，需要马上送医就诊，船长计划先用小船将病人送到海岸，再用汽车送到医院. 已知游轮与岸边医院的直线距离为 100 km，游轮到岸边的垂直距离为 60 km，小船的行驶速度为 40 km/h，汽车的行驶速度为 80 km/h，问小船在什么地方靠岸所用时间最短？

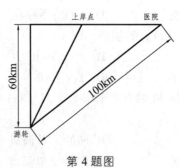

第 4 题图

第4章
不定积分

对物体运动的路程函数求导可得到该物体的运动速度. 反过来, 如果已知物体在任一时刻 t 的速度函数 $v=v(t)$, 那么如何求在 t 时刻物体经过的路程 $s=s(t)$?

微分学的基本问题是, 已知一个函数 $f(x)$, 求它的导函数; 但在科学技术领域中往往会遇到相反的问题: 已知一个函数 $F(x)$ 的导函数 $f(x)$, 即 $F'(x)=f(x)$, 求原来的函数 $F(x)$. 这样的问题实际上是微分运算的逆运算 —— 不定积分. 本章将讨论一元函数的不定积分的概念、公式、性质及基本积分方法.

4.1 不定积分的概念

4.1.1 原函数的概念

自由落体运动中，路程函数为 $s(t) = \dfrac{1}{2}gt^2$，其导函数 $s'(t) = \left(\dfrac{1}{2}gt^2\right)' = gt = v(t)$ 就是速度函数，这时称路程函数 $s(t) = \dfrac{1}{2}gt^2$ 为速度函数 $v(t) = gt$ 的原函数.

定义 1　设函数 $f(x)$ 与 $F(x)$ 在区间 I 上有定义，并且在区间 I 上的任一点 x 处都有

$$F'(x) = f(x) \quad 或 \quad \mathrm{d}F(x) = f(x)\mathrm{d}x,$$

则称 $F(x)$ 为 $f(x)$ 在区间 I 上的一个**原函数**.

例如，因为 $(x^2)' = 2x$，所以 x^2 是 $2x$ 的一个原函数. 又因为 $(x^2+1)' = 2x$，$(x^2-\sqrt{3})' = 2x$，$(x^2+C)' = 2x$（其中 C 是任意常数），所以 x^2+1，$x^2-\sqrt{3}$，x^2+C 都是 $2x$ 的原函数.

一般地，若 $F(x)$ 为 $f(x)$ 的一个原函数，那么 $f(x)$ 就有无数个原函数，且任意两个原函数之间相差一个常数.

定理 1（原函数存在定理） 如果函数 $f(x)$ 在某区间 I 上连续，那么函数 $f(x)$ 在区间 I 上的原函数一定存在.

简单来说就是：**连续函数一定有原函数**. 由于初等函数在其定义域内是连续的，因此**初等函数在其定义区间内必有原函数**.

定理 2　如果 $F(x)$ 是函数 $f(x)$ 在某区间 I 上的一个原函数，那么 $\{F(x)+C\}$（C 是任意常数）是 $f(x)$ 在区间 I 上的全部原函数组成的集合.

证明　（1）因为 $[F(x)+C]' = F'(x) = f(x)$，所以，$F(x)+C$ 是 $f(x)$ 的原函数，这说明集合中的每个函数都是 $f(x)$ 的原函数.

（2）设 $G(x)$ 是 $f(x)$ 在区间 I 上的任意一个原函数，即 $G'(x) = f(x)$，故

$$[G(x)-F(x)]' = G'(x) - F'(x) = f(x) - f(x) = 0.$$

所以　　　　　　　　　　$G(x) - F(x) = C_0$（C_0 为常数）.

取 $C = C_0$，有

$$G(x) = F(x) + C.$$

这表明 $f(x)$ 的任一原函数均可表示成 $F(x)+C$ 的形式.

由（1）、（2）可知，集合 $\{F(x)+C, \ C\in\mathbf{R}\}$ 是 $f(x)$ 在区间 I 上的全部原函数组成的集合.

定理 2 说明，只要求出 $f(x)$ 的一个原函数，再加上一个任意常数，就得到 $f(x)$ 的全部原函数. 为了叙述方便，直接用 $F(x)+C$ 表示 $f(x)$ 的全部原函数. 例如，$\sin x+C$ 是 $\cos x$ 的全部原函数.

课堂练习 1

1. 判断下列结论是否正确.

（1）若 $s'(t) = v(t)$，则 $s(t) + 2$ 是 $v(t)$ 的一个原函数.

（2）$y = 1$ 的一个原函数为 $y = C$.

2. 填空.

（1）若 $s'(t) = v(t)$，则 $s(t)$ 是 $v(t)$ 的一个_____；

（2）若 $f(x)$ 的一个原函数是 $4x^2 + 3x + 2$，则 $f(x) = $ _____.

4.1.2　不定积分的定义

定义 2　函数 $f(x)$ 在某区间 I 上的全体原函数称为 $f(x)$ 在区间 I 上的**不定积分**，记作

$$\int f(x)\mathrm{d}x,$$

其中 "$\int$" 叫做积分号，$f(x)$ 叫做被积函数，x 叫做积分变量，$f(x)\mathrm{d}x$ 叫做被积表达式.

由定义 2 和定理 2 可知，若 $F(x)$ 是 $f(x)$ 在区间 I 上的一个原函数，则有

$$\int f(x)\mathrm{d}x = F(x) + C.$$

上式说明，求一个函数 $f(x)$ 的不定积分，只需求出 $f(x)$ 的一个原函数，再加上任意常数 C 即可，C 叫做积分常数.

例 1　求 $\int x^4 \mathrm{d}x$.

解　因为 $\left(\dfrac{1}{5}x^5\right)' = x^4$，所以 $\dfrac{1}{5}x^5$ 是 x^4 的一个原函数. 故

$$\int x^4 \mathrm{d}x = \dfrac{1}{5}x^5 + C.$$

例 2　求 $\int \mathrm{e}^{2x}\mathrm{d}x$

解　因为 $\left(\dfrac{1}{2}\mathrm{e}^{2x}\right)' = \mathrm{e}^{2x}$，所以 $\dfrac{1}{2}\mathrm{e}^{2x}$ 是 e^{2x} 的一个原函数. 故

$$\int \mathrm{e}^{2x}\mathrm{d}x = \dfrac{1}{2}\mathrm{e}^{2x} + C.$$

例 3　求 $\int \cos x\mathrm{d}x$.

解　因为 $(\sin x)' = \cos x$，所以 $\sin x$ 是 $\cos x$ 的一个原函数. 故

$$\int \cos x\mathrm{d}x = \sin x + C.$$

例 4　求 $\int \dfrac{1}{x}\mathrm{d}x$.

解 当 $x>0$ 时，因为 $(\ln x)' = \dfrac{1}{x}$，所以 $\displaystyle\int \dfrac{1}{x}\mathrm{d}x = \ln x + C$；

当 $x<0$ 时，因为 $[\ln(-x)]' = \dfrac{1}{-x}(-x)' = \dfrac{1}{-x}(-1) = \dfrac{1}{x}$，所以 $\displaystyle\int \dfrac{1}{x}\mathrm{d}x = \ln(-x) + C$.

综上所述，得

$$\int \dfrac{1}{x}\mathrm{d}x = \ln|x| + C.$$

在今后不发生混淆的情况下，把求不定积分的运算叫做积分. 积分与导数互为逆运算.

课堂练习 2

1. 判断下列结论是否正确.

（1）$\displaystyle\int x\mathrm{d}x = \dfrac{x^2}{2} + C$；　　　　　（2）$\displaystyle\int f'(x)\mathrm{d}x = f(x) + C$；

（3）$\left[\displaystyle\int f(x)\mathrm{d}x\right]' = f(x)$；　　　（4）$\displaystyle\int \sin x\mathrm{d}x = \cos x + C$.

2. 用不定积分的定义求下列积分.

（1）$\displaystyle\int x^6\mathrm{d}x$；　　　　　　　　（2）$\displaystyle\int 3^x\mathrm{d}x$.

4.1.3　不定积分的几何意义

由不定积分的定义可知，若函数 $F(x)$ 是 $f(x)$ 的一个原函数，则有

$$\int f(x)\mathrm{d}x = F(x) + C\ (C\ \text{为任意常数}),$$

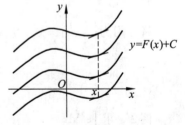

C 每取一个值 C_0，就得到 $f(x)$ 的一个原函数，在直角坐标系中就确定一条曲线 $y = F(x) + C_0$，这条曲线叫做 $f(x)$ 的一条**积分曲线**. 因为 C 可以任意取值，所以 $f(x)$ 的积分曲线有无数条，这些积分曲线构成了一个曲线族，称之为 $f(x)$ 的**积分曲线族**. 当横坐标相同时，这些曲线在相应点处的切线的斜率相同，因此这些切线彼此互相平行，如图 4.1-1 所示.

图 4.1-1　不定积分的几何意义

　　例 5　已知曲线 $y = F(x)$ 上任意一点 $P(x, y)$ 处的切线的斜率为 $4x$，且曲线通过点 $(1,3)$，求此曲线方程.

　　解　依题意有 $F'(x) = 4x$，则

$$y = F(x) = \int 4x\mathrm{d}x = 2x^2 + C.$$

将 $x = 1$，$y = 3$ 代入上式得，$C = 1$. 所以所求的曲线方程为

$$y = 2x^2 + 1.$$

由于积分与导数互为逆运算，所以对速度函数积分可求出距离函数，对加速度函数积分

可求出速度函数.

例 6　某物体作变速直线运动，其速度为 $v(t) = 3t^2$，当 $t = 2\,\text{s}$ 时，物体所经过的路程为 $s = 10\,\text{m}$，求该物体的运动方程. 并求出当 $t = 10\,\text{s}$ 时，物体所经过的路程.

解　路程函数

$$s(t) = \int v(t)\mathrm{d}t = \int 3t^2 \mathrm{d}t = t^3 + C.$$

将 $t = 2$，$s = 10$ 代入上式，得 $C = 2$. 所以该物体的运动方程为

$$s(t) = t^3 + 2.$$

当 $t = 10\,\text{s}$ 时，物体所经过的路程 $s = 1002\,\text{m}$.

课堂练习 3

1. 已知某曲线 $y = f(x)$ 在点 (x, y) 处的切线的斜率为 x，且经过点 $(1, -1)$，求此曲线的方程.

2. 填空：

一物体作变速直线运动，在时刻 t 的加速度为 $a = 2t$，当 $t = 1\,\text{s}$ 时，该物体的速度 $v = 10\,\text{m/s}$，则该物体的速度方程为_____；当 $t = 2\,\text{s}$ 时，该物体的运动速度为_____.

习题 4.1

1. 填空题：

（1）已知 $(2x^2)' = 4x$，则 $\int 4x\mathrm{d}x = $_____；

（2）若 $g'(x) = h(x)$，则 $\int h(x)\mathrm{d}x = $_____；

2. 用求导的方法验证下列等式.

（1）$\int 3x^3 \mathrm{d}x = \dfrac{3}{4}x^4 + C$；　　　　　　（2）$\int 2\cos x\mathrm{d}x = 2\sin x + C$；

（3）$\int \dfrac{1}{x^3}\mathrm{d}x = -\dfrac{1}{2x^2} + C$；　　　　　（4）$\int 3 \times 2^x \mathrm{d}x = 3 \times \dfrac{2^x}{\ln 2} + C$.

3. 用不定积分的定义求下列积分.

（1）$\int \dfrac{1}{x^2}\mathrm{d}x$；　　　　（2）$\int \dfrac{1}{\sqrt{x}}\mathrm{d}x$；　　　　（3）$\int \sin x\mathrm{d}x$；

（4）$\int \sec^2 x\mathrm{d}x$；　　　　（5）$\int \dfrac{1}{\sqrt{1-x^2}}\mathrm{d}x$.

4. 已知函数 $y = f(x)$ 的导数是 x^2，且 $f(3) = 25$，求该函数的表达式.

5. 某曲线过点 $(1, 2)$，且曲线上任一点 (x, y) 处的切线的斜率为 $4x^3$，求该曲线的方程.

6. 证明函数 $\sin^2 x$，$-\dfrac{1}{2}\cos 2x$，$-\cos^2 x$ 都是 $\sin 2x$ 的原函数，并求出任意两个原函数的差值.

4.2 积分的性质与基本公式

4.2.1 积分的性质

由不定积分的定义容易推出下列积分的性质.

性质 1 $\left[\int f(x)\mathrm{d}x\right]' = f(x)$ 或 $\mathrm{d}\left[\int f(x)\mathrm{d}x\right] = f(x)\mathrm{d}x$.

性质 2 $\int F'(x)\mathrm{d}x = F(x) + C$ 或 $\int \mathrm{d}F(x) = F(x) + C$.

性质 3 $\int [f(x) \pm g(x)]\mathrm{d}x = \int f(x)\mathrm{d}x \pm \int g(x)\mathrm{d}x$.

性质 4 $\int kf(x)\mathrm{d}x = k\int f(x)\mathrm{d}x$ (k 为任意非零常数).

课堂练习 1

判断下列结论是否正确.

（1）$\int 3x^2\mathrm{e}^x\mathrm{d}x = 3\int x^2\mathrm{d}x \cdot \int \mathrm{e}^x\mathrm{d}x$；　　　（2）$\int \dfrac{\sin x}{x^2}\mathrm{d}x = \dfrac{\int \sin x\mathrm{d}x}{\int x^2\mathrm{d}x}$；

（3）$\int x^4\mathrm{d}x = \left(\int x\mathrm{d}x\right)^4$；　　　（4）$\int (2x^2 - 3x)\mathrm{d}x = 2\int x^2\mathrm{d}x - 3\int x\mathrm{d}x$.

4.2.2 基本积分表

积分是微分的逆运算，因此，可以根据微分公式推导出积分基本公式. 将一些基本的积分公式列成一个表，这个表通常称为**基本积分表**. 下面将导数、微分、积分的基本公式作成表格 4.2，帮助大家理解、记忆.

表 4.2　导数、微分、积分基本公式对照表

序号	导数公式	微分公式	积分公式（C 为任意常数）
1	$x' = 1$	$\mathrm{d}x = 1\mathrm{d}x$	$\int k\mathrm{d}x = kx + C$
2	$(x^2)' = 2x$	$\mathrm{d}(x^2) = 2x\mathrm{d}x$	$\int x\mathrm{d}x = \dfrac{1}{2}x^2 + C$
3	$\left(\dfrac{1}{x}\right)' = -\dfrac{1}{x^2}$	$\mathrm{d}\left(\dfrac{1}{x}\right) = -\dfrac{1}{x^2}\mathrm{d}x$	$\int \dfrac{1}{x^2}\mathrm{d}x = -\dfrac{1}{x} + C$
4	$(\sqrt{x})' = \dfrac{1}{2\sqrt{x}}$	$\mathrm{d}(\sqrt{x}) = \dfrac{1}{2\sqrt{x}}\mathrm{d}x$	$\int \dfrac{1}{\sqrt{x}}\mathrm{d}x = 2\sqrt{x} + C$
5	$(x^\alpha)' = \alpha x^{\alpha-1}$	$\mathrm{d}(x^\alpha) = \alpha x^{\alpha-1}\mathrm{d}x$	$\int x^\alpha\mathrm{d}x = \dfrac{x^{\alpha+1}}{\alpha+1} + C$ ($\alpha \neq -1$)
6	$(a^x)' = a^x \ln a$	$\mathrm{d}(a^x) = a^x \ln a\mathrm{d}x$	$\int a^x\mathrm{d}x = \dfrac{1}{\ln a}a^x + C$
7	$(\mathrm{e}^x)' = \mathrm{e}^x$	$\mathrm{d}\mathrm{e}^x = \mathrm{e}^x\mathrm{d}x$	$\int \mathrm{e}^x\mathrm{d}x = \mathrm{e}^x + C$
8	$(\ln x)' = \dfrac{1}{x}$	$\mathrm{d}(\ln x) = \dfrac{1}{x}\mathrm{d}x$	$\int \dfrac{1}{x}\mathrm{d}x = \ln|x| + C$

序号	导数公式	微分公式	积分公式（C 为任意常数）
9	$(\sin x)' = \cos x$	$\mathrm{d}(\sin x) = \cos x \mathrm{d}x$	$\int \cos x \mathrm{d}x = \sin x + C$
10	$(\cos x)' = -\sin x$	$\mathrm{d}(\cos x) = -\sin x \mathrm{d}x$	$\int \sin x \mathrm{d}x = -\cos x + C$
11	$(\tan x)' = \sec^2 x$	$\mathrm{d}(\tan x) = \sec^2 x \mathrm{d}x$	$\int \sec^2 x \mathrm{d}x = \tan x + C$
12	$(\cot x)' = -\csc^2 x$	$\mathrm{d}(\cot x) = -\csc^2 x \mathrm{d}x$	$\int \csc^2 x \mathrm{d}x = -\cot x + C$
13	$(\sec x)' = \sec x \tan x$	$\mathrm{d}(\sec x) = \sec x \tan x \mathrm{d}x$	$\int \sec x \tan x \mathrm{d}x = \sec x + C$
14	$(\csc x)' = -\csc x \cot x$	$\mathrm{d}(\csc x) = -\csc x \cot x \mathrm{d}x$	$\int \csc x \cot x \mathrm{d}x = -\csc x + C$
15	$(\arcsin x)' = \dfrac{1}{\sqrt{1-x^2}}$	$\mathrm{d}(\arcsin x) = \dfrac{1}{\sqrt{1-x^2}}\mathrm{d}x$	$\int \dfrac{1}{\sqrt{1-x^2}}\mathrm{d}x = \arcsin x + C$
16	$(\arctan x)' = \dfrac{1}{1+x^2}$	$\mathrm{d}(\arctan x) = \dfrac{1}{1+x^2}\mathrm{d}x$	$\int \dfrac{1}{1+x^2}\mathrm{d}x = \arctan x + C$

例 1 求下列积分.

（1）$\int x\sqrt{x}\mathrm{d}x$ ； （2）$\int \dfrac{x^2}{\sqrt[5]{x^3}}\mathrm{d}x$.

解 （1）$\int x\sqrt{x}\mathrm{d}x = \int x^{\frac{3}{2}}\mathrm{d}x = \dfrac{1}{\frac{3}{2}+1}x^{\frac{3}{2}+1} + C = \dfrac{2}{5}x^{\frac{5}{2}} + C$.

（2）$\int \dfrac{x^2}{\sqrt[5]{x^3}}\mathrm{d}x = \int x^{\frac{7}{5}}\mathrm{d}x = \dfrac{1}{\frac{7}{5}+1}x^{\frac{7}{5}+1} + C = \dfrac{5}{12}x^{\frac{12}{5}} + C$.

课堂练习 2

1. 判断下列结论是否正确.

（1）$\int \left(-\dfrac{1}{x}\right)\mathrm{d}x = \dfrac{1}{x^2} + C$ ； （2）$\int \dfrac{1}{\sqrt{x}}\mathrm{d}x = 2\sqrt{x} + C$.

2. 填空.

（1）$\int \dfrac{1}{1+x^2}\mathrm{d}x = $ _____ ； （2）$\int \sec x \tan x \mathrm{d}x = $ _____ .

4.2.3 直接积分法

直接利用基本积分公式和性质求出积分，或者将被积函数经过简单的恒等变形，然后利用基本积分公式和性质求出积分，这样的积分方法称为**直接积分法**.

例 2 求 $\int (x^3 + 4x^2 - 3x + 2)\mathrm{d}x$.

解 $\int (x^3 + 4x^2 - 3x + 2)\mathrm{d}x$

$= \int x^3 \mathrm{d}x + \int 4x^2 \mathrm{d}x - \int 3x \mathrm{d}x + \int 2 \mathrm{d}x$

$= \int x^3 \mathrm{d}x + 4\int x^2 \mathrm{d}x - 3\int x \mathrm{d}x + 2\int \mathrm{d}x$

$$= \left(\frac{1}{4}x^4 + C_1\right) + 4\left(\frac{1}{3}x^3 + C_2\right) - 3\left(\frac{1}{2}x^2 + C_3\right) + 2(x + C_4)$$

$$= \frac{1}{4}x^4 + \frac{4}{3}x^3 - \frac{3}{2}x^2 + 2x + (C_1 + 4C_2 - 3C_3 + 2C_4)$$

$$= \frac{1}{4}x^4 + \frac{4}{3}x^3 - \frac{3}{2}x^2 + 2x + C \ (C = C_1 + 4C_2 - 3C_3 + 2C_4).$$

由于积分常数的任意性，最后只写出一个常数 C 即可.

例 3　求 $\int \left(2\sqrt{x} - 3\sec^2 x + \dfrac{5}{\sqrt{1-x^2}}\right) dx$.

解　$\int \left(2\sqrt{x} - 3\sec^2 x + \dfrac{5}{\sqrt{1-x^2}}\right) dx$

$$= \int 2\sqrt{x}\,dx - \int 3\sec^2 x\,dx + \int \frac{5}{\sqrt{1-x^2}}\,dx$$

$$= 2\int x^{\frac{1}{2}}\,dx - 3\int \sec^2 x\,dx + 5\int \frac{1}{\sqrt{1-x^2}}\,dx$$

$$= \frac{4}{3}x^{\frac{3}{2}} - 3\tan x + 5\arcsin x + C.$$

例 4　求 $\int \dfrac{(\sqrt{x}+1)^2}{\sqrt[3]{x}}\,dx$.

解　$\int \dfrac{(\sqrt{x}+1)^2}{\sqrt[3]{x}}\,dx = \int \dfrac{x + 2\sqrt{x} + 1}{\sqrt[3]{x}}\,dx$

$$= \int x^{\frac{2}{3}}\,dx + 2\int x^{\frac{1}{6}}\,dx + \int x^{-\frac{1}{3}}\,dx$$

$$= \frac{3}{5}x^{\frac{5}{3}} + \frac{12}{7}x^{\frac{7}{6}} + \frac{3}{2}x^{\frac{2}{3}} + C.$$

例 5　求 $\int \dfrac{x^2 - 2}{x^2 + 1}\,dx$.

解　$\int \dfrac{x^2 - 2}{x^2 + 1}\,dx = \int \dfrac{x^2 + 1 - 3}{x^2 + 1}\,dx = \int \left(1 - \dfrac{3}{x^2 + 1}\right) dx$

$$= \int dx - 3\int \frac{1}{x^2 + 1}\,dx = x - 3\arctan x + C.$$

例 6　求 $\int \dfrac{3x^2 + 2}{x^4 + x^2}\,dx$.

解　$\int \dfrac{3x^2 + 2}{x^4 + x^2}\,dx = \int \dfrac{2(x^2 + 1) + x^2}{x^2(x^2 + 1)}\,dx = 2\int \dfrac{1}{x^2}\,dx + \int \dfrac{1}{1 + x^2}\,dx$

$$= -\frac{2}{x} + \arctan x + C.$$

例 7　求 $\int \sin^2 \dfrac{x}{2}\,dx$.

解　$\int \sin^2 \dfrac{x}{2}\,dx = \int \dfrac{1 - \cos x}{2}\,dx = \dfrac{1}{2}\int (1 - \cos x)\,dx = \dfrac{1}{2}(x - \sin x) + C.$

课堂练习 3

1. 判断下列结论是否正确.

（1）$\int\left(\dfrac{1}{x^2}+1\right)\mathrm{d}x=-\dfrac{1}{x}+C$；

（2）$\int(2\sec^2 x-2x)\mathrm{d}x=\tan x-x^2+C$.

2. 填空.

（1）$\int(3\sec^2 x+2\sin x)\mathrm{d}x=$ _____；

（2）$\int\left(2\mathrm{e}^x+\dfrac{4}{x^2}\right)\mathrm{d}x=$ _____.

（3）$\int\dfrac{x^4-2x^2+1}{x^2}\mathrm{d}x=$ _____；

（4）$\int\left(\dfrac{2}{\sqrt{1-x^2}}+\csc x\cot x\right)\mathrm{d}x=$ _____.

习题 4.2

1. 求下列不定积分.

（1）$\int(4x^3+3x^2-2x+1)\mathrm{d}x$；

（2）$\int(\sin x-2\cos x+3\mathrm{e}^x)\mathrm{d}x$；

（3）$\int(x^5+5^x)\mathrm{d}x$；

（4）$\int\left(\dfrac{1}{x}+\dfrac{1}{x^2}-2^x+\sec^2 x\right)\mathrm{d}x$；

（5）$\int\left(\mathrm{e}^x+\dfrac{1}{x}-\dfrac{1}{\sqrt{1-x^2}}+\dfrac{2}{x^2+1}\right)\mathrm{d}x$；

（6）$\int\dfrac{\mathrm{d}x}{x^2\sqrt{x}}$

（7）$\int\dfrac{(x+\sqrt{x})^2}{\sqrt[3]{x}}\mathrm{d}x$；

（8）$\int\sec x(\sec x+\tan x)\mathrm{d}x$；

（9）$\int\dfrac{x-9}{\sqrt{x}+3}\mathrm{d}x$；

（10）$\int\dfrac{2x^2+1}{x^4+x^2}\mathrm{d}x$；

（11）$\int\dfrac{3x^2-2}{x^2+1}\mathrm{d}x$；

（12）$\int\dfrac{\sin 2x}{\cos x}\mathrm{d}x$；

（13）$\int\cos^2\dfrac{x}{2}\mathrm{d}x$；

（14）$\int\dfrac{1}{1-\cos 2x}\mathrm{d}x$；

（15）$\int\dfrac{\cos 2x}{\cos^2 x\sin^2 x}\mathrm{d}x$.

2. 一物体作直线运动，其加速度 $a=2t+3$，在 2 s 末时，该物体的速度和所经过的路程分别为 $v=14\text{ m/s}$，$s=\dfrac{170}{3}\text{ m}$，试求该物体的速度函数和路程函数，并求在 4 s 末时，物体的运动速度和经过的路程.

4.3　第一类换元积分法

由于能用直接积分法计算的不定积分非常有限，因此有必要进一步研究不定积分的其他求法. 换元积分法是求不定积分的一个很重要的基本方法，它是把求复合函数微分的方法反过来用于求不定积分，即利用中间变量，得到一个求复合函数积分的方法，简称**换元法**. 换元法分为第一类换元法和第二类换元法，本节介绍第一类换元法.

例 1　求 $\int \cos 3x \mathrm{d}x$.

解　$\int \cos 3x \mathrm{d}x = \int \dfrac{1}{3}\cos 3x \mathrm{d}(3x) = \dfrac{1}{3}\int \cos 3x \mathrm{d}(3x)$

$\xlongequal{\text{令}u=3x} \dfrac{1}{3}\int \cos u \mathrm{d}u = \dfrac{1}{3}\sin u + C$

$\xlongequal{\text{回代}u=3x} \dfrac{1}{3}\sin 3x + C$.

因为 $\left(\dfrac{1}{3}\sin 3x + C\right)' = \cos 3x$，所以上述方法是正确的.

一般地，有下面的定理.

定理　设 $\int f(u)\mathrm{d}u = F(u) + C$，且 $u = \varphi(x)$ 为可导函数，则有换元公式：

$$\int f[\varphi(x)]\varphi'(x)\mathrm{d}x = \int f[\varphi(x)]\mathrm{d}\varphi(x) \xlongequal{\text{令}u=\varphi(x)} \int f(u)\mathrm{d}u$$

$$= F(u) + C \xlongequal{\text{回代}u=\varphi(x)} F[\varphi(x)] + C.$$

以上换元法称为**第一类换元法**. 第一类换元法的关键是把被积函数分成两部分，使其中一部分为 $\mathrm{d}\varphi(x)$，另一部分为 $\varphi(x)$ 的函数，因此第一类换元法也称为**凑微分法**.

例 2　求 $\int (2x-1)^9 \mathrm{d}x$.

解　$\int (2x-1)^9 \mathrm{d}x = \int \dfrac{1}{2}(2x-1)^9 \mathrm{d}(2x) = \dfrac{1}{2}\int (2x-1)^9 \mathrm{d}(2x-1)$

$\xlongequal{\text{令}u=2x-1} \dfrac{1}{2}\int u^9 \mathrm{d}u = \dfrac{1}{2}\times\dfrac{1}{10}u^{10} + C$

$\xlongequal{\text{回代}u=2x-1} \dfrac{1}{20}(2x-1)^{10} + C$.

在对变量代换比较熟练以后可以不写出中间变量 u.

例 3　求 $\int \dfrac{2}{-3x+2}\mathrm{d}x$.

解　$\int \dfrac{2}{-3x+2}\mathrm{d}x = -\dfrac{1}{3}\int \dfrac{2}{-3x+2}\mathrm{d}(-3x)$

$= -\dfrac{2}{3}\int \dfrac{1}{-3x+2}\mathrm{d}(-3x+2)$

$= -\dfrac{2}{3}\ln|-3x+2| + C$.

课堂练习 1

求下列不定积分.

（1）$\int (5x+3)^{10}\mathrm{d}x$；　　　　（2）$\int 3^{4x}\mathrm{d}x$；　　　　（3）$\int \dfrac{3}{4x+5}\mathrm{d}x$.

凑微分法是一种重要的积分法，需要非常熟悉基本积分公式和性质，并掌握一定的解题技巧. 在例 1、例 2 和例 3 中，分别将 $\mathrm{d}x$ 凑成 $\dfrac{1}{3}\mathrm{d}(3x)$，$\dfrac{1}{2}\mathrm{d}(2x-1)$，$-\dfrac{1}{3}\mathrm{d}(-3x+2)$，这些可归纳为凑微分公式：$\mathrm{d}x = \dfrac{1}{a}\mathrm{d}(ax+b)$（$a \neq 0$）.

下面是常用的凑微分公式：

（1）$\mathrm{d}x = \dfrac{1}{a}\mathrm{d}(ax+b)$（$a \neq 0$）；　　　　（2）$x\mathrm{d}x = \dfrac{1}{2}\mathrm{d}(x^2)$；

（3）$\dfrac{1}{x^2}\mathrm{d}x = -\mathrm{d}\left(\dfrac{1}{x}\right)$；　　　　（4）$\dfrac{1}{\sqrt{x}}\mathrm{d}x = 2\mathrm{d}(\sqrt{x})$；

（5）$x^{\alpha}\mathrm{d}x = \dfrac{1}{\alpha+1}\mathrm{d}(x^{\alpha+1})$（$\alpha \neq -1$）；　　　　（6）$\dfrac{1}{x}\mathrm{d}x = \mathrm{d}(\ln x)$；

（7）$\mathrm{e}^x\mathrm{d}x = \mathrm{d}(\mathrm{e}^x)$；　　　　（8）$a^x\mathrm{d}x = \dfrac{1}{\ln a}\mathrm{d}(a^x)$；

（9）$\sin x\mathrm{d}x = -\mathrm{d}(\cos x)$；　　　　（10）$\cos x\mathrm{d}x = \mathrm{d}(\sin x)$；

（11）$\sec^2 x\mathrm{d}x = \mathrm{d}(\tan x)$；　　　　（12）$\csc^2 x\mathrm{d}x = -\mathrm{d}(\cot x)$；

（13）$\sec x\tan x\mathrm{d}x = \mathrm{d}(\sec x)$；　　　　（14）$\csc x\cot x\mathrm{d}x = -\mathrm{d}(\csc x)$；

（15）$\dfrac{1}{1+x^2}\mathrm{d}x = \mathrm{d}(\arctan x) = -\mathrm{d}(\mathrm{arccot}\,x)$；　　（16）$\dfrac{1}{\sqrt{1-x^2}}\mathrm{d}x = \mathrm{d}(\arcsin x) = -\mathrm{d}(\arccos x)$.

课堂练习 2

填空：

（1）$\mathrm{d}x = ($　　$)\mathrm{d}(2-5x)$；　　　　（2）$x\mathrm{d}x = ($　　$)\mathrm{d}(1-x^2)$；

（3）$\sin x\mathrm{d}x = ($　　$)\mathrm{d}(3+2\cos x)$.

例 4　求 $\int x\sin(x^2+2)\mathrm{d}x$.

解　$\displaystyle\int x\sin(x^2+2)\mathrm{d}x = \int \sin(x^2+2)\cdot x\mathrm{d}x$

$\qquad\qquad\qquad = \dfrac{1}{2}\int \sin(x^2+2)\mathrm{d}(x^2+2)$

$\qquad\qquad\qquad = -\dfrac{1}{2}\cos(x^2+2) + C$.

例 5　求 $\displaystyle\int \dfrac{\cos(\sqrt{x}+1)}{\sqrt{x}}\mathrm{d}x$.

解　$\displaystyle\int \dfrac{\cos(\sqrt{x}+1)}{\sqrt{x}}\mathrm{d}x = 2\int \cos(\sqrt{x}+1)\mathrm{d}(\sqrt{x}+1) = 2\sin(\sqrt{x}+1) + C$.

例 6　求 $\int \dfrac{\ln^2 x}{x} \mathrm{d}x$.

解　$\int \dfrac{\ln^2 x}{x} \mathrm{d}x = \int \ln^2 x \mathrm{d}(\ln x) = \dfrac{1}{3} \ln^3 x + C$.

课堂练习 3

求下列不定积分.

（1）$\int x\cos(x^2+1)\mathrm{d}x$ ；　　　　　（2）$\int \dfrac{\sin(\sqrt{x}+1)}{\sqrt{x}} \mathrm{d}x$ ；

（3）$\int \dfrac{\ln^3 x}{x} \mathrm{d}x$ ；　　　　　　　（4）$\int x\sqrt{1-x^2}\,\mathrm{d}x$.

例 7　$\int \dfrac{1}{x^2} \sec^2 \dfrac{1}{x} \mathrm{d}x$.

解　$\int \dfrac{1}{x^2} \sec^2 \dfrac{1}{x} \mathrm{d}x = -\int \sec^2\left(\dfrac{1}{x}\right)\mathrm{d}\left(\dfrac{1}{x}\right) = -\tan\left(\dfrac{1}{x}\right) + C$.

例 8　$\int \dfrac{1}{\sqrt{4-x^2}} \mathrm{d}x$.

解　$\int \dfrac{1}{\sqrt{4-x^2}} \mathrm{d}x = \int \dfrac{1}{\sqrt{4\left(1-\dfrac{x^2}{4}\right)}} \mathrm{d}x = \dfrac{1}{2}\int \dfrac{1}{\sqrt{1-\dfrac{x^2}{4}}} \mathrm{d}x$

$\qquad = \int \dfrac{1}{\sqrt{1-\left(\dfrac{x}{2}\right)^2}} \mathrm{d}\left(\dfrac{x}{2}\right) = \arcsin \dfrac{x}{2} + C.$

例 9　$\int \dfrac{1}{a^2+x^2} \mathrm{d}x$.

解　$\int \dfrac{1}{a^2+x^2} \mathrm{d}x = \int \dfrac{1}{a^2\left(1+\dfrac{x^2}{a^2}\right)} \mathrm{d}x = \dfrac{1}{a^2}\int \dfrac{1}{1+\left(\dfrac{x}{a}\right)^2} \mathrm{d}x$

$\qquad = \dfrac{1}{a}\int \dfrac{1}{1+\left(\dfrac{x}{a}\right)^2} \mathrm{d}\left(\dfrac{x}{a}\right) = \dfrac{1}{a}\arctan \dfrac{x}{a} + C.$

例 10　$\int \dfrac{1}{a^2-x^2} \mathrm{d}x$.

解　$\int \dfrac{1}{a^2-x^2} \mathrm{d}x = \int \dfrac{1}{(a-x)(a+x)} \mathrm{d}x = \dfrac{1}{2a}\int\left(\dfrac{1}{a-x}+\dfrac{1}{a+x}\right)\mathrm{d}x$

$\qquad = \dfrac{1}{2a}\left[\int \dfrac{-1}{a-x}\mathrm{d}(a-x) + \int \dfrac{1}{a+x}\mathrm{d}(a+x)\right]$

$\qquad = \dfrac{1}{2a}(-\ln|a-x| + \ln|a+x|) + C$

$$= \frac{1}{2a} \ln \left| \frac{a+x}{a-x} \right| + C.$$

例 11　求 $\int \tan x \mathrm{d}x$.

解　$\int \tan x \mathrm{d}x = \int \frac{\sin x}{\cos x} \mathrm{d}x = -\int \frac{1}{\cos x} \mathrm{d}(\cos x)$

$$= -\ln |\cos x| + C = \ln |\sec x| + C.$$

同理可得

$$\int \cot x \mathrm{d}x = \ln |\sin x| + C = -\ln |\csc x| + C.$$

例 12　求 $\int \sin^2 x \mathrm{d}x$.

解　$\int \sin^2 x \mathrm{d}x = \int \frac{1-\cos 2x}{2} \mathrm{d}x = \frac{1}{2} \int \mathrm{d}x - \frac{1}{2} \int \cos 2x \mathrm{d}x$

$$= \frac{x}{2} - \frac{1}{4} \int \cos 2x \mathrm{d}(2x) = \frac{x}{2} - \frac{1}{4} \sin 2x + C.$$

例 13　求 $\int \sin^3 x \mathrm{d}x$.

解　$\int \sin^3 x \mathrm{d}x = \int \sin^2 x \sin x \mathrm{d}x$

$$= -\int (1 - \cos^2 x) \mathrm{d}(\cos x)$$

$$= -\int \mathrm{d}(\cos x) + \int \cos^2 x \mathrm{d}(\cos x)$$

$$= -\cos x + \frac{1}{3} \cos^3 x + C.$$

例 14　求 $\int \sec x \mathrm{d}x$.

解　$\int \sec x \mathrm{d}x = \int \frac{1}{\cos x} \mathrm{d}x = \int \frac{\cos x}{\cos^2 x} \mathrm{d}x = \int \frac{1}{1-\sin^2 x} \mathrm{d}(\sin x)$

$$= \frac{1}{2} \ln \left| \frac{1+\sin x}{1-\sin x} \right| + C = \frac{1}{2} \ln \left| \frac{(1+\sin x)^2}{1-\sin^2 x} \right| + C$$

$$= \frac{1}{2} \ln \left| \frac{1+\sin x}{\cos x} \right|^2 + C = \ln \left| \frac{1+\sin x}{\cos x} \right| + C$$

$$= \ln |\sec x + \tan x| + C.$$

同理可得

$$\int \csc x \mathrm{d}x = \ln |\csc x - \cot x| + C.$$

课堂练习 4

求下列不定积分.

（1）$\int \frac{1}{\sqrt{9-x^2}} \mathrm{d}x$；　　　　（2）$\int \frac{1}{x^2-a^2} \mathrm{d}x$；　　　　（3）$\int \cos^3 x \mathrm{d}x$.

习题 4.3

1. 在右边括号内填上适当的常数，使得等式成立.

（1）$dx = ($ $)d(-3x)$；   （2）$dx = ($ $)d(7x-11)$；

（3）$xdx = ($ $)d(x^2)$；   （4）$xdx = ($ $)d(11x^2)$；

（5）$xdx = ($ $)d(1-2x^2)$；   （6）$x^3dx = ($ $)d(3x^4+5)$；

（7）$e^{3x}dx = ($ $)d(e^{3x})$；   （8）$e^{-\frac{x}{3}}dx = ($ $)d(1-e^{-\frac{x}{3}})$；

（9）$\sin\frac{2}{3}xdx = ($ $)d\left(\cos\frac{2}{3}x\right)$；   （10）$\frac{1}{x}dx = ($ $)d(4-5\ln x)$；

（11）$\frac{1}{1+4x^2}dx = ($ $)d(\arctan 2x)$；

（12）$\frac{1}{\sqrt{1-x^2}}dx = ($ $)d(2-\arcsin x)$；

（13）$x\cos x^2dx = ($ $)d(\sin x^2)$；

（14）$\frac{x}{\sqrt{1-x^2}}dx = ($ $)d(\sqrt{1-x^2})$.

2. 求下列不定积分.

（1）$\int(7x-4)^{15}dx$；   （2）$\int\frac{1}{5x-6}dx$；   （3）$\int e^{-3x}dx$；

（4）$\int 3^{2x-3}dx$；   （5）$\int\sec^2(3x+2)dx$；   （6）$\int\frac{x}{x^2-3}dx$；

（7）$\int\frac{2x}{1+x^4}dx$；   （8）$\int\frac{3x}{4x^2+5}dx$；   （9）$\int 3x^2\cos(4x^3+1)dx$；

（10）$\int\frac{\sin(2\sqrt{x}+3)}{\sqrt{x}}dx$；   （11）$\int x\sqrt{1-4x^2}dx$；   （12）$\int\frac{\ln^3(3x)+1}{x}dx$；

（13）$\int\frac{\sin x}{1+\cos x}dx$；   （14）$\int\frac{1}{3x^2+4}dx$；   （15）$\int\cos^2(2x+1)dx$；

（16）$\int\frac{1}{x^2-13}dx$；   （17）$\int\sin^2(5x-2)dx$；   （18）$\int\frac{\sec^2 x}{3^{\tan x}}dx$；

（19）$\int\frac{dx}{\sqrt{16-9x^2}}$；   （20）$\int\frac{1}{\sqrt{3-2x-x^2}}dx$；   （21）$\int\frac{dx}{x^2-4x+8}$.

4.4　第二类换元积分法

对于积分 $\int f(x)dx$，选择适当的变量代换 $x=\varphi(t)$，将被积表达式 $f(x)dx$ 变成 $f[\varphi(t)]\varphi'(t)dt$，若 $\int f[\varphi(t)]\varphi'(t)dt$ 比 $\int f(x)dx$ 更容易积出，就按以下定理计算不定积分.

定理　设函数 $f(x)$ 连续，若

（1）$x=\varphi(t)$ 可导，且有反函数 $t=\varphi^{-1}(x)$；

（2）$\int f[\varphi(t)]\varphi'(t)dt = F(t)+C$，

则

$$\int f(x)\mathrm{d}x \ = \ \int f[\varphi(t)]\varphi'(t)\mathrm{d}t \ = \ F(t)+C \ = \ F[\varphi^{-1}(x)]+C \,.$$

这种换元法称为**第二类换元法**. 第二类换元法的关键是 $x=\varphi(t)$ 的选择，$x=\varphi(t)$ 除满足定理的条件（1）外，还要根据被积函数的特点来选择.

例 1　求 $\displaystyle\int\frac{\sqrt{1+x}+1}{\sqrt{1+x}-1}\mathrm{d}x$.

解　令 $t=\sqrt{1+x}$ ，则 $x=t^2-1\,(t\geqslant 0)$ ，$\dfrac{\sqrt{1+x}+1}{\sqrt{1+x}-1}=\dfrac{t+1}{t-1}$ ，$\mathrm{d}x=2t\mathrm{d}t$ ，则

$$\int\frac{\sqrt{1+x}+1}{\sqrt{1+x}-1}\mathrm{d}x \ = \ \int\frac{t+1}{t-1}2t\mathrm{d}t \ = \ 2\int\left(t+2+\frac{2}{t-1}\right)\mathrm{d}t \ = \ t^2+4t+4\ln|t-1|+C \,.$$

将 $t=\sqrt{1+x}$ 代入，得

$$\int\frac{\sqrt{1+x}+1}{\sqrt{1+x}-1}\mathrm{d}x \ = \ 1+x+4\sqrt{1+x}+4\ln\left|\sqrt{1+x}-1\right|+C \,.$$

例 2　求 $\displaystyle\int\frac{\mathrm{d}x}{\sqrt{x}+\sqrt[3]{x}}$.

解　令 $t=\sqrt[6]{x}$ ，则 $x=t^6\,(t>0)$ ，$\dfrac{1}{\sqrt{x}+\sqrt[3]{x}}=\dfrac{1}{t^3+t^2}$ ，$\mathrm{d}x=6t^5\mathrm{d}t$ ，则

$$\int\frac{\mathrm{d}x}{\sqrt{x}+\sqrt[3]{x}} \ = \ \int\frac{6t^5\mathrm{d}t}{t^3+t^2} \ = \ 6\int\frac{t^3}{t+1}\mathrm{d}t \ = \ 6\int\frac{t^3+1-1}{t+1}\mathrm{d}t \ = \ 6\int\left(t^2-t+1-\frac{1}{1+t}\right)\mathrm{d}t$$

$$= \ 6\left(\frac{1}{3}t^3-\frac{1}{2}t^2+t-\ln|t+1|\right)+C \ = \ 2t^3-3t^2+6t-6\ln|t+1|+C \,.$$

将 $t=\sqrt[6]{x}$ 代入，得

$$\int\frac{\mathrm{d}x}{\sqrt{x}+\sqrt[3]{x}} \ = \ 2\sqrt{x}-3\sqrt[3]{x}+6\sqrt[6]{x}-6\ln(\sqrt[6]{x}+1)+C \,.$$

例 1 和例 2 中，$x=\varphi(t)$ 的选择原则是消去被积函数中的根式.

课堂练习 1

求下列不定积分.

（1）$\displaystyle\int\frac{\mathrm{d}x}{\sqrt{x}-1}$ ；　　　　　（2）$\displaystyle\int\frac{\mathrm{d}x}{2+\sqrt{x-1}}$.

例 3　求 $\displaystyle\int\sqrt{a^2-x^2}\,\mathrm{d}x\,(a>0)$.

解　令 $x=a\sin t,-\dfrac{\pi}{2}<t<\dfrac{\pi}{2}$ ，则

$$\sqrt{a^2-x^2} \ = \ \sqrt{a^2-(a\sin t)^2} \ = \ a\cos t \,, \quad \mathrm{d}x=\mathrm{d}(a\sin t)=a\cos t\mathrm{d}t \,.$$

则

$$\int \sqrt{a^2-x^2}\,\mathrm{d}x = \int a^2\cos^2 t\mathrm{d}t = a^2\int\frac{1}{2}(1+\cos 2t)\mathrm{d}t$$

$$= \frac{a^2}{2}\left(t+\frac{1}{2}\sin 2t\right)+C = \frac{a^2}{2}t+\frac{a^2}{2}\sin t\cos t+C.$$

因为 $x=a\sin t, -\frac{\pi}{2}<t<\frac{\pi}{2}$ ，所以

$$t=\arcsin\frac{x}{a},\quad \sin t=\frac{x}{a},\quad \cos t=\sqrt{1-\sin^2 t}=\sqrt{1-\left(\frac{x}{a}\right)^2}=\frac{\sqrt{a^2-x^2}}{a}.$$

于是所求积分为

$$\int\sqrt{a^2-x^2}\,\mathrm{d}x = \frac{a^2}{2}\arcsin\frac{x}{a}+\frac{1}{2}x\sqrt{a^2-x^2}+C.$$

例 4 求 $\int\dfrac{1}{\sqrt{x^2+a^2}}\mathrm{d}x\ (a>0)$.

解 设 $x=a\tan t, -\frac{\pi}{2}<t<\frac{\pi}{2}$ ，则

$$\sqrt{a^2+x^2}=\sqrt{a^2+(a\tan t)^2}=\sqrt{a^2(1+\tan^2 t)}=a\sec t,$$

$$\mathrm{d}x=\mathrm{d}(a\tan t)=a\sec^2 t\mathrm{d}t,$$

所以

$$\int\frac{1}{\sqrt{x^2+a^2}}\mathrm{d}x = \int\frac{a\sec^2 t}{a\sec t}\mathrm{d}t = \int\sec t\mathrm{d}t = \ln|\sec t+\tan t|+C_1.$$

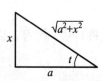

图 4.4-1 例 4 图

再回代原来的变量 x. 为了把 $\sec t$ 换成 x 的函数，可以根据 $\tan t=\dfrac{x}{a}$ 作辅助

三角形，如图 4.4-1 所示，则 $\sec t=\dfrac{\sqrt{x^2+a^2}}{a}$. 因此

$$\int\frac{1}{\sqrt{x^2+a^2}}\mathrm{d}x = \ln\left|\frac{x}{a}+\frac{\sqrt{x^2+a^2}}{a}\right|+C_1$$

$$= \ln\left|x+\sqrt{x^2+a^2}\right|+C\ (C=C_1-\ln a).$$

例 5 求 $\int\dfrac{1}{\sqrt{x^2-a^2}}\mathrm{d}x(a>0)$.

解 设 $x=a\sec t, 0<t<\frac{\pi}{2}$ ，则

$$\sqrt{x^2-a^2}=\sqrt{(a\sec t)^2-a^2}=a\tan t,\quad \mathrm{d}x=\mathrm{d}(a\sec t)=a\sec t\tan t\mathrm{d}t.$$

所以

$$\int \frac{1}{\sqrt{x^2-a^2}}dx = \int \frac{a\sec t\tan t}{a\tan t}dt = \int \sec t dt = \ln|\sec t + \tan t| + C_1.$$

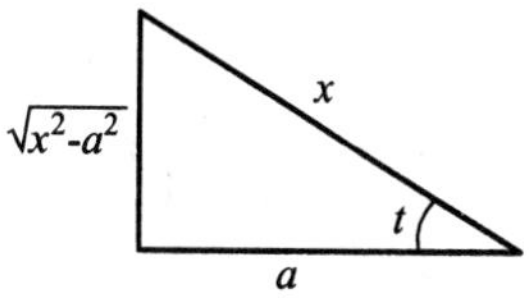

再回代原来的变量 x. 为了把 $\tan t$ 换成 x 的函数，可以根据 $\sec t = \dfrac{x}{a}$ 作

图 4.4-2 例 5 图

辅助三角形，如图 4.4-2 所示，则 $\tan t = \dfrac{\sqrt{x^2-a^2}}{a}$. 因此

$$\int \frac{1}{\sqrt{x^2-a^2}}dx = \ln\left|\frac{x}{a}+\frac{\sqrt{x^2-a^2}}{a}\right| + C_1$$

$$= \ln\left|x+\sqrt{x^2-a^2}\right| + C \ (C = C_1 - \ln a).$$

例 3 中，$x = \varphi(t)$ 的选择原则也是消去被积函数中的根式，但没有直接令 $t = \sqrt{a^2-x^2}$ 来消去根式，而是选择了三角代换，例 4、例 5 也一样. 当被积函数含有 $\sqrt{a^2-x^2}$，$\sqrt{x^2\pm a^2}$ 时，都可以用三角代换求积分：

（1）含有 $\sqrt{a^2-x^2}$ 时，令 $x = a\sin t$ ；

（2）含有 $\sqrt{x^2+a^2}$ 时，令 $x = a\tan t$ ；

（3）含有 $\sqrt{x^2-a^2}$ 时，令 $x = a\sec t$.

4.3 节、4.4 节的例题中，有一些积分以后经常用到，可以作为公式使用，下面将它们补充到积分表中.

（17）$\displaystyle\int \tan x dx = -\ln|\cos x| + C = \ln|\sec x| + C$ ；　　（18）$\displaystyle\int \cot x dx = \ln|\sin x| + C = -\ln|\csc x| + C$ ；

（19）$\displaystyle\int \sec x dx = \ln|\sec x + \tan x| + C$ ；　　　　　（20）$\displaystyle\int \csc x dx = \ln|\csc x - \cot x| + C$ ；

（21）$\displaystyle\int \frac{dx}{a^2+x^2} = \frac{1}{a}\arctan\frac{x}{a} + C$ ；　　　　（22）$\displaystyle\int \frac{dx}{a^2-x^2} = \frac{1}{2a}\ln\left|\frac{x+a}{x-a}\right| + C$ ；

（23）$\displaystyle\int \frac{dx}{\sqrt{a^2-x^2}} = \arcsin\frac{x}{a} + C$ ；　　　　（24）$\displaystyle\int \frac{dx}{\sqrt{x^2\pm a^2}} = \ln(x+\sqrt{x^2\pm a^2}) + C$.

课堂练习 2

求下列不定积分.

（1）$\displaystyle\int \sqrt{64-x^2}dx$ ；　　　　　　　　　（2）$\displaystyle\int \frac{dx}{\sqrt{x^2+49}}$.

习题 4.4

求下列不定积分.

（1）$\displaystyle\int \frac{\sqrt[3]{x}}{x(\sqrt{x}+\sqrt[3]{x})}dx$ ；　　　（2）$\displaystyle\int \frac{dx}{\sqrt{x}(x+1)}$ ；　　　（3）$\displaystyle\int \frac{dx}{1+\sqrt[3]{x+1}}$ ；

（4）$\int \dfrac{\mathrm{d}x}{x\sqrt{x+1}}$ ；　　　　（5）$\int \dfrac{\mathrm{d}x}{\sqrt{ax+b}+m}$ ；　　　　（6）$\int \dfrac{\mathrm{d}x}{\sqrt{\mathrm{e}^x+1}}$ ；

（7）$\int \dfrac{\mathrm{d}x}{\mathrm{e}^x-1}$ ；　　　　（8）$\int \dfrac{x^2}{\sqrt{9-x^2}}\mathrm{d}x$ ；　　　　（9）$\int \dfrac{\mathrm{d}x}{\sqrt{(x^2+1)^3}}$ ；

（10）$\int \sqrt{1-4x^2}\,\mathrm{d}x$ ；　　　（11）$\int \dfrac{\sqrt{x^2-4}}{x}\mathrm{d}x$ ；　　　（12）$\int \dfrac{\mathrm{d}x}{\sqrt{x^2+2x-8}}$.

4.5　分部积分法

关于不定积分的求法，除换元法外，还有一个基本方法 ——**分部积分法**.

设函数 $u=u(x)$ ，$v=v(x)$ 具有连续导数，由两个函数乘积的求导法则可知

$$uv' = (uv)' - u'v .$$

两边积分得

$$\int uv'\mathrm{d}x = \int (uv)'\mathrm{d}x - \int u'v\mathrm{d}x = uv - \int v\mathrm{d}u ,$$

即

$$\int u\mathrm{d}v = uv - \int v\mathrm{d}u . \tag{4.5-1}$$

公式（4.5-1）称为**分部积分公式**. 它把求不定积分 $\int u\mathrm{d}v$ 转化为求不定积分 $\int v\mathrm{d}u$ ，当后者容易积分时，分部积分公式就显示出它的优越性了. 所以运用分部积分公式时，u 和 $\mathrm{d}v$ 的选取是关键，选取 u 和 $\mathrm{d}v$ 的一般原则是：

（1）v 要容易求得；

（2）$\int v\mathrm{d}u$ 要比 $\int u\mathrm{d}v$ 容易积出.

例 1　求 $\int x\mathrm{e}^x\mathrm{d}x$.

解　令 $u=x$ ，$\mathrm{d}v=\mathrm{e}^x\mathrm{d}x=\mathrm{d}\mathrm{e}^x$ ，即 $v=\mathrm{e}^x$ ，由分部积分公式得

$$\int x\mathrm{e}^x\mathrm{d}x = \int x\mathrm{d}\mathrm{e}^x = x\mathrm{e}^x - \int \mathrm{e}^x\mathrm{d}x = x\mathrm{e}^x - \mathrm{e}^x + C .$$

求解本题时，若令 $u=\mathrm{e}^x$ ，$\mathrm{d}v=x\mathrm{d}x=\mathrm{d}\left(\dfrac{x^2}{2}\right)$ ，即 $v=\dfrac{x^2}{2}$ ，由分部积分公式得

$$\int x\mathrm{e}^x\mathrm{d}x = \int \mathrm{e}^x\mathrm{d}\left(\dfrac{x^2}{2}\right) = \dfrac{x^2}{2}\mathrm{e}^x - \dfrac{1}{2}\int x^2\mathrm{e}^x\mathrm{d}x ,$$

上式右端的积分比原来的更难求，所以，如果 u 和 $\mathrm{d}v$ 选取不当，就求不出结果.

一般来说，分部积分中常见类型的 u 和 $\mathrm{d}v$ 的选取方法有：

（1）$\int P(x)\mathrm{e}^{\alpha x}\mathrm{d}x$ ，$\int P(x)\sin\beta x\mathrm{d}x$ ，$\int P(x)\cos\beta x\mathrm{d}x$ 型中，可设 $u=P(x)$.

（2）$\int P(x)\ln x\mathrm{d}x$，$\int P(x)\arcsin x\mathrm{d}x$，$\int P(x)\arccos x\mathrm{d}x$，$\int P(x)\arctan x\mathrm{d}x$ 型中，可设 $u=\ln x$，$\arcsin x,\arccos x,\arctan x$．

（3）$\int \mathrm{e}^{\alpha x}\sin\beta x\mathrm{d}x$，$\int \mathrm{e}^{\alpha x}\cos\beta x\mathrm{d}x$ 型中，$\mathrm{e}^{\alpha x},\sin\beta x,\cos\beta x$ 均可设为 u．

例 2　求 $\int x^2\cos x\mathrm{d}x$．

解　令 $u=x^2$，$\mathrm{d}v=\cos x\mathrm{d}x=\mathrm{d}(\sin x)$，即 $v=\sin x$，由分部积分公式得

$$
\begin{aligned}
\int x^2\cos x\mathrm{d}x &=\int x^2\mathrm{d}(\sin x)= x^2\sin x-\int \sin x\mathrm{d}(x^2)\\
&= x^2\sin x-2\int x\sin x\mathrm{d}x = x^2\sin x+2\int x\mathrm{d}(\cos x)\\
&= x^2\sin x+2\left[x\cos x-\int \cos x\mathrm{d}x\right]\\
&= x^2\sin x+2x\cos x-2\sin x+C．
\end{aligned}
$$

课堂练习1

求下列不定积分．

（1）$\int x\mathrm{e}^{2x}\mathrm{d}x$；　　　　（2）$\int x\sin x\mathrm{d}x$．

例 3　求 $\int x\ln x\mathrm{d}x$．

解　令 $u=\ln x$，$\mathrm{d}v=x\mathrm{d}x=\mathrm{d}\left(\dfrac{x^2}{2}\right)$，则

$$
\begin{aligned}
\int x\ln x\mathrm{d}x &=\int \ln x\mathrm{d}\left(\frac{x^2}{2}\right)=\frac{x^2}{2}\ln x-\int \frac{x^2}{2}\mathrm{d}\ln x\\
&=\frac{x^2}{2}\ln x-\frac{1}{2}\int x\mathrm{d}x = \frac{x^2}{2}\ln x-\frac{1}{4}x^2+C．
\end{aligned}
$$

对分部积分法的运用比较熟练后，可以不设出 $u,\mathrm{d}v$，而直接用分部积分公式计算．

例 4　求 $\int \arccos x\mathrm{d}x$．

解
$$
\begin{aligned}
\int \arccos x\mathrm{d}x &= x\arccos x-\int x\mathrm{d}(\arccos x)\\
&= x\arccos x+\int \frac{x}{\sqrt{1-x^2}}\mathrm{d}x\\
&= x\arccos x-\frac{1}{2}\int (1-x^2)^{-\frac{1}{2}}\mathrm{d}(1-x^2)\\
&= x\arccos x-\sqrt{1-x^2}+C．
\end{aligned}
$$

例 5　$\int \mathrm{e}^x\cos x\mathrm{d}x$．

解
$$
\begin{aligned}
\int \mathrm{e}^x\cos x\mathrm{d}x &= \int \cos x\mathrm{d}(\mathrm{e}^x)=\mathrm{e}^x\cos x-\int \mathrm{e}^x\mathrm{d}(\cos x)\\
&= \mathrm{e}^x\cos x+\int \mathrm{e}^x\sin x\mathrm{d}x = \mathrm{e}^x\cos x+\int \sin x\mathrm{d}(\mathrm{e}^x)\\
&= \mathrm{e}^x\cos x+\left[\mathrm{e}^x\sin x-\int \mathrm{e}^x\mathrm{d}(\sin x)\right]
\end{aligned}
$$

$$= e^x \cos x + e^x \sin x - \int e^x \cos x \, dx.$$

上式右端的积分就是所求积分，所以将等式右边的 $\int e^x \cos x \, dx$ 移到左边后可求得

$$\int e^x \cos x \, dx = \frac{1}{2} e^x (\cos x + \sin x) + C.$$

注意　当分部积分遇到循环现象时，可将所求积分视为未知量解出，这是分部积分法中常用的技巧.

课堂练习 2

求下列不定积分.

（1）$\int x \ln 2x \, dx$；　　　　（2）$\int \arcsin x \, dx$；　　　　（3）$\int e^x \sin x \, dx$.

习题 4.5

求下列不定积分.

（1）$\int x e^{-x} \, dx$；　　　　　（2）$\int x \sin 3x \, dx$；　　　　　（3）$\int x^2 e^x \, dx$；

（4）$\int x^2 \sin x \, dx$；　　　　（5）$\int \ln^2 x \, dx$；　　　　　（6）$\int (x+1) \ln x \, dx$；

（7）$\int \arctan x \, dx$；　　　　（8）$\int x^2 \ln x \, dx$；　　　　（9）$\int \left(\frac{1}{x} - \frac{1}{x^2} \right) \ln x \, dx$

（10）$\int e^{2x} \cos 3x \, dx$；　　（11）$\int x \arcsin x \, dx$；　　（12）$\int x^2 e^{2x} \, dx$；

（13）$\int \sin(\ln x) \, dx$；　　　（14）$\int \cos(\ln x) \, dx$；　　（15）$\int \sin \sqrt{x} \, dx$；

（16）$\int x \cdot 3^x \, dx$.

4.6　有理函数的积分与积分表的用法

4.6.1　有理函数的积分

1. 有理函数

两个多项式的商 $\dfrac{P(x)}{Q(x)}$ 称为**有理函数**，又称**有理分式**. 我们假定分子多项式 $P(x)$ 和分母多项式 $Q(x)$ 没有公因式，若分子多项式 $P(x)$ 的次数小于分母多项式 $Q(x)$ 的次数，则称有理函数 $\dfrac{P(x)}{Q(x)}$ 为**有理真分式**，否则称为**有理假分式**. 有理真分式 $\dfrac{A}{(x-a)^k}$ 和 $\dfrac{Ax+B}{(x^2+px+q)^k}$（$k$ 为正整数，A, B, p, q 都是常数，且 $p^2 - 4q < 0$）称为**最简分式**. 有理假分式可以拆分成一个多项式与一个有理真分式的和，多项式的积分容易求得，下面讨论有理真分式的积分.

对有理真分式 $\dfrac{P(x)}{Q(x)}$，如果分母可以分解成两个多项式的乘积 $Q(x)=Q_1(x)Q_2(x)$，且 $Q_1(x)$ 与 $Q_2(x)$ 没有公因式，那么它可以拆分为两个有理真分式之和 $\dfrac{P(x)}{Q(x)}=\dfrac{P_1(x)}{Q_1(x)}+\dfrac{P_2(x)}{Q_2(x)}$；如果 $Q_1(x)$ 或 $Q_2(x)$ 还能再分解因式，就继续拆分，……，直到最后的拆分式中只出现最简分式为止．由代数学知识可知，**任何有理真分式都可以拆分成最简分式之和**．

下面说明如何将有理真分式拆分为最简分式之和．

（1）当分母含有 $(x-a)^k$ 时，相应的分解式中含有如下的 k 项之和：

$$\frac{A_1}{x-a}+\frac{A_2}{(x-a)^2}+\cdots+\frac{A_k}{(x-a)^k},$$

其中 $A_1,A_2,\cdots,A_k$ 为常数．

（2）当分母含有 $(x^2+px+q)^k\ (p^2-4q<0)$ 时，相应的分解式中含有如下的 k 项之和：

$$\frac{A_1x+B_1}{x^2+px+q}+\frac{A_2x+B_2}{(x^2+px+q)^2}+\cdots+\frac{A_kx+B_k}{(x^2+px+q)^k},$$

其中 $A_1,A_2,\cdots,A_k$ 及 $B_1,B_2,\cdots,B_k$ 为常数．

例 1　将分式 $\dfrac{2x+1}{x^2-3x-4}$ 化为最简分式之和．

解　原式可化为

$$\frac{2x+1}{x^2-3x-4}=\frac{2x+1}{(x-4)(x+1)}=\frac{A}{x-4}+\frac{B}{x+1},$$

则

$$\frac{2x+1}{(x-4)(x+1)}=\frac{(A+B)x+(A-4B)}{(x-4)(x+1)},$$

所以

$$2x+1=(A+B)x+(A-4B).$$

比较等式两边对应项的系数得

$$\begin{cases}A+B=2\\A-4B=1\end{cases}.$$

解得 $A=\dfrac{9}{5},B=\dfrac{1}{5}$．所以

$$\frac{2x+1}{x^2-3x-4}=\frac{\frac{9}{5}}{x-4}+\frac{\frac{1}{5}}{x+1}.$$

例 2　将分式 $\dfrac{1}{(x+1)(x-1)^2}$ 化为最简分式之和．

解　设

$$\frac{1}{(x+1)(x-1)^2}=\frac{A}{x+1}+\frac{B}{x-1}+\frac{C}{(x-1)^2},$$

则
$$\frac{1}{(x+1)(x-1)^2} = \frac{(A+B)x^2+(-2A+C)x+(A-B+C)}{(x+1)(x-1)^2},$$

所以
$$1 = (A+B)x^2+(-2A+C)x+(A-B+C).$$

比较等式两边对应项的系数，得
$$\begin{cases} A+B=0 \\ -2A+C=0 \\ A-B+C=1 \end{cases}.$$

解得 $A=\dfrac{1}{4}, B=-\dfrac{1}{4}, C=\dfrac{1}{2}$. 所以

$$\frac{1}{(x+1)(x-1)^2} = \frac{\frac{1}{4}}{x+1}+\frac{-\frac{1}{4}}{x-1}+\frac{\frac{1}{2}}{(x-1)^2}.$$

例 3 将分式 $\dfrac{x^2-2x+3}{(x+1)(x^2+x+1)}$ 化为最简分式之和.

解 设

$$\frac{x^2-2x+3}{(x+1)(x^2+x+1)} = \frac{A}{x+1}+\frac{Bx+C}{x^2+x+1},$$

则
$$\frac{x^2-2x+3}{(x+1)(x^2+x+1)} = \frac{(A+B)x^2+(A+B+C)x+(A+C)}{(x+1)(x^2+x+1)},$$

所以
$$x^2-2x+3 = (A+B)x^2+(A+B+C)x+(A+C).$$

比较等式两边对应项的系数得
$$\begin{cases} A+B=1 \\ A+B+C=-2 \\ A+C=3 \end{cases}.$$

解得 $A=6, B=-5, C=-3$. 所以
$$\frac{x^2-2x+3}{(x+1)(x^2+x+1)} = \frac{6}{x+1}+\frac{-5x-3}{x^2+x+1}.$$

课堂练习 1

将下列分式化为最简分式.

（1）$\dfrac{4x}{(3x-2)(x+2)}$；

（2）$\dfrac{x-4}{(2x-1)(x^2-3x+3)}$.

---

2. 有理真分式的积分

例 4 求 $\displaystyle\int \frac{2x+1}{x^2-3x-4}\mathrm{d}x$.

解 由例 1 知

$$\frac{2x+1}{x^2-3x-4}=\frac{\dfrac{9}{5}}{x-4}+\frac{\dfrac{1}{5}}{x+1},$$

所以

$$\int\frac{2x+1}{x^2-3x-4}dx=\frac{9}{5}\int\frac{1}{x-4}dx+\frac{1}{5}\int\frac{1}{x+1}dx=\frac{9}{5}\int\frac{d(x-4)}{x-4}+\frac{1}{5}\int\frac{d(x+1)}{x+1}$$

$$=\frac{9}{5}\ln|x-4|+\frac{1}{5}\ln|x+1|+C.$$

例 5　求积分 $\int\dfrac{1}{(x+1)(x-1)^2}dx$.

解　由例 2 知

$$\frac{1}{(x+1)(x-1)^2}=\frac{\dfrac{1}{4}}{x+1}+\frac{-\dfrac{1}{4}}{x-1}+\frac{\dfrac{1}{2}}{(x-1)^2},$$

所以

$$\int\frac{1}{(x+1)(x-1)^2}dx=\frac{1}{4}\int\frac{1}{x+1}dx-\frac{1}{4}\int\frac{1}{x-1}dx+\frac{1}{2}\int\frac{1}{(x-1)^2}dx$$

$$=\frac{1}{4}\int\frac{1}{x+1}d(x+1)-\frac{1}{4}\int\frac{1}{x-1}d(x-1)+\frac{1}{2}\int\frac{1}{(x-1)^2}d(x-1)$$

$$=\frac{1}{4}\ln|x+1|-\frac{1}{4}\ln|x-1|-\frac{1}{2(x-1)}+C.$$

例 6　求积分 $\int\dfrac{x^2-2x+3}{(x+1)(x^2+x+1)}dx$.

解　由例 3 知

$$\frac{x^2-2x+3}{(x+1)(x^2+x+1)}=\frac{6}{x+1}+\frac{-5x-3}{x^2+x+1},$$

所以

$$\int\frac{x^2-2x+3}{(x+1)(x^2+x+1)}dx=6\int\frac{1}{x+1}dx+\int\frac{-5x-3}{x^2+x+1}dx.$$

又因为

$$\int\frac{1}{x+1}dx=\ln|x+1|+C_1,$$

$$\int\frac{-5x-3}{x^2+x+1}dx=\int\frac{-\dfrac{5}{2}(2x+1)-\dfrac{1}{2}}{x^2+x+1}dx$$

$$=-\frac{5}{2}\int\frac{2x+1}{x^2+x+1}dx-\frac{1}{2}\int\frac{1}{x^2+x+1}dx$$

$$= -\frac{5}{2}\int\frac{d(x^2+x+1)}{x^2+x+1} - \frac{1}{2}\int\frac{1}{\left(x+\frac{1}{2}\right)^2+\frac{3}{4}}d\left(x+\frac{1}{2}\right)$$

$$= -\frac{5}{2}\ln\left|x^2+x+1\right| - \frac{1}{\sqrt{3}}\arctan\frac{2x+1}{\sqrt{3}} + C_2.$$

所以

$$\int\frac{x^2-2x+3}{(x+1)(x^2+x+1)}dx = 6\ln|x+1| - \frac{5}{2}\ln\left|x^2+x+1\right| - \frac{1}{\sqrt{3}}\arctan\frac{2x+1}{\sqrt{3}} + C \ (C = C_1+C_2).$$

课堂练习 2

求下列积分.

（1）$\int\dfrac{2}{x(x-1)}dx$； （2）$\int\dfrac{1}{x^2-7x+12}dx$.

4.6.2 积分表的用法

在掌握了基本积分法的基础上，实际应用中也可以通过查阅积分表（见附录 1）求不定积分. 积分表是按照被积函数的类型排列的，使用时要根据被积函数的类型直接或经过简单变形后，再在表内查得所求积分.

例 7 查表求不定积分 $\int\dfrac{dx}{x^2(3x+2)}$.

解 被积函数含有 $ax+b$，其中 $a=3$，$b=2$，查积分表第（一）类公式（6），得

$$\int\frac{dx}{x^2(3x+2)} = -\frac{1}{2x} + \frac{3}{4}\ln\left|\frac{3x+2}{x}\right| + C.$$

例 8 查表求 $\int\dfrac{xdx}{\sqrt{5x+4}}$.

解 被积函数含有 $\sqrt{ax+b}$，其中 $a=5$，$b=4$，查积分表第（二）类公式（13），得

$$\int\frac{xdx}{\sqrt{5x+4}} = \frac{2}{3\times5^2}(5x-2\times4)\sqrt{5x+4} + C = \frac{2}{75}(5x-8)\sqrt{5x+4} + C.$$

例 9 查表求 $\int\dfrac{dx}{x\sqrt{9-x^2}}$.

解 被积函数含有 $\sqrt{a^2-x^2}$，其中 $a=3$，查积分表第（八）类公式（65），得

$$\int\frac{dx}{x\sqrt{9-x^2}} = \frac{1}{3}\ln\frac{3-\sqrt{9-x^2}}{|x|} + C.$$

例 10 查表求 $\displaystyle\int\frac{\mathrm{d}x}{3+2\sin x}$.

解 被积函数中有 $a+b\sin x$，属于含有三角函数的积分，其中 $a=3$，$b=2$，$a^2>b^2$，由公式（103）得

$$\int\frac{\mathrm{d}x}{3+2\sin x}=\frac{2}{\sqrt{3^2-2^2}}\arctan\frac{3\tan\dfrac{x}{2}+2}{\sqrt{3^2-2^2}}+C=\frac{2}{\sqrt{5}}\arctan\frac{3\tan\dfrac{x}{2}+2}{\sqrt{5}}+C.$$

例 11 查表求 $\displaystyle\int x^2\ln x\,\mathrm{d}x$.

解 被积函数中有 $x^n\ln x$，属于含有对数函数的积分，其中 $n=2$，由公式（134）得

$$\int x^2\ln x\,\mathrm{d}x=\frac{1}{2+1}x^{2+1}\left(\ln x-\frac{1}{2+1}\right)+C=\frac{1}{3}x^3\left(\ln x-\frac{1}{3}\right)+C.$$

课堂练习 3

1. 查积分表判断下列结论是否正确.

（1）$\displaystyle\int\sqrt{\frac{2+x}{1+x}}\mathrm{d}x=\sqrt{(2+x)(1+x)}+\ln(\sqrt{2+x}+\sqrt{1+x})+C$；

（2）$\displaystyle\int\frac{\sqrt{4-x^2}}{x^2}\mathrm{d}x=-\frac{\sqrt{4-x^2}}{x}-\arcsin\frac{x}{2}+C$.

2. 查积分表填空：

（1）$\displaystyle\int x^2\sin x\,\mathrm{d}x=\underline{\hspace{3cm}}$；   （2）$\displaystyle\int\left(\frac{1}{\sqrt{4-x^2}}+\sin^2 x\right)\mathrm{d}x=\underline{\hspace{3cm}}$.

习题 4.6

1. 将下列有理真分式化为最简分式.

（1）$\displaystyle\frac{x^2-2x+3}{(x+1)^2(x+2)}$；   （2）$\displaystyle\frac{3x^2+4x+2}{(2x-1)(x^2+3x+3)}$.

2. 求下列积分.

（1）$\displaystyle\int\frac{x+2}{x^2-4x+3}\mathrm{d}x$；   （2）$\displaystyle\int\frac{1}{x^2-x-6}\mathrm{d}x$；   （3）$\displaystyle\int\frac{2x+3}{x^2+3x-10}\mathrm{d}x$；

（4）$\displaystyle\int\frac{3x+1}{(x+2)(x-3)}\mathrm{d}x$；   （5）$\displaystyle\int\frac{1}{x(x-1)^2}\mathrm{d}x$；   （6）$\displaystyle\int\frac{1}{(x+1)(x^2+1)}\mathrm{d}x$；

（7）$\displaystyle\int\frac{3x^2+2}{(x-2)(x+1)}\mathrm{d}x$；   （8）$\displaystyle\int\frac{x^2+3x+4}{x-1}\mathrm{d}x$；   （9）$\displaystyle\int\frac{x^3}{x^2+1}\mathrm{d}x$；

（10）$\displaystyle\int\frac{2}{(x^2+1)(x^2+x)}\mathrm{d}x$；   （11）$\displaystyle\int\frac{x^2-2x-1}{x^3-1}\mathrm{d}x$；   （12）$\displaystyle\int\frac{x-2}{x^2+2x+4}\mathrm{d}x$.

3. 查表求下列不定积分.

（1）$\int \dfrac{x\mathrm{d}x}{4x+5}$；

（2）$\int \dfrac{x\mathrm{d}x}{\sqrt{4x+5}}$；

（3）$\int \dfrac{x\mathrm{d}x}{4x^2+2}$；

（4）$\int \dfrac{x^2\mathrm{d}x}{\sqrt{x^2-4}}$；

（5）$\int \sqrt{9-x^2}\,\mathrm{d}x$；

（6）$\int \dfrac{\mathrm{d}x}{\sqrt{3+4x-5x^2}}$；

（7）$\int \sin^2 x\mathrm{d}x$；

（8）$\int \dfrac{\mathrm{d}x}{3+2\cos x}$；

（9）$\int \sin 3x\cos 2x\mathrm{d}x$；

（10）$\int x\arccos\dfrac{x}{a}\mathrm{d}x$；

（11）$\int \mathrm{e}^{2x}\sin 3x\mathrm{d}x$；

（12）$\int \dfrac{1}{x\ln x}\mathrm{d}x$.

主要知识点小结

1. 不定积分的概念

（1）原函数.

若 $F'(x)=f(x)$ 或 $\mathrm{d}F(x)=f(x)\mathrm{d}x$，则称 $F(x)$ 为 $f(x)$ 的一个原函数.

如果 $F(x)$ 是函数 $f(x)$ 在某区间 I 内的一个原函数，那么 $F(x)+C\,(C\in\mathbf{R})$ 是 $f(x)$ 在区间 I 内的全部原函数.

（2）不定积分.

函数 $f(x)$ 在某区间 I 上的全体原函数 $F(x)+C$ 称为 $f(x)$ 在区间 I 上的不定积分 $\int f(x)\mathrm{d}x$. 即

$$\int f(x)\mathrm{d}x=F(x)+C\ (C\in\mathbf{R}).$$

连续函数一定可积，初等函数在其定义区间内可积.

2. 积分的性质和基本公式

（1）积分的性质.

性质 1 $\left(\int f(x)\mathrm{d}x\right)'=f(x)$ 或 $\mathrm{d}\int f(x)\mathrm{d}x=f(x)\mathrm{d}x$.

性质 2 $\int F'(x)\mathrm{d}x=F(x)+C$ 或 $\int \mathrm{d}F(x)=F(x)+C$.

性质 3 $\int [f(x)\pm g(x)]\mathrm{d}x=\int f(x)\mathrm{d}x\pm\int g(x)\mathrm{d}x$.

性质 4 $\int kf(x)\mathrm{d}x=k\int f(x)\mathrm{d}x$（$k$ 为非零任意常数）.

（2）积分的基本公式.

① $\int k\mathrm{d}x=kx+C$；

② $\int x\mathrm{d}x=\dfrac{1}{2}x^2+C$；

③ $\int \dfrac{1}{x^2}\mathrm{d}x=-\dfrac{1}{x}+C$；

④ $\int \dfrac{1}{\sqrt{x}}\mathrm{d}x=2\sqrt{x}+C$；

⑤ $\int x^\alpha\mathrm{d}x=\dfrac{x^{\alpha+1}}{\alpha+1}+C\,(\alpha\neq-1)$；

⑥ $\int \dfrac{1}{x}\mathrm{d}x=\ln|x|+C$；

⑦ $\displaystyle\int a^x \mathrm{d}x = \frac{1}{\ln a} a^x + C$;　　　　⑧ $\displaystyle\int \mathrm{e}^x \mathrm{d}x = \mathrm{e}^x + C$;

⑨ $\displaystyle\int \sin x \mathrm{d}x = -\cos x + C$;　　　　⑩ $\displaystyle\int \cos x \mathrm{d}x = \sin x + C$;

⑪ $\displaystyle\int \sec^2 x \mathrm{d}x = \tan x + C$;　　　　⑫ $\displaystyle\int \csc^2 x \mathrm{d}x = -\cot x + C$;

⑬ $\displaystyle\int \sec x \tan x \mathrm{d}x = \sec x + C$;　　　　⑭ $\displaystyle\int \csc x \cot x \mathrm{d}x = -\csc x + C$;

⑮ $\displaystyle\int \frac{1}{1+x^2} \mathrm{d}x = \arctan x + C$;　　　　⑯ $\displaystyle\int \frac{1}{\sqrt{1-x^2}} \mathrm{d}x = \arcsin x + C$;

⑰ $\displaystyle\int \tan x \mathrm{d}x = -\ln|\cos x| + C = \ln|\sec x| + C$;　　⑱ $\displaystyle\int \cot x \mathrm{d}x = \ln|\sin x| + C = -\ln|\csc x| + C$;

⑲ $\displaystyle\int \sec x \mathrm{d}x = \ln|\sec x + \tan x| + C$;　　⑳ $\displaystyle\int \csc x \mathrm{d}x = \ln|\csc x - \cot x| + C$;

㉑ $\displaystyle\int \frac{\mathrm{d}x}{a^2+x^2} = \frac{1}{a}\arctan \frac{x}{a} + C$;　　　　㉒ $\displaystyle\int \frac{\mathrm{d}x}{x^2-a^2} = \frac{1}{2a}\ln\left|\frac{x-a}{x+a}\right| + C$;

㉓ $\displaystyle\int \frac{\mathrm{d}x}{\sqrt{a^2-x^2}} = \arcsin \frac{x}{a} + C$;　　　　㉔ $\displaystyle\int \frac{\mathrm{d}x}{\sqrt{x^2 \pm a^2}} = \ln(x + \sqrt{x^2 \pm a^2}) + C$.

其中 C 为任意常数.

3. 不定积分的换元积分法

（1）第一类换元积分法（凑微分法）.

设 $\displaystyle\int f(u)\mathrm{d}u = F(u) + C$ ，且 $u = \varphi(x)$ 为可导函数，则有换元公式：

$$\int f[\varphi(x)]\varphi'(x)\mathrm{d}x = \int f[\varphi(x)]\mathrm{d}\varphi(x) \xlongequal{\text{令}u=\varphi(x)} \int f(u)\mathrm{d}u$$

$$= F(u) + C \xlongequal{\text{回代}u=\varphi(x)} F[\varphi(x)] + C .$$

（2）第二类换元积分法（拆微分法）.

设 $f(x)$ 连续，若

① $x = \varphi(t)$ 可导，且有反函数 $t = \varphi^{-1}(x)$;

② $\displaystyle\int f[\varphi(t)]\varphi'(t)\mathrm{d}t = F(t) + C$ ，

则

$$\int f(x)\mathrm{d}x = \int f[\varphi(t)]\varphi'(t)\mathrm{d}t = F(t) + C = F[\varphi^{-1}(x)] + C .$$

当被积函数含有 $\sqrt{a^2-x^2}$ ，$\sqrt{x^2 \pm a^2}$ 时，可以用三角代换求积分：

① 含有 $\sqrt{a^2-x^2}$ 时，令 $x = a\sin t$;

② 含有 $\sqrt{x^2+a^2}$ 时，令 $x = a\tan t$;

③ 含有 $\sqrt{x^2-a^2}$ 时，令 $x = a\sec t$.

4. 分部积分法

$$\int u\mathrm{d}v = uv - \int v\mathrm{d}u .$$

一般来说，分部积分中常见类型的 u 和 $\mathrm{d}v$ 的选取方法如下：

（1） $\int P(x)\mathrm{e}^{\alpha x}\mathrm{d}x$ ， $\int P(x)\sin\beta x\mathrm{d}x$ ， $\int P(x)\cos\beta x\mathrm{d}x$ 型中，可设 $u=P(x)$ ．

（2） $\int P(x)\ln x\mathrm{d}x$ ， $\int P(x)\arcsin x\mathrm{d}x$ ， $\int P(x)\arccos x\mathrm{d}x$ ， $\int P(x)\arctan x\mathrm{d}x$ 型中，可设 $u=\ln x$ ，$\arcsin x,\arccos x,\arctan x$ ．

（3） $\int \mathrm{e}^{\alpha x}\sin\beta x\mathrm{d}x$ ， $\int \mathrm{e}^{\alpha x}\cos\beta x\mathrm{d}x$ 型中， $\mathrm{e}^{\alpha x},\sin\beta x,\cos\beta x$ 均可设为 u ．

5. 基本积分表

（1）有理真分式的积分．

将有理真分式化成最简分式的和，再求积分．

（2）积分表（见附录1）．

复习题四

一、填空题

1. 在"____"上填适当的常数．

（1） $\dfrac{1}{(x-1)^2}\mathrm{d}x=$ _____ $\mathrm{d}\left(\dfrac{1}{x-1}\right)$ ；   （2） $x\sin x^2\,\mathrm{d}x=$ _____ $\mathrm{d}(\cos x^2)$ ；

（3） $\dfrac{1}{\sqrt{1-9x^2}}\mathrm{d}x=$ _____ $\mathrm{d}(\arcsin 3x)$ ；   （4） $\dfrac{x}{3x^2+1}\mathrm{d}x=$ _____ $\mathrm{d}(\ln(3x^2+1))$ ；

2. 若 $f(x)$ 可导，则

（1） $\mathrm{d}\left[\int f(\sin x)\mathrm{d}x\right]=$ _____ ；   （2） $\int \mathrm{d}f(\sin x)=$ _____ ；

（3） $\left[\int f(\sin x)\mathrm{d}(\sin x)\right]'=$ _____ ；   （4） $\int f'(\sin x)\mathrm{d}(\sin x)=$ _____ ．

3. 当 $x\in(a,b)$ 时，若 $F'(x)=G'(x)$ ，则 $F(x)$ 与 $G(x)$ 的关系是_____．

4. 若 $f'(x)(1+x^2)=2x$ ，且 $f(0)=1$ ，则 $f(x)=$ _____．

5. 在积分曲线 $\int 4x^3\mathrm{d}x$ 中，过点 $(0,1)$ 的积分曲线是_____．

6. 若 $\left[\int f(x)\mathrm{d}x\right]'=\sin x$ ，则 $f(x)=$ _____．

7. $\int (x^5\cos x)'\mathrm{d}x=$ _____．

8. $\int \dfrac{2x-7}{x^2-7x+2}\mathrm{d}x=$ _____．

9. $\int \dfrac{x^2}{1+x^6}\mathrm{d}x=$ _____．

10. $\left[\int \dfrac{1}{x^2(1+\sqrt{x})}\mathrm{d}x\right]'=$ _____．

二、选择题

1. 若 $F(x)$ 是 $f(x)$ 的一个原函数，则（　　　）成立.

A. $\int f(x)\mathrm{d}x = F(x)$　　　　　B. $\int F(x)\mathrm{d}x = f(x)$

C. $\int f(x)\mathrm{d}x = F(x) +C$　　　D. $\int F(x)\mathrm{d}x = f(x) + C$

2. $\left(\int \arcsin x\mathrm{d}x\right)' = （　　　）$.

A. $\dfrac{1}{\sqrt{1-x^2}}+C$　　B. $\dfrac{1}{\sqrt{1-x^2}}$　　C. $\arcsin x+C$　　D. $\arcsin x$

3. $\sqrt{x}$ 是（　　　）的一个原函数.

A. $\dfrac{1}{2x}$　　　　B. $\dfrac{1}{2\sqrt{x}}$　　　　C. $\ln x$　　　　D. $\sqrt{x^3}$

4. 若 $\int f'(x)\mathrm{d}x = x^2\mathrm{e}^{2x}+C$，且 $f(0) = 0$，则 $f(x) = （　　　）$.

A. $2x\mathrm{e}^x$　　　　B. $2x^2\mathrm{e}^x$　　　　C. $x^2\mathrm{e}^{2x}$　　　　D. $2x\mathrm{e}^{2x}(1+x)$

5. 若 $f(x)$ 的一个原函数是 $\ln x$，则 $f'(x) = （　　　）$.

A. $x\ln x$　　　　B. $\ln x$　　　　C. $\dfrac{1}{x}$　　　　D. $-\dfrac{1}{x^2}$

6. 下列函数中，不是同一个函数的原函数的是（　　　）.

A. $y = \ln x$　　　B. $y = 2\ln x$　　　C. $y = \ln 2x$　　　D. $y = \ln 4x+3$

7. 下列凑微分正确的一个是（　　　）.

A. $\cos x\mathrm{d}x = \mathrm{d}\sin 2x$　　　　B. $\arctan x\mathrm{d}x = \mathrm{d}\left(\dfrac{1}{1+x^2}\right)$

C. $\ln x\mathrm{d}x = \mathrm{d}\left(\dfrac{1}{x}\right)$　　　　D. $\dfrac{1}{x^2}\mathrm{d}x = \mathrm{d}\left(-\dfrac{1}{x}\right)$

8. $\int \cos 2x\mathrm{d}x = （　　　）$.

A. $\sin 2x+C$　　B. $-\sin 2x+C$　　C. $\dfrac{1}{2}\sin 2x+C$　　D. $-\dfrac{1}{2}\sin 2x+C$

9. 设 $\int f(x)\mathrm{d}x = \cos 2x+C$，则 $f(x) = （　　　）$.

A. $\dfrac{1}{2}\sin 2x$　　　B. $-\dfrac{1}{2}\sin 2x$　　　C. $2\sin 2x$　　　D. $-2\sin 2x$

10. 若 $\int f(x)\mathrm{d}x = F(x)+C$，则 $\int f(ax+b)\,\mathrm{d}x = （　　　）$

A. $F(ax+b)+C$　　　　　　　B. $\dfrac{1}{a}F(ax+b)+C$

C. $\dfrac{1}{a}F(ax+b)$　　　　　　D. $\dfrac{1}{a}F\left(x+\dfrac{b}{a}\right)+C$

三、求下列不定积分

1. $\int \dfrac{\mathrm{d}x}{x^2\sqrt{x}}$ ；　　　2. $\int (x^2 +2)^2\mathrm{d}x$ ；　　　3. $\int(\sqrt{x}+1)(\sqrt{x^3}-1)\mathrm{d}x$ ；

4. $\int\left(\dfrac{3}{\sqrt{1-x^2}}-\dfrac{2}{1+x^2}\right)\mathrm{d}x$;　　5. $\int e^x\left(3+\dfrac{e^{-x}}{\sqrt{x}}\right)\mathrm{d}x$;　　6. $\int\dfrac{3\times5^x-7\times3^x}{5^x}\mathrm{d}x$;

7. $\int 2^x\cdot e^x\mathrm{d}x$;　　8. $\int(3-5x)^4\mathrm{d}x$;　　9. $\int\dfrac{x+1}{x^2+2x+5}\mathrm{d}x$;

10. $\int(\sin 3x-e^{\frac{x}{4}})\mathrm{d}x$;　　11. $\int\dfrac{\mathrm{d}x}{\sqrt[3]{2-x}}$;　　12. $\int\dfrac{\mathrm{d}x}{1+\sqrt{2x}}$;

13. $\int\dfrac{\mathrm{d}x}{1+\sqrt{1-x^2}}$;　　14. $\int xe^{\frac{x}{2}}\mathrm{d}x$;　　15. $\int e^{-x}\cos x\mathrm{d}x$;

16. $\int e^{2x}\cos x\mathrm{d}x$;　　17. $\int x\arcsin\dfrac{x}{2}\mathrm{d}x$;　　18. $\int\sin 3x\sin 5x\mathrm{d}x$.

四、解答题

1. 某曲线通过点 $(e^2,-1)$，且在任一点处的切线的斜率等于该点横坐标的倒数，求该曲线方程.

2. 已知某函数的导数是 $\sin x+\cos x$，且当 $x=\dfrac{\pi}{2}$ 时，函数的值等于 2，求此函数.

3. 设物体运动的速度与时间的平方成正比，当 $t=0$ 时，$s=0$；当 $t=3$ 时，$s=18$，求物体所经过的路程 s 和时间 t 的关系.

4. 若 e^{-x} 是 $f(x)$ 的一个原函数，求 $\int xf(x)\mathrm{d}x$.

第 5 章
定积分

定积分和不定积分是积分学的两个主要组成部分，其中不定积分侧重于基本方法的训练，而定积分则完整地体现了积分思想 —— 一种认识问题、分析问题和解决问题的思想方法，因此它在自然科学和工程中有着广泛的应用.

在第 4 章，我们学习了求一元函数不定积分的方法，本章我们将讨论一元函数的定积分，首先由实际问题引入定积分的概念，然后讨论定积分的性质、计算方法及其在几何和物理上的一些简单应用.

5.1 定积分的概念

本节将通过两个实例引进定积分的概念和性质.

5.1.1 引例

引例 1 求曲边梯形的面积.

在平面直角坐标系中，由连续曲线 $y = f(x)$ 与三条直线 $x = a$，$x = b$ 和 x 轴所围成的图形（图 5.1-1）称为**曲边梯形**，其中曲线弧称为**曲边**.

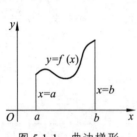

图 5.1-1 曲边梯形

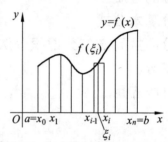

图 5.1-2 求曲边梯形的面积

求曲边梯形的面积，可分下面四个步骤来计算，如图 5.1-2 所示.

（1）**分割**. 在区间 $[a, b]$ 上任取 n 个分点：

$$a = x_0 < x_1 < x_2 < \cdots < x_{i-1} < x_i < \cdots < x_{n-1} < x_n = b ,$$

这些分点把区间 $[a, b]$ 分成 n 个小区间：

$$[x_0, x_1] , \quad [x_1, x_2] , \quad \cdots , \quad [x_{i-1}, x_i] , \quad \cdots , \quad [x_{n-1}, x_n] ,$$

各个小区间的长度依次为：

$$\Delta x_1 = x_1 - x_0, \quad \Delta x_2 = x_2 - x_1, \quad \cdots, \quad \Delta x_i = x_i - x_{i-1}, \quad \cdots, \quad \Delta x_n = x_n - x_{n-1},$$

过每一个分点作平行于 y 轴的直线段，把曲边梯形分成 n 个小曲边梯形，并设它们的面积分别为：$\Delta A_1, \Delta A_2, \cdots, \Delta A_i, \cdots, \Delta A_n$，则曲边梯形的面积

$$A = \sum_{i=1}^{n} \Delta A_i ;$$

（2）**近似代替**. 在每个小区间 $[x_{i-1}, x_i]$ $(i = 1, 2, \cdots, n)$ 上，任取一点 ξ_i，以 $f(\xi_i)$ 为高、Δx_i 为底作一个小矩形，这个小矩形的面积为 $f(\xi_i)\Delta x_i$，用它来近似代替第 i 个小曲边梯形的面积 ΔA_i，即

$$\Delta A_i \approx f(\xi_i)\Delta x_i \ (i = 1, 2, \cdots, n) ;$$

（3）**求和**. 因为每个小曲边梯形的面积都可以用相应的小矩形的面积来近似代替，所以 n 个小矩形的面积之和就是所求曲边梯形的面积 A 的近似值，即

$$A = \sum_{i=1}^{n} \Delta A_i \approx \sum_{i=1}^{n} f(\xi_i)\Delta x_i ;$$

（4）**取极限**. 每个小区间的长度越小，上面的近似值就越精确. 若设小区间长度中的最大值为 $\|\Delta x\|$，那么，当 $\|\Delta x\| \to 0$ 时，和式 $\sum_{i=1}^{n} f(\xi_i)\Delta x_i$ 的极限就是曲边梯形的面积 A，即

$$A = \lim_{\|\Delta x\| \to 0} \sum_{i=1}^{n} f(\xi_i)\Delta x_i .$$

引例 2　求变速直线运动的路程.

设一物体作变速直线运动，已知速度 $v = v(t)$ 是时间间隔 $[a, b]$ 上的一个连续函数，且 $v(t) \geqslant 0$，用上述方法：分割、近似、求和、取极限来求解. 设 $\|\Delta t\|$ 是小区间 $[t_{i-1}, t_i](i=1,2,\cdots,n)$ 长度中的最大值，τ_i 是区间 $[t_{i-1}, t_i]$ 上任意一点，那么物体在时间间隔 $[a, b]$ 上所经过的路程

$$s = \lim_{\|\Delta t\| \to 0} \sum_{i=1}^{n} v(\tau_i)\Delta t_i .$$

5.1.2　定积分的定义

求曲边梯形的面积和变速直线运动的路程，都是按"分割、近似、求和、取极限"的步骤，将所求的量归结为求一个和式的极限. 抽去这些问题的实际意义，把这种求和式极限的过程抽象出来，就可以得到下面定积分的定义.

定义　设函数 $y = f(x)$ 在区间 $[a, b]$ 上有界，用分点

$$a = x_0 < x_1 < x_2 < \cdots < x_{i-1} < x_i < \cdots < x_{n-1} < x_n = b$$

把区间 $[a, b]$ 分成 n 个小区间

$$[x_0, x_1], \ [x_1, x_2], \ \cdots, \ [x_{i-1}, x_i], \ \cdots, \ [x_{n-1}, x_n],$$

各小区间的长度依次为

$$\Delta x_1 = x_1 - x_0, \Delta x_2 = x_2 - x_1, \cdots, \Delta x_i = x_i - x_{i-1}, \cdots, \Delta x_n = x_n - x_{n-1},$$

在每个小区间 $[x_{i-1}, x_i]$ 上，任取一点 $\xi_i \ (x_{i-1} \leqslant \xi_i \leqslant x_i)$，作乘积 $f(\xi_i)\Delta x_i$ 的和式

$$\sum_{i=1}^{n} f(\xi_i)\Delta x_i ,$$

如果小区间的最大长度 $\|\Delta x\|$ 趋近于零，即 $\|\Delta x\| \to 0$ 时，和式 $\sum_{i=1}^{n} f(\xi_i)\Delta x_i$ 的极限存在，且此极限与 $[a, b]$ 的分法和 ξ_i 的取法无关，则称这个极限为函数 $y = f(x)$ 在区间 $[a, b]$ 上的**定积分**，记作 $\int_a^b f(x)\mathrm{d}x$，即

$$\int_a^b f(x)\mathrm{d}x = \lim_{\|\Delta x\| \to 0} \sum_{i=1}^{n} f(\xi_i)\Delta x_i , \tag{5.1-1}$$

其中 $f(x)$ 叫做被积函数，x 叫做积分变量，$f(x)\mathrm{d}x$ 叫做被积表达式，a 叫做积分下限，b 叫做积分上限，区间 $[a, b]$ 叫做积分区间.

如果 $f(x)$ 在区间 $[a, b]$ 上的定积分存在，则说 $f(x)$ 在 $[a, b]$ 上可积. 现在对定积分的定义，作以下两点说明：

（1）$\int_a^b f(x)\mathrm{d}x$ 是一个数，它只取决于被积函数和积分区间，与表示积分变量所用的字母无关，即

$$\int_a^b f(x)\mathrm{d}x = \int_a^b f(t)\mathrm{d}t = \int_a^b f(u)\mathrm{d}u \ .$$

（2）规定：$\int_a^b f(x)\mathrm{d}x = -\int_b^a f(x)\mathrm{d}x$ ；

$$\int_a^a f(x)\mathrm{d}x = 0 \ .$$

根据定积分的定义可知，引例 1 中曲边梯形的面积等于函数 $f(x)(f(x) \geqslant 0)$ 在区间 $[a, b]$ 上的定积分，即

$$A = \int_a^b f(x)\mathrm{d}x \ .$$

引例 2 中作变速直线运动的物体所经过的路程 s 等于其速度函数 $v = v(t)(v(t) \geqslant 0)$ 在时间间隔 $[a, b]$ 上的定积分，即

$$s = \int_a^b v(t)\mathrm{d}t \ .$$

课堂练习 1

1. 写出函数 $y = 2x + 1$ 在区间 $[2, 3]$ 上的定积分表达式.

2. $\int_2^2 f(x)\mathrm{d}x = ($ 　　　 $)$.

3. 物体的运动速度为 $v = 3t^2 + 2$ ，用定积分表示物体在时间间隔 $[1, 3]$ 内经过的路程.

5.1.3　定积分的几何意义

设曲线 $y = f(x)$ 在区间 $[a, b]$ 上连续，A 为连续曲线 $y = f(x)$ 与直线 $x = a$, $x = b$ 及 x 轴所围成的曲边梯形的面积.

如图 5.1-3（a）所示，当 $f(x) \geqslant 0$ 时，由引例 1 和积分的定义可知：

$$\int_a^b f(x)\mathrm{d}x = A \ ;$$

如图 5.1-3（b）所示，当 $f(x) \leqslant 0$ 时，（5.1-1）式右端和式中的 $f(\xi_i)\Delta x_i$ 都是负值，其绝对值 $|f(\xi_i)\Delta x_i|$ 表示小矩形的面积，因此

$$\int_a^b f(x)\mathrm{d}x = -A \ ;$$

如图 5.1-3（c）所示，若 $f(x)$ 在 $[a, b]$ 上有正有负，由连续曲线 $y = f(x)$ 与直线 $x = a$, $x = b$ 及 x 轴所围成的图形的一部分在 x 轴上方，另一部分在 x 轴下方，定积分 $\int_a^b f(x)\mathrm{d}x$ 表示 x 轴上方图形的面积减去 x 轴下方图形的面积，即

$$\int_a^b f(x)\mathrm{d}x = -A_1 + A_2 - A_3 .$$

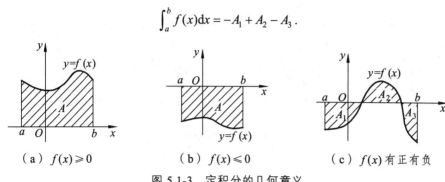

（a）$f(x) \geqslant 0$　　　（b）$f(x) \leqslant 0$　　　（c）$f(x)$ 有正有负

图 5.1-3　定积分的几何意义

总之，定积分 $\int_a^b f(x)\mathrm{d}x$ 在各种实际问题中所代表的实际意义不同，但它的值在几何图形上都可用曲边梯形的面积的代数和来表示，这就是定积分的**几何意义**.

例 1　利用定积分的几何意义求下列定积分.

（1）$\int_a^b 1\mathrm{d}x$ ；　　　　（2）$\int_1^2 x\mathrm{d}x$ ；　　　　（3）$\int_{-3}^{-1}(x+1)\mathrm{d}x$.

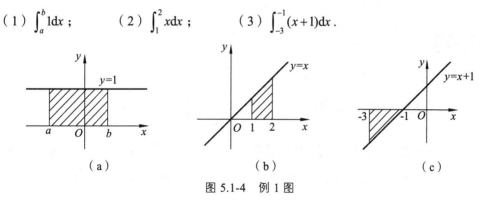

（a）　　　　　　　　　（b）　　　　　　　　　（c）

图 5.1-4　例 1 图

解　（1）根据积分的几何意义可知，图 5.1-4（a）中阴影部分的面积为定积分 $\int_a^b 1\mathrm{d}x$ 的值，而阴影部分是长为 $(b-a)$ 、宽为 1 的矩形，所以

$$\int_a^b 1\mathrm{d}x = (b-a) \cdot 1 = b - a .$$

（2）根据积分的几何意义可知，图 5.1-4（b）中阴影部分的面积为定积分 $\int_1^2 x\mathrm{d}x$ 的值，而阴影部分是上底为 1、下底为 2、高为 1 的直角梯形，所以

$$\int_1^2 x\mathrm{d}x = \frac{1}{2}(1+2) \times 1 = \frac{3}{2} .$$

（3）根据积分的几何意义可知，图 5.1-4（c）中阴影部分的面积的负值为定积分 $\int_{-3}^{-1}(x+1)\mathrm{d}x$ 的值，而阴影部分是直角边为 2 的等腰直角三角形，所以

$$\int_{-3}^{-1}(x+1)\mathrm{d}x = -\frac{1}{2}\times 2\times 2 = -2.$$

例 2 用定积分表示下列图形中阴影部分的面积（图 5.1-5）.

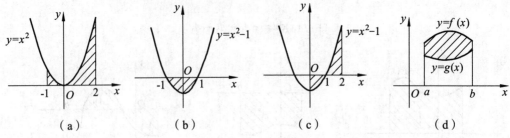

（a）　　　　　（b）　　　　　（c）　　　　　（d）

图 5.1-5　例 2 图

解 （1）$A = \displaystyle\int_{-1}^{2} x^2 \mathrm{d}x$.

（2）$A = -\displaystyle\int_{-1}^{1}(x^2 - 1)\mathrm{d}x$.

（3）$A = -\displaystyle\int_{0}^{1}(x^2 - 1)\mathrm{d}x + \displaystyle\int_{1}^{2}(x^2 - 1)\mathrm{d}x$.

（4）$A = \displaystyle\int_{a}^{b} f(x)\mathrm{d}x - \displaystyle\int_{a}^{b} g(x)\mathrm{d}x$.

课堂练习 2

1. 简述定积分的定义及几何意义.

2. 利用定积分的几何意义说明下列等式成立：（1）$\displaystyle\int_{0}^{1} x\mathrm{d}x = \frac{1}{2}$；（2）$\displaystyle\int_{0}^{2\pi} \sin x\mathrm{d}x = 0$.

定积分的几何意义直观地说明，连续函数 $y = f(x)$ 与直线 $x = a$，$x = b$ 及 x 轴所围成的曲边梯形的面积的代数和一定存在，也就是说，定积分 $\displaystyle\int_{a}^{b} f(x)\mathrm{d}x$ 一定存在，这样就得到下面**定积分的存在定理**.

定理 1 如果函数 $f(x)$ 在区间 $[a, b]$ 上连续，则 $f(x)$ 在 $[a, b]$ 上可积.

定理 2 如果函数 $f(x)$ 在区间 $[a, b]$ 上有界，且只有有限个间断点，则 $f(x)$ 在 $[a, b]$ 上可积.

由于初等函数在其定义域内都是连续的，所以由定理 1 知，初等函数在其定义域内是可积的. 又由定理 2 可知，闭区间上有界分段函数在该区间上也是可积的.

习题 5.1

1. 用定积分表示下列图形的面积.

（1）由曲线 $y = x^2$ 和直线 $x = -2$，$x = 0$ 及 x 轴所围成的平面图形；

（2）由曲线 $y = \cos x$ 和直线 $x = 0$，$x = \pi$ 及 x 轴所围成的平面图形；

（3）在 $[a, b]$ 上，已知 $f(x) \leqslant g(x) \leqslant 0$，由曲线 $y = f(x)$，$y = g(x)$ 和直线 $x = a$ 和 $x = b$ 及 x

轴所围成的平面图形；

（4）由曲线 $y = x^3$，直线 $x = -1, x = 2$ 及 x 轴所围成的平面图形.

2. 利用定积分的几何意义说明下列等式成立.

（1）$\int_{-\pi}^{\pi} \sin x \, dx = 0$；　　　　（2）$\int_{-2}^{2} x^2 dx = 2\int_{-2}^{0} x^2 dx$；　　　　（3）$\int_{0}^{R} \sqrt{R^2 - x^2} \, dx = \dfrac{\pi R^2}{4}$.

3. 物体以速度 $v = 2t + 3$ 作直线运动，用定积分表示该物体在时间区间 $[0, 2]$ 内所经过的路程，并由几何意义求出路程.

5.2　定积分的性质

假设下列各性质中涉及的函数在所讨论的区间上都可积.

性质 1　$\int_a^b [f(x) \pm g(x)] dx = \int_a^b f(x) dx \pm \int_a^b g(x) dx$.

性质 2　$\int_a^b k f(x) dx = k \int_a^b f(x) dx$.

性质 3（定积分对区间的可加性）　$\int_a^b f(x) dx = \int_a^c f(x) dx + \int_c^b f(x) dx$.

如图 5.2-1（a）所示，当 $c \in [a, b]$，即 $a < c < b$ 时，有

$$\int_a^b f(x) dx = A_1 + A_2 = \int_a^c f(x) dx + \int_c^b f(x) dx；$$

如图 5.2-1（b）所示，当 $c \notin [a, b]$ 时，比如 $a < b < c$，有

$$\int_a^c f(x) dx = A_1 + A_2 = \int_a^b f(x) dx + \int_b^c f(x) dx，$$

所以

$$\int_a^b f(x) dx = \int_a^c f(x) dx - \int_b^c f(x) dx = \int_a^c f(x) dx + \int_c^b f(x) dx.$$

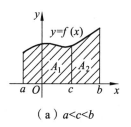　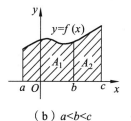

（a）$a < c < b$　　　　　　　　（b）$a < b < c$

图 5.2-1　性质 3 图

性质 4　若在区间 $[a, b]$ 上 $f(x) \equiv 1$，则

$$\int_a^b 1 dx = \int_a^b dx = b - a.$$

性质 5（积分单调性）　如果在区间 $[a, b]$ 上有 $f(x) \leqslant g(x)$，则

$$\int_a^b f(x) dx \leqslant \int_a^b g(x) dx.$$

性质 6（估值定理） 设 M, m 分别是 $f(x)$ 在区间 $[a, b]$ 上的最大值与最小值，则

$$m(b-a) \leqslant \int_a^b f(x)\mathrm{d}x \leqslant M(b-a).$$

如图 5.2-2 所示，曲边梯形的面积小于以 $(b-a)$ 为底、M 为高的矩形的面积，大于以 $(b-a)$ 为底、m 为高的矩形的面积，即

$$m(b-a) \leqslant \int_a^b f(x)\mathrm{d}x \leqslant M(b-a).$$

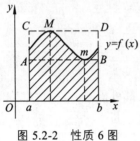

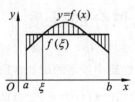

图 5.2-2　性质 6 图　　　　　　图 5.2-3　性质 7 图

性质 7（积分中值定理） 设函数 $f(x)$ 在区间 $[a, b]$ 上连续，则在 $[a, b]$ 上至少存在一点 ξ，使得

$$\int_a^b f(x)\mathrm{d}x = f(\xi)(b-a) \ (a \leqslant \xi \leqslant b).$$

如图 5.2-3 所示，若连续函数 $f(x) \geqslant 0$，则在区间 $[a, b]$ 上至少能找到一点 ξ，使得以区间 $[a, b]$ 为底、$f(\xi)$ 为高的矩形的面积等于曲边梯形的面积. 曲线在区间 $[a, b]$ 上的平均高度

$$f(\xi) = \frac{\int_a^b f(x)\mathrm{d}x}{b-a}$$

称为连续函数 $y = f(x)$ 在区间 $[a, b]$ 上的**平均值**.

例 1 利用定积分的性质，比较下列各组定积分的大小.

（1）$\int_2^3 x\mathrm{d}x$ 和 $\int_2^3 x^2\mathrm{d}x$；　　　　　　（2）$\int_1^2 \ln x\mathrm{d}x$ 和 $\int_1^2 (\ln x)^2\mathrm{d}x$

解 （1）在区间 $[2, 3]$ 上，$x < x^2$，由性质 5 得

$$\int_2^3 x\mathrm{d}x < \int_2^3 x^2\mathrm{d}x.$$

（2）在区间 $[1, 2]$ 上，$0 \leqslant \ln x < 1$，于是 $\ln x \geqslant (\ln x)^2$，由性质 5 得

$$\int_1^2 \ln x\mathrm{d}x \geqslant \int_1^2 (\ln x)^2\mathrm{d}x.$$

例 2 估计定积分 $\int_{-1}^2 (\mathrm{e}^x - x)\mathrm{d}x$ 的值.

解 先求函数 $f(x) = \mathrm{e}^x - x$ 在区间 $[-1, 2]$ 上的最大值和最小值.

$$f'(x) = \mathrm{e}^x - 1.$$

由 $f'(x) = 0$ 得，驻点 $x = 0$.

$$f(0) = 1, \quad f(-1) = \frac{1}{e} + 1, \quad f(2) = e^2 - 2.$$

所以，函数 $f(x) = e^x - x$ 在区间 $[-1, 2]$ 上的最大值 $M = e^2 - 2$，最小值为 $m = 1$.

再由性质 6 得

$$1 \cdot [2 - (-1)] \leqslant \int_{-1}^{2} (e^x - x) dx \leqslant (e^2 - 2)[2 - (-1)],$$

即

$$3 \leqslant \int_{-1}^{2} (e^x - x) dx \leqslant 3(e^2 - 2).$$

课堂练习

1. 判断下列各式是否成立.

（1）$\int_{-1}^{1} 2(\sin 3x + e^{x+1}) dx = 2\int_{-1}^{0} \sin 3x dx + \int_{0}^{1} e^{x+1} dx$;

（2）$\int_{1}^{2} 2xe^{x+1} dx = 2\int_{1}^{2} x dx \cdot \int_{1}^{2} e^{x+1} dx$;

（3）$\int_{0}^{1} x dx \geqslant \int_{0}^{1} x^2 dx$.

2. 估计积分 $\int_{3}^{4} (6x - x^2) dx$ 的值.

习题 5.2

1. 已知 $\int_{0}^{3} f(x) dx = 5$，求（1）$\int_{0}^{3} 2f(x) dx$;（2）$\int_{0}^{3} [1 - 3f(x)] dx$.

2. 已知 $\int_{0}^{4} f(x) dx = 3$，$\int_{0}^{5} f(x) dx = 1$，求 $\int_{4}^{5} f(x) dx$.

3. 利用定积分的性质，比较下列各组定积分的大小.

（1）$\int_{1}^{2} \frac{1}{x} dx$ 与 $\int_{1}^{2} \frac{1}{x^2} dx$;　　　　　（2）$\int_{0}^{\frac{\pi}{4}} \sin x dx$ 与 $\int_{0}^{\frac{\pi}{4}} \cos x dx$;

（3）$\int_{0}^{1} \frac{1}{2^x} dx$ 与 $\int_{0}^{1} \frac{1}{3^x} dx$;　　　　　（4）$\int_{1}^{2} e^x dx$ 与 $\int_{1}^{2} e^{2x} dx$.

4. 估计下列积分的值.

（1）$\int_{0}^{1} (x^2 - 2) dx$;　　　　　　　（2）$\int_{1}^{4} e^{x^2 - 4} dx$;

（3）$\int_{0}^{\pi} \sin x dx$;　　　　　　　　（4）$\int_{0}^{\pi} \cos x dx$.

5. 已知函数 $y = f(x)$ 在区间 $[-3, -1]$ 上连续，且平均值为 2，求 $\int_{-1}^{-3} f(x) dx$.

5.3　微积分基本公式

直接用定义来计算定积分往往是十分困难的，如果再加上被积函数比较复杂，其难度会更大，因此，我们必须寻求简便有效的计算方法.

5.3.1 积分上限函数及其导数

设函数 $f(x)$ 在区间 $[a, b]$ 上连续，x 为 $[a, b]$ 上任意一点，由于 $f(x)$ 在 $[a, x]$ 上连续，所以定积分 $\int_a^x f(t)\mathrm{d}t$ 一定存在，我们称函数

$$\Phi(x) = \int_a^x f(t)\mathrm{d}t$$

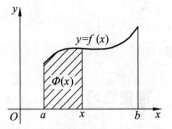

图 5.3-1　变上限函数的几何意义

为**积分上限函数**或**变上限函数**. 从几何上看，函数 $\Phi(x)$ 是区间 $[a, x]$ 上曲边梯形的面积（图 5.3-1 中阴影部分）.

定理 1　函数 $f(x)$ 在区间 $[a, b]$ 上连续，则积分上限函数 $\Phi(x) = \int_a^x f(t)\mathrm{d}t$ 可导，并且它的导数等于被积函数

$$\Phi'(x) = \frac{\mathrm{d}}{\mathrm{d}x}\int_a^x f(t)\mathrm{d}t = f(x) \ (a \leqslant x \leqslant b). \tag{5.3-1}$$

定理 1 说明积分上限函数 $\Phi(x)$ 是函数 $f(x)$ 的一个原函数，故有下面的定理.

定理 2　若函数 $f(x)$ 在区间 $[a, b]$ 上连续，则 $f(x)$ 的原函数一定存在，且其中的一个原函数为

$$\Phi(x) = \int_a^x f(t)\mathrm{d}t.$$

定理 2 说明连续函数的原函数一定存在，所以定理 2 也称为**原函数存在定理**.

例 1　求下列函数的导数.

（1）$\Phi(x) = \int_1^x \dfrac{\ln t}{\sin t + 2}\mathrm{d}t$；　　　　（2）$\Phi(x) = \int_x^{-2} \dfrac{\sqrt{t^2 - 1}}{\sqrt{t^2 + 1}}\mathrm{d}t$；

（3）$\Phi(x) = \int_0^{\cos x} \mathrm{e}^{2t}\mathrm{d}t$；　　　　　（4）$\Phi(x) = \int_x^{x^2} \dfrac{t^3}{1 + t^2}\mathrm{d}t\,(x > 0)$.

解　（1）$\Phi'(x) = \dfrac{\mathrm{d}}{\mathrm{d}x}\int_1^x \dfrac{\ln t}{\sin t + 2}\mathrm{d}t = \dfrac{\ln x}{\sin x + 2}$.

（2）因为 $\Phi(x) = -\int_{-2}^x \dfrac{\sqrt{t^2 - 1}}{\sqrt{t^2 + 1}}\mathrm{d}t$，所以

$$\Phi'(x) = -\frac{\sqrt{x^2 - 1}}{\sqrt{x^2 + 1}}.$$

（3）令 $u = \cos x$，得

$$\Phi'(x) = \left(\int_0^u \mathrm{e}^{2t}\mathrm{d}t\right)'_u \cdot u'_x = \mathrm{e}^{2u} \cdot (\cos x)' = -\mathrm{e}^{2\cos x}\sin x.$$

（4）$\Phi(x) = \int_x^{x^2} \dfrac{t^3}{1 + t^2}\mathrm{d}t = \int_x^1 \dfrac{t^3}{1 + t^2}\mathrm{d}t + \int_1^{x^2} \dfrac{t^3}{1 + t^2}\mathrm{d}t = -\int_1^x \dfrac{t^3}{1 + t^2}\mathrm{d}t + \int_1^{x^2} \dfrac{t^3}{1 + t^2}\mathrm{d}t$.

所以

$$\varPhi'(x) = -\frac{x^3}{1+x^2} + \frac{x^6}{1+x^4} \cdot 2x = \frac{2x^7}{1+x^4} - \frac{x^3}{1+x^2} \, .$$

课堂练习 1

填空:

(1) $\dfrac{\mathrm{d}}{\mathrm{d}x}\displaystyle\int_0^x \dfrac{1}{2\sin^2 t+5}\mathrm{d}t = ($ $)$;   (2) $\dfrac{\mathrm{d}}{\mathrm{d}x}\displaystyle\int_x^0 \dfrac{1}{2\sin^2 t+5}\mathrm{d}t = ($ $)$;

(3) $\dfrac{\mathrm{d}}{\mathrm{d}x}\displaystyle\int_0^2 \dfrac{1}{2\sin^2 t+5}\mathrm{d}t = ($ $)$;   (4) $\dfrac{\mathrm{d}}{\mathrm{d}x}\displaystyle\int_x^{2x} \dfrac{1}{2\sin^2 t+5}\mathrm{d}t = ($ $)$.

5.3.2 微积分基本公式

下面通过实例来寻求计算定积分的简便方法.

设一物体作变速直线运动,其速度函数为 $v=v(t)$,则物体由 $t=a$ 到 $t=b$ 这一时间段内所经过的路程 s 就等于物体的运动速度 $v=v(t)$ 在时间区间 $[a,b]$ 上的定积分,即

$$s = \int_a^b v(t)\mathrm{d}t \, . \tag{1}$$

另一方面,假定已知路程 s 和时间 t 的函数关系为 $s=s(t)$,那么,物体从 $t=a$ 到 $t=b$ 这一时间段内所经过的路程 s 为

$$s = s(b) - s(a) \, . \tag{2}$$

比较(1)和(2)式,得

$$\int_a^b v(t)\mathrm{d}t = s(b) - s(a) \, . \tag{3}$$

根据导数的物理意义知道 $s'(t)=v(t)$,即路程函数 $s(t)$ 是速度函数 $v(t)$ 的一个原函数,于是,计算定积分 $\displaystyle\int_a^b v(t)\mathrm{d}t$ 就转化为求被积函数 $v(t)$ 的原函数 $s(t)$ 在积分上、下限处的差值 $s(b)-s(a)$. 这一结论具有普遍性.

定理 3 设函数 $F(x)$ 是连续函数 $f(x)$ 在区间 $[a,b]$ 上的一个原函数,则

$$\int_a^b f(x)\mathrm{d}x = F(x)\big|_a^b = F(b) - F(a) \, . \tag{5.3-2}$$

公式(5.3-2)称为**牛顿-莱布尼兹**(Newton-Leibniz)公式,也称为**微积分基本公式**.

公式(5.3-2)说明,一个连续函数在区间 $[a,b]$ 上的定积分等于它的一个原函数 $F(x)$ 在积分上下限 b,a 处的函数值之差 $F(b)-F(a)$. 其中,原函数可用求不定积分的方法求出.

例 2 求下列定积分.

(1) $\displaystyle\int_a^b \mathrm{d}x$;   (2) $\displaystyle\int_1^2 x^2\mathrm{d}x$;   (3) $\displaystyle\int_{-1}^1 \dfrac{1}{1+x^2}\mathrm{d}x$;   (4) $\displaystyle\int_2^4 \dfrac{1}{x^2}\mathrm{d}x$.

高等数学

解 （1）$\int_a^b dx = x\big|_a^b = b - a$.

（2）$\int_1^2 x^2 dx = \left(\frac{1}{3}x^3\right)\Big|_1^2 = \frac{1}{3}\times 2^3 - \frac{1}{3}\times 1^3 = \frac{7}{3}$.

（3）$\int_{-1}^1 \frac{1}{1+x^2}dx = \arctan x\big|_{-1}^1 = \arctan 1 - \arctan(-1) = \frac{\pi}{4} - \left(-\frac{\pi}{4}\right) = \frac{\pi}{2}$.

（4）$\int_2^4 \frac{1}{x^2}dx = \left(-\frac{1}{x}\right)\Big|_2^4 = -\frac{1}{4} - \left(-\frac{1}{2}\right) = \frac{1}{4}$.

例 3 求下列定积分的值.

（1）$\int_0^\pi x\sin x dx$；　　　（2）$\int_0^3 xe^{2x}dx$；　　　（3）$\int_0^2 x^2\sqrt{x^2+4}dx$.

解 （1）查积分表得

$$\int x\sin x dx = \sin x - x\cos x + C.$$

所以

$$\int_0^\pi x\sin x dx = (\sin x - x\cos x)\big|_0^\pi = [0 - \pi\times(-1)] - 0 = \pi.$$

（2）查积分表得

$$\int xe^{2x}dx = \frac{e^{2x}}{4}(2x-1) + C.$$

则

$$\int_0^3 xe^{2x}dx = \left[\frac{e^{2x}}{4}(2x-1)\right]\Big|_0^3 = \frac{e^{2\times3}}{4}(2\times3-1) - \frac{e^{2\times0}}{4}(2\times0-1) = \frac{5e^6+1}{4}.$$

（3）查积分表得

$$\int x^2\sqrt{x^2+a^2}dx = \frac{x}{8}(2x^2+a^2)\sqrt{x^2+a^2} - \frac{a^4}{8}\ln(x+\sqrt{x^2+a^2}) + C.$$

则

$$\int_0^2 x^2\sqrt{x^2+4}dx = \left[\frac{x}{8}(2x^2+2^2)\sqrt{x^2+2^2} - \frac{2^4}{8}\ln(x+\sqrt{x^2+2^2})\right]\Big|_0^2$$
$$= 6\sqrt{2} - 2\ln(2+2\sqrt{2}) + 2\ln 2$$
$$= 6\sqrt{2} + 2\ln(\sqrt{2}-1).$$

课堂练习2

用牛顿-莱布尼兹公式计算下列定积分.

（1）$\int_1^3 dx$；　　　（2）$\int_3^4 x dx$；　　　（3）$\int_0^1 \sqrt{x}dx$；　　　（4）$\int_1^4 \sqrt{3x+4}dx$.

例 4 求下列定积分的值.

（1）$\int_0^{\frac{\pi}{2}}(2x^2+3x\cos x)\mathrm{d}x$ ；　　　　　（2）$\int_0^1(xe^x-x\arctan x)\mathrm{d}x$.

解 （1）$\int_0^{\frac{\pi}{2}}(2x^2+3x\cos x)\mathrm{d}x = 2\int_0^{\frac{\pi}{2}}x^2\mathrm{d}x+3\int_0^{\frac{\pi}{2}}x\cos x\mathrm{d}x$

$$= 2\left(\frac{1}{3}x^3\right)\Big|_0^{\frac{\pi}{2}}+3(\cos x+x\sin x)\Big|_0^{\frac{\pi}{2}}$$

$$= \frac{\pi^3}{12}+\frac{3\pi}{2}-3 .$$

（2）$\int_0^1(xe^x-x\arctan x)\mathrm{d}x = \int_0^1 xe^x\mathrm{d}x-\int_0^1 x\arctan x\mathrm{d}x$

$$= \left[e^x(x-1)\right]\Big|_0^1-\left[\frac{1}{2}(x^2+1)\arctan x-\frac{x}{2}\right]\Big|_0^1$$

$$= \frac{3}{2}-\frac{\pi}{4} .$$

其中 $\int x\cos x\mathrm{d}x$，$\int xe^x\mathrm{d}x$，$\int x\arctan x\mathrm{d}x$ 都是查积分表求得的原函数.

例 5 设 $f(x)=\begin{cases}x^2, & 0\leqslant x\leqslant 1\\ 3-x, & x>1\end{cases}$ ，求 $\int_0^2 f(x)\mathrm{d}x$.

解 $\int_0^2 f(x)\mathrm{d}x = \int_0^1 f(x)\mathrm{d}x+\int_1^2 f(x)\mathrm{d}x$

$$= \int_0^1 x^2\mathrm{d}x+\int_1^2(3-x)\mathrm{d}x$$

$$= \left(\frac{1}{3}x^3\right)\Big|_0^1+\left(3x-\frac{1}{2}x^2\right)\Big|_1^2 = \frac{11}{6} .$$

例 6 求 $\int_0^\pi \sqrt{1-\sin^2 x}\mathrm{d}x$.

解 $\int_0^\pi \sqrt{1-\sin^2 x}\mathrm{d}x = \int_0^\pi |\cos x|\mathrm{d}x$

$$= \int_0^{\frac{\pi}{2}}\cos x\mathrm{d}x+\int_{\frac{\pi}{2}}^\pi(-\cos x)\mathrm{d}x$$

$$= \sin x\Big|_0^{\frac{\pi}{2}}-\sin x\Big|_{\frac{\pi}{2}}^\pi = 2 .$$

例 7 求正弦曲线 $y=\sin x$ 在 $[0,\pi]$ 上与 x 轴围成的面积.

解 $A=\int_0^\pi \sin x\mathrm{d}x=-\cos x\Big|_0^\pi = 2$.

课堂练习 3

计算下列定积分：

（1）$\int_0^2 |x-1|\mathrm{d}x$ ；　　　　　（2）$\int_{-2}^2(x\sin^2 x-\sin x)\mathrm{d}x$.

习题 5.3

1. 求下列各函数的导数.

（1） $y = \int_2^x \frac{\sin t}{t} dt \ (x > 2)$;

（2） $y = \int_x^1 \frac{\sin t}{2+t^2} dt$;

（3） $y = \int_1^{x^2} \frac{e^t}{1+t^2} dt$;

（4） $y = \int_x^{2x} e^{-t^2} dt$.

2. 用牛顿-莱布尼兹公式计算下列定积分.

（1） $\int_0^\pi x^2 dx$;

（2） $\int_1^2 \sqrt[3]{x} dx$;

（3） $\int_{\frac{1}{\sqrt{3}}}^{\sqrt{3}} \frac{1}{1+x^2} dx$;

（4） $\int_{-\frac{\pi}{2}}^{\frac{\pi}{2}} (\sin x + 2) dx$;

（5） $\int_1^3 (x^3 - 2x + 1) dx$;

（6） $\int_{\frac{1}{2}}^{\frac{\sqrt{3}}{2}} \frac{1}{\sqrt{1-x^2}} dx$;

（7） $\int_1^3 \left(2x + \frac{1}{x}\right)^2 dx$;

（8） $\int_1^4 \frac{x^2+2}{x^2+1} dx$;

（9） $\int_0^1 \frac{4x^4 + 4x^2 + 1}{x^2+1} dx$;

（10） $\int_{2-e}^3 \frac{1}{x+2} dx$;

（11） $\int_0^{2\pi} \sqrt{1+\cos 2x} dx$;

（12） $\int_2^3 \sqrt{x}(2 + \sqrt{x}) dx$;

（13） $\int_1^4 \left(\frac{1}{\sqrt{x}} + \sqrt{x}\right) dx$;

（14） $\int_1^2 \frac{\ln x}{x} dx$;

（15） $\int_0^2 x^2 e^{-x} dx$;

（16） $\int_0^\pi x \sin 2x dx$;

（17） $\int_2^e \frac{1}{x \ln x} dx$;

（18） $\int_1^e x^4 \ln x dx$.

3. 设 $f(x) = \begin{cases} x+1, & x \leqslant 1 \\ e^x & x > 1 \end{cases}$, 求 $\int_0^2 f(x) dx$.

4. 求下列极限.

（1） $\lim_{x \to 0} \frac{\int_0^x (\sin t^2 + 3) dt}{x}$;

（2） $\lim_{x \to 0} \frac{\int_0^{2x} \ln(1+t) dt}{1 - \cos x}$.

5.4 定积分的换元积分法与分部积分法

本节在不定积分的换元法与分部积分法的基础上，讨论定积分的换元积分法与分部积分法.

5.4.1 定积分的换元积分法

定理 若函数 $f(x)$ 在区间 $[a, b]$ 上连续，函数 $x = \varphi(t)$ 在 $[\alpha, \beta]$ 上单调且有连续导数，$\varphi(\alpha) = a, \varphi(\beta) = b$ ，则有

$$\int_a^b f(x)dx = \int_\alpha^\beta f[\varphi(t)]\varphi'(t)dt .$$ （5.4-1）

公式（5.4-1）称为定积分的**换元积分公式**.

运用换元积分公式时，注意"换元换限"同时进行.

例 1　求定积分 $\int_0^{\frac{\pi}{2}} \sin^3 x \cos x \mathrm{d}x$.

解　令 $t = \sin x$ ，则 $\mathrm{d}t = \cos x \mathrm{d}x$. 当 $x = 0$ 时，$t = 0$；当 $x = \dfrac{\pi}{2}$ 时，$t = 1$，所以

$$\int_0^{\frac{\pi}{2}} \sin^3 x \cos x \mathrm{d}x = \int_0^1 t^3 \mathrm{d}t = \frac{1}{4} t^4 \Big|_0^1 = \frac{1}{4} .$$

例 1 中，如果不写出新变量 t，定积分的上、下限就不要变更：

$$\int_0^{\frac{\pi}{2}} \sin^3 x \cos x \mathrm{d}x = \int_0^{\frac{\pi}{2}} \sin^3 x \mathrm{d}\sin x = \frac{1}{4} \sin^4 x \Big|_0^{\frac{\pi}{2}} = \frac{1}{4} .$$

例 2　求下列定积分的值.

（1）$\int_0^1 x^2 \sqrt{1-x^2} \mathrm{d}x$ ；　　　　　　　（2）$\int_0^9 \dfrac{\mathrm{d}x}{1+\sqrt{x}}$.

解　（1）令 $x = \sin t$，$t \in \left[-\dfrac{\pi}{2}, \dfrac{\pi}{2}\right]$，则 $\mathrm{d}x = \cos t \mathrm{d}t$. 当 $x = 0$ 时，$t = 0$；当 $x = 1$ 时，$t = \dfrac{\pi}{2}$，所以

$$\int_0^1 x^2 \sqrt{1-x^2} \mathrm{d}x = \int_0^{\frac{\pi}{2}} \sin^2 t \cos^2 t \mathrm{d}t = \frac{1}{4} \int_0^{\frac{\pi}{2}} \sin^2 2t \mathrm{d}t$$

$$= \frac{1}{8} \int_0^{\frac{\pi}{2}} (1 - \cos 4t) \mathrm{d}t = \frac{1}{8} \left(t - \frac{1}{4} \sin 4t \right) \Big|_0^{\frac{\pi}{2}} = \frac{\pi}{16} .$$

（2）令 $\sqrt{x} = t$，则 $x = t^2$，$\mathrm{d}x = 2t\mathrm{d}t$. 当 $x = 0$ 时，$t = 0$；$x = 9$ 时，$t = 3$，所以

$$\int_0^9 \frac{\mathrm{d}x}{1+\sqrt{x}} = \int_0^3 \frac{2t}{1+t} \mathrm{d}t = 2 \int_0^3 \left(1 - \frac{1}{1+t}\right) \mathrm{d}t = 2 (t - \ln|1+t|) \Big|_0^3 = 6 - 4\ln 2 .$$

例 3　设函数 $f(x)$ 在 $[-a, a]$ 上连续，证明：

（1）若函数 $f(x)$ 在 $[-a, a]$ 上为偶函数，则 $\int_{-a}^a f(x)\mathrm{d}x = 2\int_0^a f(x)\mathrm{d}x$ ；

（2）若函数 $f(x)$ 在 $[-a, a]$ 上为奇函数，则 $\int_{-a}^a f(x)\mathrm{d}x = 0$.

证明　根据定积分的性质，得

$$\int_{-a}^a f(x)\mathrm{d}x = \int_{-a}^0 f(x)\mathrm{d}x + \int_0^a f(x)\mathrm{d}x .$$

令 $x = -t$，则 $\mathrm{d}x = -\mathrm{d}t$. 当 $x = 0$ 时，$t = 0$；当 $x = -a$ 时，$t = a$，所以

$$\int_{-a}^0 f(x)\mathrm{d}x = -\int_a^0 f(-t)\mathrm{d}t = \int_0^a f(-t)\mathrm{d}t = \int_0^a f(-x)\mathrm{d}x .$$

于是有

$$\int_{-a}^a f(x)\mathrm{d}x = \int_0^a f(-x)\mathrm{d}x + \int_0^a f(x)\mathrm{d}x = \int_0^a \left[f(-x) + f(x) \right] \mathrm{d}x .$$

（1）若 $f(x)$ 是偶函数，则 $f(-x) = f(x)$. 所以

$$\int_{-a}^{a} f(x)\mathrm{d}x = \int_0^a [f(-x)+f(x)]\mathrm{d}x = \int_0^a 2f(x)\mathrm{d}x = 2\int_0^a f(x)\mathrm{d}x .$$

（2）若 $f(x)$ 是奇函数，则 $f(-x)=-f(x)$. 所以

$$\int_{-a}^{a} f(x)\mathrm{d}x = \int_0^a [f(-x)+f(x)]\mathrm{d}x = \int_0^a 0\mathrm{d}x = 0.$$

例 3 的结论可以简化奇函数与偶函数在对称区间上的积分.

例 4 计算下列定积分.

（1） $\displaystyle\int_{-3}^{3} \frac{x^5 \sin^2 x}{1+x^2+x^4}\mathrm{d}x$ ； （2） $\displaystyle\int_{-1}^{1} \sqrt{4-x^2}\,\mathrm{d}x$.

解 （1）因为被积函数 $f(x)=\dfrac{x^5 \sin^2 x}{1+x^2+x^4}$ 在对称区间 $[-3, 3]$ 上是奇函数，所以

$$\int_{-3}^{3} \frac{x^5 \sin^2 x}{1+x^2+x^4}\mathrm{d}x = 0 .$$

（2） $\displaystyle\int_{-1}^{1} \sqrt{4-x^2}\,\mathrm{d}x = 2\int_0^1 \sqrt{4-x^2}\,\mathrm{d}x \xrightarrow{x=2\sin t} 2\int_0^{\frac{\pi}{6}} \sqrt{4-4\sin^2 t}\cdot 2\cos t\,\mathrm{d}t$

$\qquad = 8\displaystyle\int_0^{\frac{\pi}{6}} \cos^2 t\,\mathrm{d}t = 4\int_0^{\frac{\pi}{6}} (1+\cos 2t)\mathrm{d}t$

$\qquad = (4t+2\sin 2t)\Big|_0^{\frac{\pi}{6}} = \dfrac{2\pi}{3}+\sqrt{3}$.

课堂练习 1

计算下列定积分.

（1） $\displaystyle\int_4^9 \frac{\sqrt{x}}{\sqrt{x}-1}\mathrm{d}x$ ； （2） $\displaystyle\int_{-2}^2 x^2|x|\mathrm{d}x$ ； （3） $\displaystyle\int_{-2}^2 \frac{x^4 \sin x}{\sqrt{5-x^2}}\mathrm{d}x$.

5.4.2 定积分的分部积分法

设函数 $u(x),v(x)$ 是 $[a, b]$ 上的连续可导函数，那么

$$\int_a^b u\mathrm{d}v = (uv)\Big|_a^b - \int_a^b v\mathrm{d}u . \tag{5.4-2}$$

公式（5.4-2）称为**定积分的分部积分公式**.

例 5 求积分 $\displaystyle\int_0^1 \ln(1+x^2)\mathrm{d}x$.

解 $\displaystyle\int_0^1 \ln(1+x^2)\mathrm{d}x = x\ln(1+x^2)\Big|_0^1 - 2\int_0^1 \frac{x^2}{1+x^2}\mathrm{d}x$

$\qquad = \ln 2 - 2\displaystyle\int_0^1 \left(1-\frac{1}{1+x^2}\right)\mathrm{d}x$

$\qquad = \ln 2 - 2(x-\arctan x)\Big|_0^1$

$$= \ln 2 - 2 + \frac{\pi}{2}.$$

例 6 计算 $\int_0^4 e^{\sqrt{x}} dx$.

解 令 $\sqrt{x} = t$，则 $x = t^2$，$dx = 2t dt$. 当 $x = 0$ 时，$t = 0$；当 $x = 4$ 时，$t = 2$，则

$$\int_0^4 e^{\sqrt{x}} dx = 2\int_0^2 t e^t dt = 2\int_0^2 t de^t = 2t e^t \Big|_0^2 - 2\int_0^2 e^t dt$$

$$= 4e^2 - 2e^t \Big|_0^2 = 2e^2 + 2.$$

课堂练习 2

计算下列定积分.

（1）$\int_0^1 \ln(x+1) dx$；　　　　（2）$\int_0^{\frac{\pi}{2}} x \cos x dx$.

习题 5.4

1. 计算下列定积分.

（1）$\int_2^4 \frac{1}{(3-2x)^3} dx$；　　　（2）$\int_0^8 \frac{1}{1+\sqrt{1+x}} dx$；　　　（3）$\int_1^3 \frac{1}{\sqrt{x}(1+x)} dx$；

（4）$\int_1^e \frac{1}{x(1+\ln x)^2} dx$；　　（5）$\int_{\frac{\sqrt{2}}{2}}^1 \frac{\sqrt{1-x^2}}{x^2} dx$；　　（6）$\int_0^1 \frac{1}{1+e^x} dx$；

（7）$\int_{\frac{1}{\pi}}^{\frac{2}{\pi}} \frac{\sin \frac{1}{x}}{x^2} dx$；　　　　（8）$\int_0^1 \frac{t}{(t^2+3)^2} dt$；　　　（9）$\int_{-\frac{\pi}{2}}^{\frac{\pi}{2}} \sqrt{\cos x - \cos^3 x} dx$；

（10）$\int_{-5}^5 \frac{x^2 \sin x}{\sqrt{1+4x^2}} dx$.

2. 计算下列定积分.

（1）$\int_0^3 x e^{-x} dx$；　　　　（2）$\int_0^{\frac{\pi}{2}} x^2 \sin x dx$；　　　（3）$\int_0^{2\pi} x^2 \cos x dx$；

（4）$\int_0^1 x e^{-2x} dx$；　　　　（5）$\int_1^e x^2 \ln x dx$；　　　　（6）$\int_{\frac{1}{e}}^e |\ln x| dx$.

3. 已知 $f(1) = 1$，$f(2) = 5$，$f'(1) = 8$，$f'(2) = -1$，求 $\int_1^2 x f''(x) dx$.

*5.5　广义积分

实际问题中，我们有时会遇到积分区间无限或被积函数无界的积分，这两种积分我们称为广义积分.

5.5.1　无穷区间上的广义积分

定义 1　设函数 $f(x)$ 在区间 $[a, +\infty)$ 上连续，取 $b > a$，如果极限

$$\lim_{b \to +\infty} \int_a^b f(x)\mathrm{d}x$$

存在，则称此极限为函数 $f(x)$ 在区间 $[a, +\infty)$ 上的**广义积分**，记作 $\int_a^{+\infty} f(x)\mathrm{d}x$，即

$$\int_a^{+\infty} f(x)\mathrm{d}x = \lim_{b \to +\infty} \int_a^b f(x)\mathrm{d}x,$$

这时也称广义积分 $\int_a^{+\infty} f(x)\mathrm{d}x$ **收敛**. 如果上述极限不存在，就称广义积分 $\int_a^{+\infty} f(x)\mathrm{d}x$ **发散**.

类似地，可定义函数 $f(x)$ 在 $(-\infty, b]$ 上的广义积分：

$$\int_{-\infty}^b f(x)\mathrm{d}x = \lim_{a \to -\infty} \int_a^b f(x)\mathrm{d}x.$$

函数 $f(x)$ 在 $(-\infty, +\infty)$ 上的广义积分定义为

$$\int_{-\infty}^{+\infty} f(x)\mathrm{d}x = \int_{-\infty}^c f(x)\mathrm{d}x + \int_c^{+\infty} f(x)\mathrm{d}x = \lim_{a \to -\infty} \int_a^c f(x)\mathrm{d}x + \lim_{b \to +\infty} \int_c^b f(x)\mathrm{d}x,$$

其中 c 为任意常数. 上式中，若两个广义积分 $\int_{-\infty}^c f(x)\mathrm{d}x$，$\int_c^{+\infty} f(x)\mathrm{d}x$ 均收敛，则称 $\int_{-\infty}^{+\infty} f(x)\mathrm{d}x$ 收敛；若两者之中至少有一个发散，则称 $\int_{-\infty}^{+\infty} f(x)\mathrm{d}x$ 发散.

例 1　求广义积分 $\int_1^{+\infty} \dfrac{1}{x^2}\mathrm{d}x$.

解　$\int_1^{+\infty} \dfrac{1}{x^2}\mathrm{d}x = \lim\limits_{b \to +\infty} \int_1^b \dfrac{1}{x^2}\mathrm{d}x = \lim\limits_{b \to +\infty} \left(-\dfrac{1}{x}\right)\Big|_1^b = \lim\limits_{b \to +\infty} \left(-\dfrac{1}{b}+1\right) = 1$.

例 2　求广义积分 $\int_{-\infty}^0 \mathrm{e}^x\mathrm{d}x$.

解　$\int_{-\infty}^0 \mathrm{e}^x\mathrm{d}x = \lim\limits_{a \to -\infty} \int_a^0 \mathrm{e}^x\mathrm{d}x = \lim\limits_{a \to -\infty} \mathrm{e}^x\Big|_a^0 = \lim\limits_{a \to -\infty} (1 - \mathrm{e}^a) = 1$.

例 3　求广义积分 $\int_{-\infty}^{+\infty} \dfrac{1}{1+x^2}\mathrm{d}x$.

解　$\int_{-\infty}^{+\infty} \dfrac{1}{1+x^2}\mathrm{d}x = \lim\limits_{a \to -\infty} \int_a^0 \dfrac{1}{1+x^2}\mathrm{d}x + \lim\limits_{b \to +\infty} \int_0^b \dfrac{1}{1+x^2}\mathrm{d}x$

$\qquad = \lim\limits_{a \to -\infty} \arctan x\Big|_a^0 + \lim\limits_{b \to +\infty} \arctan x\Big|_0^b$

$\qquad = \lim\limits_{a \to -\infty} (0 - \arctan a) + \lim\limits_{b \to +\infty} (\arctan b - 0)$

$\qquad = -\left(-\dfrac{\pi}{2}\right) + \dfrac{\pi}{2} = \pi$.

例 3 的解也可以写成

$$\int_{-\infty}^{+\infty} \dfrac{1}{1+x^2}\mathrm{d}x = \arctan x\,\big|_{-\infty}^{+\infty} = \lim_{x \to +\infty} \arctan x - \lim_{x \to -\infty} \arctan x = \dfrac{\pi}{2} - \left(-\dfrac{\pi}{2}\right) = \pi.$$

课堂练习 1

求下列广义积分.

（1）$\int_0^{+\infty} e^{-x} dx$；　　　（2）$\int_1^{+\infty} \frac{1}{x^4} dx$.

5.5.2　无界函数的广义积分

定义 2　设函数 $f(x)$ 在区间 $(a, b]$ 上连续，且 $\lim\limits_{x \to a^+} f(x) = \infty$，取 $t > a$，如果极限

$$\lim_{t \to a^+} \int_t^b f(x) dx$$

存在，则称此极限为函数 $f(x)$ 在区间 $(a, b]$ 上的**广义积分**，仍然记作 $\int_a^b f(x) dx$，即

$$\int_a^b f(x) dx = \lim_{t \to a^+} \int_t^b f(x) dx，$$

这时也称广义积分 $\int_a^b f(x) dx$ **收敛**. 如果上述极限不存在，就称广义积分 $\int_a^b f(x) dx$ **发散**.

类似地，设函数 $f(x)$ 在区间 $[a, b)$ 上连续，且 $\lim\limits_{x \to b^-} f(x) = \infty$，可定义广义积分：

$$\int_a^b f(x) dx = \lim_{t \to b^-} \int_a^t f(x) dx.$$

设函数 $f(x)$ 在区间 $[a, b]$ 上除 $x = c(a < c < b)$ 点外都连续，且 $\lim\limits_{x \to c} f(x) = \infty$，还可定义广义积分：

$$\int_a^b f(x) dx = \int_a^c f(x) dx + \int_c^b f(x) dx = \lim_{t \to c^-} \int_a^t f(x) dx + \lim_{t \to c^+} \int_t^b f(x) dx，$$

上式中若两个广义积分 $\int_a^c f(x) dx$ 及 $\int_c^b f(x) dx$ 都收敛，则称 $\int_a^b f(x) dx$ 收敛；若两者之中至少有一个发散，则称 $\int_a^b f(x) dx$ 发散.

例 4　求广义积分 $\int_{-1}^0 \frac{1}{\sqrt{x+1}} dx$.

解　$\int_{-1}^0 \frac{1}{\sqrt{x+1}} dx = \lim\limits_{t \to -1^+} \int_t^0 \frac{1}{\sqrt{1+x}} dx = \lim\limits_{t \to -1^+} (2\sqrt{x+1}) \Big|_t^0$

　　　$= \lim\limits_{t \to -1^+} (2 - 2\sqrt{t+1}) = 2.$

例 5　讨论广义积分 $\int_{-1}^1 \frac{dx}{x^2}$ 的敛散性.

解　因为 $\lim\limits_{x \to 0} \frac{1}{x^2} = +\infty$，所以 $\int_{-1}^1 \frac{dx}{x^2}$ 为广义积分，于是

$$\int_{-1}^1 \frac{dx}{x^2} = \int_{-1}^0 \frac{dx}{x^2} + \int_0^1 \frac{dx}{x^2}.$$

而

$$\int_{-1}^0 \frac{dx}{x^2} = \lim_{t \to 0^-} \left(-\frac{1}{x} \right) \Big|_{-1}^t = \lim_{t \to 0^-} \left[\left(-\frac{1}{t} \right) - 1 \right] = +\infty，$$

即广义积分 $\int_{-1}^{0}\dfrac{dx}{x^2}$ 发散，所以广义积分 $\int_{-1}^{1}\dfrac{dx}{x^2}$ 发散.

注意 例 5 中，若忽视了 $\lim\limits_{x\to 0}\dfrac{1}{x^2}=+\infty$ ，而把此广义积分当成定积分，则

$$\int_{-1}^{1}\frac{dx}{x^2}=\left(-\frac{1}{x}\right)\Bigg|_{-1}^{1}=-2 .$$

这显然是错误的.

课堂练习 2

讨论下列广义积分的敛散性，若收敛，求其值.

（1） $\int_{0}^{1}\dfrac{1}{x}dx$ ；   （2） $\int_{0}^{2}\dfrac{1}{\sqrt{x}}dx$.

习题 5.5

判别下列广义积分的敛散性，若收敛，求其值.

（1） $\int_{-\infty}^{0}\cos x\,dx$ ；   （2） $\int_{-\infty}^{0}\dfrac{1}{(x-3)^2}dx$ ；   （3） $\int_{e}^{+\infty}\dfrac{1}{x(\ln x)^2}dx$ ；

（4） $\int_{1}^{+\infty}\dfrac{x}{4+x^2}dx$ ；   （5） $\int_{-\infty}^{0}\dfrac{e^x}{1+e^x}dx$ ；   （6） $\int_{1}^{+\infty}\dfrac{1}{\sqrt{x^2+1}}dx$ ；

（7） $\int_{-\infty}^{+\infty}\dfrac{1}{x^2+2x+2}dx$ ；   （8） $\int_{0}^{+\infty}xe^x\,dx$ ；   （9） $\int_{1}^{2}\dfrac{1}{x\ln x}dx$ ；

（10） $\int_{0}^{1}\dfrac{x}{\sqrt{1-x^2}}dx$ ；   （11） $\int_{1}^{2}\dfrac{x}{\sqrt{x-1}}dx$ ；   （12） $\int_{0}^{2}\dfrac{1}{(1-x)^2}dx$.

5.6 定积分的应用

5.6.1 定积分的几何应用

1. 平面图形的面积

由定积分的几何意义可得：

（1）如图 5.6-1（a），由连续曲线 $y=f(x)$ 与直线 $x=a,x=b$（$a<b$）及 x 轴所围成的曲边梯形的面积为

$$A=\int_{a}^{b}\left|f(x)\right|dx .$$

（2）如图 5.6-1（b），由连续曲线 $y = f(x)$，$y = g(x)$ 及直线 $x = a$，$x = b$ $(a < b)$ 所围成的平面图形的面积为

$$A = \int_a^b |f(x) - g(x)| \mathrm{d}x.$$

（3）如图 5.6-1（c），由连续曲线 $x = \varphi(y)$ 与直线 $y = c, y = d$ $(c < d)$ 及 y 轴所围成的曲边梯形的面积为

$$A = \int_c^d |\varphi(y)| \mathrm{d}y.$$

（4）如图 5.6-1（d），由连续曲线 $x = \varphi(y)$，$x = \psi(y)$ 及直线 $y = c, y = d$ $(c < d)$ 所围成的平面图形的面积为

$$A = \int_c^d |\varphi(y) - \psi(y)| \mathrm{d}y.$$

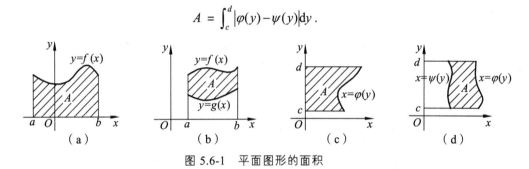

图 5.6-1　平面图形的面积

例 1　求由抛物线 $y = 4 - x^2$ 与 x 轴所围成的平面图形的面积.

解　首先画出图形，如图 5.6-2 所示. 再求交点，确定积分区间.

解方程组 $\begin{cases} y = 0 \\ y = 4 - x^2 \end{cases}$，

得 $\begin{cases} x_1 = -2 \\ y_1 = 0 \end{cases}$，$\begin{cases} x_2 = 2 \\ y_2 = 0 \end{cases}$.

即抛物线 $y = 4 - x^2$ 与 x 轴的交点为 $(-2, 0)$ 和 $(2, 0)$，确定积分区间为 $[-2, 2]$.

所以所求面积为 $A = \int_{-2}^2 (4 - x^2)\mathrm{d}x = \left(4x - \dfrac{1}{3}x^3\right)\Big|_{-2}^2 = \dfrac{32}{3}$.

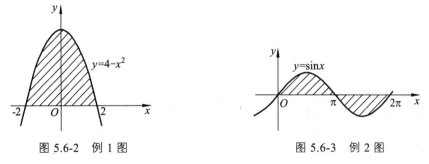

图 5.6-2　例 1 图　　　　　　　　　图 5.6-3　例 2 图

例 2　求由正弦曲线 $y = \sin x$，直线 $x = 0, x = 2\pi$ 及 x 轴所围成的曲边梯形的面积 A.

解　画出图形，如图 5.6-3 所示，这是一个特殊的曲边梯形，其面积为

$$A = \int_0^{2\pi} |\sin x| \, dx = \int_0^{\pi} \sin x \, dx + \int_{\pi}^{2\pi} (-\sin x) \, dx = (-\cos x)\big|_0^{\pi} + \cos x \big|_{\pi}^{2\pi} = 4 \, .$$

例 3　求由两条抛物线 $y = x^2$ 和 $y^2 = x$ 所围成的平面图形的面积.

解　画出图形，如图 5.6-4 所示.

解方程组 $\begin{cases} y = x^2 \\ y^2 = x \end{cases}$,

得 $\begin{cases} x_1 = 0 \\ y_1 = 0 \end{cases}$ 或 $\begin{cases} x_2 = 1 \\ y_2 = 1 \end{cases}$.

即两条抛物线的交点为 $(0, 0)$ 和 $(1, 1)$，确定积分区间为 $[0, 1]$.

$y^2 = x$ 在区间 $[0, 1]$ 上有 $y = \sqrt{x}$.

所以平面图形的面积为 $A = \int_0^1 (\sqrt{x} - x^2) \, dx = \left(\dfrac{2}{3} x^{\frac{3}{2}} - \dfrac{1}{3} x^3 \right)\Big|_0^1 = \dfrac{1}{3}$.

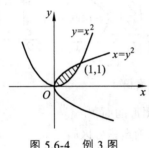

图 5.6-4　例 3 图

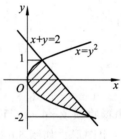

图 5.6-5　例 4 图

例 4　求由曲线 $y^2 = x$ 与直线 $x + y = 2$ 所围成的平面图形的面积 A.

解　画出图形，如图 5.6-5 所示.

解方程组 $\begin{cases} y^2 = x \\ x + y = 2 \end{cases}$,

得 $\begin{cases} x = 1 \\ y = 1 \end{cases}$ 或 $\begin{cases} x = 4 \\ y = -2 \end{cases}$,

即曲线 $y^2 = x$ 与直线 $x + y = 2$ 有两个交点 $(1, 1)$ 和 $(4, -2)$.

所以所求平面图形的面积为

$$A = \int_{-2}^1 (2 - y - y^2) \, dy = \left(2y - \frac{1}{2} y^2 - \frac{1}{3} y^3 \right)\Big|_{-2}^1 = \frac{9}{2} \, .$$

通过以上例题我们可以得到用定积分求平面图形面积的**步骤**：

（1）画出草图，弄清各曲线、各直线的相对位置关系，确定图形范围；

（2）求交点坐标，确定积分变量及积分上、下限；

（3）写出平面图形的面积的定积分表达式；

（4）计算定积分的值，得到所求图形的面积.

课堂练习 1

求由抛物线 $y = x^2$ 和直线 $y = x$ 所围成的图形的面积.

2. 旋转体的体积

一平面图形绕该平面内一条直线旋转一周所形成的立体称为**旋转体**，这条直线称为**旋转轴**.

设一旋转体是由连续曲线 $y = f(x)$，直线 $x = a$，$x = b$ 和 x 轴所围成的曲边梯形绕 x 轴旋转一周所形成的，下面用**微元法**求其体积 V_x.

（1）取 x 为积分变量，它的取值范围为 $[a, b]$；

（2）在区间 $[a, b]$ 上任取一个小区间 $[x, x+\mathrm{d}x]$（图 5.6-6（a）），相应的小曲边梯形绕 x 轴旋转一周而成的旋转体，可以近似地看成以 $|f(x)|$ 为底面半径、$\mathrm{d}x$ 为高的圆柱体（图 5.6-6（b）），其体积微元：

$$\mathrm{d}V_x = \pi f^2(x)\mathrm{d}x .$$

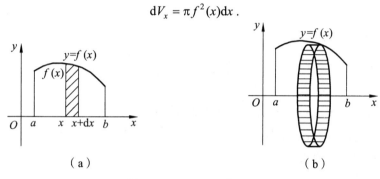

（a）　　　　　　　　　　　（b）

图 5.6-6　　$\mathrm{d}V_x = \pi f^2(x)\mathrm{d}x$

（3）在 $[a, b]$ 上积分，得到所求旋转体的体积

$$V_x = \pi \int_a^b f^2(x)\mathrm{d}x .$$

类似地，由连续曲线 $x = \varphi(y)$，直线 $y = c$，$y = d$ 和 y 轴所围成的曲边梯形绕 y 轴旋转一周所形成的旋转体的体积（图 5.6-7）为

$$V_y = \pi \int_c^d \varphi^2(y)\mathrm{d}y .$$

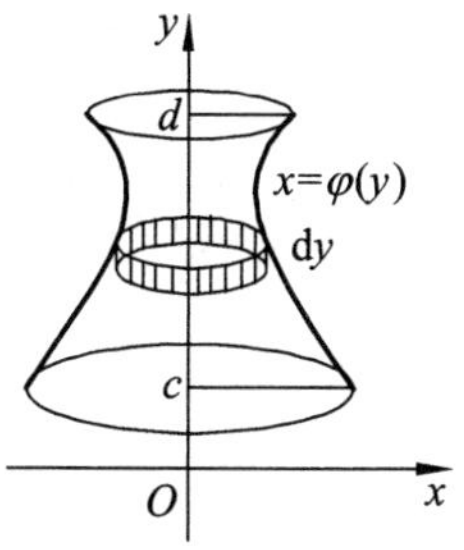

图 5.6-7　　$V_y = \pi \int_c^d \varphi^2(y)\mathrm{d}y$

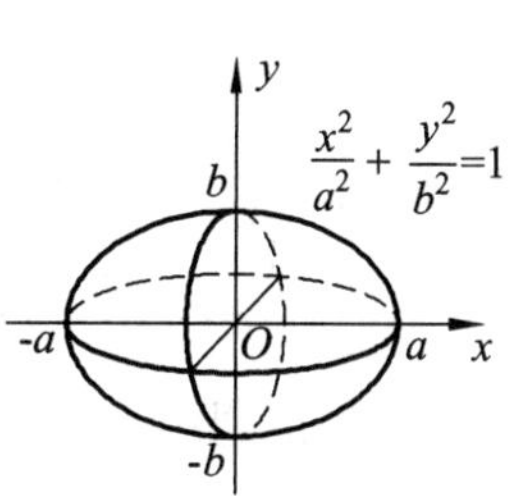

图 5.6-8　椭球体的体积

例 5　求由椭圆 $\dfrac{x^2}{a^2} + \dfrac{y^2}{b^2} = 1$ 绕 x 轴旋转一周所得的椭球体的体积（图 5.6-8）.

解 这个旋转体可以看作由椭圆上半部 $y = \dfrac{b}{a}\sqrt{a^2 - x^2}$ 与 x 轴所围成的平面图形绕 x 轴旋转一周而成的，所以该旋转体的体积

$$V_x = \pi \int_{-a}^{a} \left[\frac{b}{a}\sqrt{a^2 - x^2} \right]^2 \mathrm{d}x = \frac{2\pi b^2}{a^2} \int_0^a (a^2 - x^2)\mathrm{d}x$$

$$= \frac{2\pi b^2}{a^2}\left(a^2 x - \frac{1}{3}x^3 \right)\bigg|_0^a = \frac{4}{3}\pi ab^2.$$

当 $a = b$ 时，旋转体就是半径为 $R(= a = b)$ 的球体，其体积 $V_{球} = \dfrac{4}{3}\pi R^3$.

课堂练习 2

求由椭圆 $\dfrac{x^2}{a^2} + \dfrac{y^2}{b^2} = 1$ 绕 y 轴旋转一周所得的椭球体的体积.

3. 平面曲线的弧长

设函数 $y = f(x)$ 在区间 $[a, b]$ 上有一阶连续导数，下面用微元法求曲线在区间 $[a, b]$ 上的弧长 s（图 5.6-9）.

在 $[a, b]$ 上任取一小区间 $[x, x+\mathrm{d}x]$，其对应的弧长为 $\overset{\frown}{PQ}$，过点 P 作曲线的切线，由于 $\mathrm{d}x$ 很小，于是曲线弧 $\overset{\frown}{PQ}$ 的长度近似地等于切线段 PT 的长度 $|PT|$，因此，PT 为弧长微元 $\mathrm{d}s$. 可以看到 $\mathrm{d}x, \mathrm{d}y, \mathrm{d}s$ 构成一个直角三角形，因此有

$$\mathrm{d}s = \sqrt{(\mathrm{d}x)^2 + (\mathrm{d}y)^2} = \sqrt{1 + (y')^2}\,\mathrm{d}x.$$

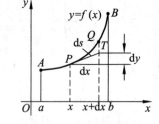

图 5.6-9 求平面曲线的弧长

对 $\mathrm{d}s$ 在区间 $[a, b]$ 上求积分，得到所求的弧长：

$$s = \int_a^b \sqrt{1 + (y')^2}\,\mathrm{d}x.$$

例 6 求抛物线 $y^2 = 4x$ 上自点 $(1, 2)$ 到点 $(2, 2\sqrt{2})$ 之间的一段弧长.

解 由 $y^2 = 4x$ 可知，在区间 $[1, 2]$ 上，$y = 2\sqrt{x}$，则 $y' = \dfrac{1}{\sqrt{x}}$. 于是

$$s = \int_1^2 \sqrt{1 + \left(\frac{1}{\sqrt{x}} \right)^2}\,\mathrm{d}x = \int_1^2 \sqrt{\frac{x+1}{x}}\,\mathrm{d}x = \left[\sqrt{x(x+1)} + \ln(\sqrt{x+1} + \sqrt{x}) \right]\bigg|_1^2$$

$$= \sqrt{6} - \sqrt{2} + \ln(\sqrt{3} + \sqrt{2}) - \ln(\sqrt{2} + 1).$$

以上积分是查积分表得到的.

课堂练习 3

求曲线 $y = \dfrac{2}{3}x^{\frac{3}{2}}$ 上从 $x = 0$ 到 $x = 8$ 之间的一段弧长.

5.6.2　定积分的物理应用

1. 变速直线运动的路程

作变速直线运动的物体在时间间隔 $[a, b]$ 上所经过的路程，等于其速度函数 $v = v(t)$ 在区间 $[a, b]$ 上的定积分 $s = \int_a^b v(t)\mathrm{d}t$.

例 7　一物体以速度 $v = 4t^2 + 3t\,(\mathrm{m/s})$ 作变速直线运动，计算在 $t = 1\,\mathrm{s}$ 到 $t = 4\,\mathrm{s}$ 这段时间内的平均速度.

解　已知 $v = v(t) = 4t^2 + 3t$，于是在 $t = 1\,\mathrm{s}$ 到 $t = 4\,\mathrm{s}$ 这段时间内物体所经过的路程为

$$s = \int_1^4 v(t)\mathrm{d}t = \int_1^4 (4t^2 + 3t)\mathrm{d}t = \left(\frac{4}{3}t^3 + \frac{3}{2}t^2\right)\bigg|_1^4 = \frac{213}{2}\,\mathrm{m},$$

则其平均速度为 $\bar{v} = \dfrac{s}{\Delta t} = \dfrac{213}{6}\,\mathrm{m/s}$.

2. 变力沿直线所做的功

设物体在变力 $F(x)$ 的作用下，沿 x 轴由 $x = a$ 移动到 $x = b$，力的方向与 x 轴的方向一致，用"微元法"可以求出变力 $F(x)$ 所做的功 W 为

$$W = \int_a^b F(x)\mathrm{d}x.$$

例 8　已知把弹簧拉长 $0.02\,\mathrm{m}$ 需要 $9.8\,\mathrm{N}$ 的力，求把弹簧拉长 $0.10\,\mathrm{m}$ 所做的功.

解　在弹性限度内，弹簧的变形量与所受外力成正比，即将弹簧拉长 $x(\mathrm{m})$ 时，所用力的关系式为

$$F(x) = kx，\quad \text{其中 } k \text{ 为比例系数}.$$

将题设条件 $x = 0.02\,\mathrm{m}$，$F = 9.8\,\mathrm{N}$ 代入 $F(x) = kx$ 得，$k = 4.9 \times 10^2$. 所以

$$F(x) = 4.9 \times 10^2 x.$$

于是变力所做的功为

$$W = \int_0^{0.10} 4.9 \times 10^2 x\mathrm{d}x = 4.9 \times 10^2 \times \left(\frac{x^2}{2}\right)\bigg|_0^{0.10} = 2.45\,\mathrm{J}.$$

3. 液体的静压力

由物理学知识知道，均质液体距液面深为 h 处的压强为 $p = \rho g h$，其中 ρ 是液体密度，g 是重力加速度. 如果有一面积为 A 的平板水平放置在距液面深为 h 处的液体中，则平板的一侧所受的压力为

$$F = \rho g h A.$$

但在实际中，有时需要计算铅直放置的平板一侧所受到的压力，由于深度不同压力也不同，

所以不能直接用上述公式进行计算，下面通过例子说明其计算方法.

例9 有一等腰梯形的水闸门，它的两底边长分别为 10 m 和 6 m，高为 10 m，较长的底边与水面平齐. 试计算该闸门一侧所受到的水的压力.

解 根据题设条件，建立如图 5.6-10 所示的坐标系.

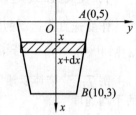

图 5.6-10 例 9 图

直线 AB 的方程为 $y = -\dfrac{1}{5}x + 5$.

取 x 为积分变量，积分区间为 $[0, 10]$，在区间 $[0, 10]$ 上任取一小区间 $[x, x+dx]$，与其对应的面积近似等于长为 dx、宽为 $2y = 2\left(-\dfrac{1}{5}x + 5\right)$ 的小矩形的面积，则其压力微元为

$$dF = \rho g x \cdot 2\left(-\frac{1}{5}x + 5\right)dx = 2 \times 9.8 \times 10^3 x\left(-\frac{1}{5}x + 5\right)dx.$$

所以，闸门一侧所受到的压力为

$$F = \int_0^{10} 2 \times 9.8 \times 10^3 x\left(-\frac{1}{5}x + 5\right)dx = 2 \times 9.8 \times 10^3\left(-\frac{1}{15}x^3 + \frac{5}{2}x^2\right)\Big|_0^{10} \approx 3.59 \times 10^6 \text{ N}.$$

课堂练习 4

设把金属杆的长度从 a 拉到 $a+x$ 时，所需的力等于 $\dfrac{k}{a}x$，其中 k 为常数. 试求将金属杆的长度从 a 拉到 b 时所做的功.

习题 5.6

1. 计算由下列曲线所围成的平面图形的面积.

（1）$y = -x^2 + 2, y = x$；
（2）$y = \cos x, x = 0, x = 2\pi, y = 0$；
（3）$xy = 1, y = x, y = 2$；
（4）$y = e^x, x = 2, x = 4$ 和 $y = 0$；
（5）$y = x^2, y = 2x + 3$；
（6）$y = x^2, y = -x^2 + 8$.

2. 求下列旋转体的体积.

（1）曲线 $y = \sqrt{x}$ 与直线 $x = 1$，$x = 4$，$y = 0$ 围成的平面绕 x 轴旋转一周；

（2）曲线 $y = \sin x$，$y = \cos x$，$x \in \left[0, \dfrac{\pi}{4}\right]$ 与直线 $x = 0$ 围成的平面绕 x 轴旋转一周；

（3）曲线 $y = x^2$ 与直线 $x = 2$，$y = 0$ 围成的平面绕 y 轴旋转一周.

（4）曲线 $y = x^2$，$x = y^2$ 围成的平面绕 y 轴旋转一周.

3. 有一口锅，其形状可视为抛物线 $y = ax^2$ 绕 y 轴旋转一周而形成的图形，已知锅深为 0.5 m，锅口直径为 1 m，求锅的容积.

4. 求下列各曲线在指定区间上的曲线弧长.

（1）$y = \ln(1-x^2)$，$x \in \left[0, \dfrac{1}{2}\right]$；

（2）$y = \dfrac{x^2}{4} - \dfrac{1}{2}\ln x$，$x \in [1, e]$.

5. 设一物体沿直线运动，其速度 $v = \sqrt{1+t}$ (m/s). 试求物体在运动开始后 10 s 内所经过的路程.

6. 已知弹簧原长 0.30 m，每压缩 0.01 m 需力 2 N，求把弹簧从 0.25 m 压缩到 0.20 m 时所做的功.

7. 一水库的闸门为直角梯形，两底边长分别为 6 m 和 2 m，高为 10 m，当水面与较长底边平齐时，求闸门一侧所受到的压力.

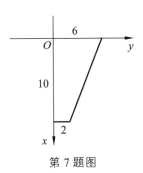

第 7 题图

主要知识点小结

本章主要内容有定积分的概念、定积分的性质和计算、定积分的应用.

1. 定积分的概念

（1）定积分的定义：$\displaystyle\int_a^b f(x)\mathrm{d}x = \lim_{\|\Delta x\| \to 0} \sum_{i=1}^n f(\xi_i)\Delta x_i$.

重点是四个步骤："分割""近似""求和""取极限".

（2）定积分的几何意义.

① 当 $f(x) \geqslant 0$ 时，定积分 $\displaystyle\int_a^b f(x)\mathrm{d}x$ 表示由连续曲线 $y = f(x)$，直线 $x = a, x = b$ 与 x 轴所围成的曲边梯形的面积，即 $\displaystyle\int_a^b f(x)\mathrm{d}x = A$.

② 当 $f(x) \leqslant 0$ 时，定积分 $\displaystyle\int_a^b f(x)\mathrm{d}x$ 表示由连续曲线 $y = f(x)$，直线 $x = a, x = b$ 与 x 轴所围成的曲边梯形的面积的负值，即 $\displaystyle\int_a^b f(x)\mathrm{d}x = -A$.

③ 若 $f(x)$ 在 $[a, b]$ 上有正有负，定积分 $\displaystyle\int_a^b f(x)\mathrm{d}x$ 表示由曲线 $y = f(x)$，直线 $x = a, x = b$ 与 x 轴所围成的各部分面积的代数和，即 $\displaystyle\int_a^b f(x)\mathrm{d}x = \sum_{i=1}^n A_i$.

2. 定积分的性质

性质 1　$\displaystyle\int_a^b [f(x) \pm g(x)]\mathrm{d}x = \int_a^b f(x)\mathrm{d}x \pm \int_a^b g(x)\mathrm{d}x$.

性质 2　$\displaystyle\int_a^b kf(x)\mathrm{d}x = k\int_a^b f(x)\mathrm{d}x$.

性质 3　$\displaystyle\int_a^b f(x)\mathrm{d}x = \int_a^c f(x)\mathrm{d}x + \int_c^b f(x)\mathrm{d}x$.

性质 4　若在区间 $[a, b]$ 上 $f(x) \equiv 1$，则 $\displaystyle\int_a^b 1\mathrm{d}x = \int_a^b \mathrm{d}x = b - a$.

性质 5 如果在区间 $[a, b]$ 上有 $f(x) \leqslant g(x)$，则 $\int_a^b f(x)\mathrm{d}x \leqslant \int_a^b g(x)\mathrm{d}x$.

性质 6（估值定理） 设 M, m 分别是 $f(x)$ 在区间 $[a, b]$ 上的最大值与最小值，则

$$m(b-a) \leqslant \int_a^b f(x)\mathrm{d}x \leqslant M(b-a).$$

性质 7（积分中值定理） 设函数 $f(x)$ 在区间 $[a, b]$ 上连续，则在 $[a, b]$ 上至少存在一点 ξ，使得

$$\int_a^b f(x)\mathrm{d}x = f(\xi)(b-a), (a \leqslant \xi \leqslant b).$$

3. 微积分的基本积分公式（牛顿-莱布尼兹公式）

$$\int_a^b f(x)\mathrm{d}x = F(b) - F(a), (F(x) \text{ 是 } f(x) \text{ 的一个原函数}).$$

4. 定积分的计算方法

（1）运用求不定积分的方法求出原函数，再用牛顿-莱布尼兹公式求值.

（2）定积分的换元法：$\int_a^b f(x)\mathrm{d}x = \int_\alpha^\beta f[\varphi(t)]\varphi'(t)\mathrm{d}t$.

（3）分部积分法：$\int_a^b u\mathrm{d}v = (uv)\big|_a^b - \int_a^b v\mathrm{d}u$.

5. 定积分的应用

"微元法"是定积分应用的主要方法.

（1）几何应用.

① 平面图形的面积：

由曲线 $y = f(x)$ 与直线 $x = a, x = b$ $(a < b)$，x 轴所围成的曲边梯形的面积 $A = \int_a^b |f(x)|\mathrm{d}x$；

由曲线 $y = f(x)$，$y = g(x)$ 与直线 $x = a, x = b$ $(a < b)$ 所围成的平面图形的面积 $A = \int_a^b |f(x) - g(x)|\mathrm{d}x$；

由曲线 $x = \varphi(y)$ 与直线 $y = c, y = d$ $(c < d)$，y 轴所围成的曲边梯形的面积 $A = \int_c^d |\varphi(y)|\mathrm{d}y$；

由曲线 $x = \varphi(y)$，$x = \psi(y)$ 与直线 $y = c, y = d$ $(c < d)$ 所围成的平面图形的面积 $A = \int_c^d |\varphi(y) - \psi(y)|\mathrm{d}y$.

② 旋转体的体积：

$$V_x = \pi \int_a^b f^2(x)\mathrm{d}x, \text{（绕 } x \text{ 轴旋转）};$$

$$V_y = \pi \int_c^d \varphi^2(y)\mathrm{d}y, \text{（绕 } y \text{ 轴旋转）}.$$

③ 曲线弧的弧长：$s = \int_a^b \sqrt{1 + (y')^2}\mathrm{d}x$.

（2）物理应用.

① 变速直线运动的路程.

② 变力所做的功.

③ 液体静压力.

复习题五

一、填空题

1. 设 $f(x)$ 在实数域内连续，则 $\int f(x)\mathrm{d}x - \int_0^x f(t)\mathrm{d}t =$ _____.

2. 设连续函数 $f(x)$ 满足 $\int_0^x f(t)\mathrm{d}t = \mathrm{e}^{x^2+1}$ ，则 $f(x) =$ _____.

3. $\dfrac{\mathrm{d}}{\mathrm{d}x} \int_0^x \cos t^2 \mathrm{d}t =$ _____.

4. $\dfrac{\mathrm{d}}{\mathrm{d}x} \int_x^0 \cos t^2 \mathrm{d}t =$ _____.

5. $\dfrac{\mathrm{d}}{\mathrm{d}x} \int_0^1 \cos t^2 \mathrm{d}t =$ _____.

6. $\dfrac{\mathrm{d}}{\mathrm{d}x} \int \cos x^2 \mathrm{d}x =$ _____.

7. $\int_{-1}^3 |x| \mathrm{d}x =$ _____.

8. 已知 $\int_0^5 f(x)\mathrm{d}x = 3$ ， $\int_3^5 f(x)\mathrm{d}x = -7$ ，则 $\int_0^3 f(x)\mathrm{d}x =$ _____.

9. $\int_a^b f(x)\mathrm{d}x + \int_a^a f(x)\mathrm{d}x + \int_b^a f(x)\mathrm{d}x =$ _____.

10. 若 $\int_a^b \dfrac{f(x)}{f(x)+g(x)}\mathrm{d}x = 1$ ，则 $\int_a^b \dfrac{g(x)}{f(x)+g(x)}\mathrm{d}x =$ _____.

二、选择题

1. 已知函数 $f(x)$ 在 $[-2,2]$ 上的最大值为 3 ，最小值为 -3 ，估计 $\int_{-2}^2 f(x)\mathrm{d}x$ 的值为（　　　）.

A. $-2 \leqslant \int_{-2}^2 f(x)\mathrm{d}x \leqslant 2$ B. $-3 \leqslant \int_{-2}^2 f(x)\mathrm{d}x \leqslant 3$

C. $-6 \leqslant \int_{-2}^2 f(x)\mathrm{d}x \leqslant 6$ D. $-12 \leqslant \int_{-2}^2 f(x)\mathrm{d}x \leqslant 12$

2. 下列等式正确的是（　　　）.

A. $\int_{-a}^a f(x)\mathrm{d}x = 2\int_0^a f(x)\mathrm{d}x$ B. $\int_{-a}^a f(x)\mathrm{d}x = 0$

C. $\int_{-a}^a f(-x)\mathrm{d}x = \int_{-a}^a f(x)\mathrm{d}x$ D. $\int_{-a}^a f(-x)\mathrm{d}x = -\int_{-a}^a f(x)\mathrm{d}x$

3. $\dfrac{\mathrm{d}}{\mathrm{d}x} \int_a^b \arctan x \mathrm{d}x =$ （　　　）.

A. $\arctan b - \arctan a$ B. $\dfrac{1}{1+b^2} - \dfrac{1}{1+a^2}$

C. 0 D. $\dfrac{1}{1+x^2} + C$

4. $\lim\limits_{x \to 0} \dfrac{\int_0^x t\sin t\,dt}{\int_0^x t^2\,dt} = ($ $)$.

A. 0　　　　　　B. 1　　　　　　C. 2　　　　　　D. −1

5. 下列定积分等于 0 的是（   ）.

A. $\int_{-1}^1 x^2\cos x\,dx$　　　　　　　　B. $\int_{-1}^1 x\sin x\,dx$

C. $\int_{-1}^1 (2x-\sin x)\,dx$　　　　　　D. $\int_{-1}^1 (2x-e^x)\,dx$

6. 下列各式错误的是（   ）.

A. $\int_a^a f(x)\,dx = 0$　　　　　　　　B. $\int_a^b f(x)\,dx = \int_a^b f(y)\,dy$

C. $\int_a^b f'(x)\,dx = f(b)-f(a)$　　　　D. $\int_a^b f(x)\,dx = 2\int_a^b f\left(\dfrac{1}{2}x\right)dx$

7. 若 $\int_0^k (1-3x^2)\,dx = 0$，则 k 不能等于（   ）.

A. 2　　　　　　B. 1　　　　　　C. 0　　　　　　D. −1

8. 设 $G(x) = \int_0^x \sin(3t)\,dt$，则 $G'(x) = ($ $)$.

A. $\sin(3x)$　　　B. $3\sin 3x$　　　C. $\dfrac{1}{3}\sin 3x$　　　D. $-\cos 3t$

9. $\int_0^1 f(3x)\,dx = ($ $)$.

A. $\int_0^1 f(t)\,dt$　　　B. $\dfrac{1}{3}\int_0^1 f(t)\,dt$　　　C. $3\int_0^3 f(t)\,dt$　　　D. $\dfrac{1}{3}\int_0^3 f(t)\,dt$

*10. 下列广义积分发散的是（   ）.

A. $\int_1^{+\infty} \dfrac{1}{x^3}\,dx$　　　　　　　　B. $\int_e^{+\infty} \dfrac{1}{x(\ln x)^2}\,dx$

C. $\int_1^{+\infty} \dfrac{1}{1+x^2}\,dx$　　　　　　D. $\int_1^{+\infty} \dfrac{1}{1+x}\,dx$

三、求下列定积分

1. $\int_1^4 \dfrac{1}{2+3x}\,dx$；　　　2. $\int_0^1 x^3 e^x\,dx$；　　　3. $\int_4^9 \sqrt{x}(1+\sqrt{x})\,dx$；

4. $\int_0^{\frac{\pi}{2}} |\sin x-\cos x|\,dx$；　　　5. $\int_1^{e^3} \dfrac{1}{x\sqrt{1+\ln x}}\,dx$；　　　6. $\int_0^1 \dfrac{x}{1+x^4}\,dx$；

7. $\int_0^3 \dfrac{1}{1+\sqrt{x+1}}\,dx$；　　　8. $\int_{\ln 2}^{\ln 3} \dfrac{1}{e^x-e^{-x}}\,dx$；　　　*9. $\int_0^2 \dfrac{1}{(1-x)^2}\,dx$.

四、应用题

1. 计算由下列曲线所围成的平面图形的面积.

（1） $y=9-x^2, y=0$；　　　　　　（2） $y=x^2, y=2x$；

（3） $y=x^3, x=-2, x=1, y=0$；　　　（4） $y=\ln x, x=\dfrac{1}{2}, x=2, y=0$.

2. 求下列已知曲线所围成的平面图形按指定的轴旋转一周所得旋转体的体积.

（1）$x^2 + (y-1)^2 = 9$，$x = 0$，绕 y 轴；

（2）$y = \sin x$，$0 \leqslant x \leqslant \pi$，$y = 0$，绕 x 轴；

（3）$y = \cos x$，$x = 0$，$x = \pi$，$y = 0$，绕 x 轴；

（4）$y = e^x$，$y = 1$，$x = e$，$x = 0$，绕 y 轴；

（5）$xy = 2$，$x + y = 3$，绕 x 轴；

（6）$y = \sin x$，$y = \cos x$，$x = 0$，$x = \dfrac{\pi}{2}$，绕 x 轴.

3. 求曲线 $y = \ln \cos x$ 在 $\left[0, \dfrac{\pi}{3}\right]$ 上的弧长.

4. 作直线运动的质点在任意位置 x 处所受的力为 $F(x) = 1 - e^{2x}$，求质点从点 $a = 0$ 沿 x 轴运动到 $b = 2$ 处，力 $F(x)$ 所做的功.

5. 已知弹簧原长 0.40 m，每压缩 0.02 m 需力 4 N，求把弹簧从 0.35 m 压缩到 0.20 m 时所做的功.

6. 一矩形水闸门，宽为 20 m，高为 16 m，闸门在水下 2 m，闸门的宽与水面平行，求水对闸门的压力.

第 6 章
常微分方程

　　函数是研究客观事物运动规律的一个重要工具，因此，寻找客观事物在变化过程中的函数关系是十分重要的．然而，在实际问题中，关于有些较为复杂的运动过程，直接反映其运动规律的函数关系并不易建立，而函数与其导数（或微分）之间的关系却比较容易建立，而我们又可以从中求出函数关系式，这个问题就是微分方程所要研究的问题．本章首先通过实际问题引入微分方程的概念，然后介绍几种简单的、常用的微分方程的解法．

6.1　微分方程的基本概念

例 1　一曲线通过点 $(1, 0)$，且该曲线上任意一点 $M(x, y)$ 处的切线的斜率等于 $2x$，求该曲线的方程.

解　设曲线方程为 $y = f(x)$. 根据导数的几何意义得

$$y' = 2x, \tag{1}$$

且

$$y\big|_{x=1} = 0. \tag{2}$$

对（1）式两边积分，得

$$y = \int 2x \mathrm{d}x,$$

即

$$y = x^2 + C, \tag{3}$$

其中 C 是任意常数.

将 $x = 1$，$y = 0$ 代入（3）式，得 $C = -1$. 再把 $C = -1$ 代入（3），则所求曲线方程为

$$y = x^2 - 1. \tag{4}$$

对（1）式这样含有未知函数的导数的方程，我们有如下定义：

凡含有未知函数的导数或微分的方程称为**微分方程**. 未知函数是一元函数的方程称为**常微分方程**；未知函数是多元函数的方程称为**偏微分方程**. 本章只讨论常微分方程.

微分方程中，未知函数的最高阶导数的阶数称为**微分方程的阶**. 例如，方程（1）是一阶微分方程，方程 $\dfrac{\mathrm{d}^2 y}{\mathrm{d}x^2} - 3\dfrac{\mathrm{d}y}{\mathrm{d}x} + 2y^3 = \ln x$ 是二阶微分方程，方程 $y^{(4)} = y + x$ 是 4 阶微分方程.

如果一个函数代入微分方程后能使方程成为恒等式，这个函数就称为**微分方程的解**. 例 1 中，（3）式和（4）式都是方程（1）的解.

如果微分方程的解中含有任意常数，且任意常数的个数等于微分方程的阶数，这样的解称为**微分方程的通解**；不含任意常数的解，称为**特解**. 特解是将给定的**初始条件**代入通解，求出任意常数后得到的. 如例 1 中将初始条件（2）代入方程的通解（3）中，得到特解（4）.

求微分方程 $y' = f(x, y)$ 满足初始条件 $y\big|_{x=x_0} = y_0$ 的特解的问题，叫做一阶微分方程的**初值问题**，记作

$$\begin{cases} y' = f(x, y) \\ y\big|_{x=x_0} = y_0 \end{cases}.$$

微分方程的每个解都对应着平面内的一条曲线，该曲线称为微分方程的**积分曲线**，而微分方程的无穷多个解所对应的一族曲线称为微分方程的**积分曲线族**.

课堂练习1

1. 下列各方程中，哪些是微分方程？哪些不是微分方程？

（1）$y'' + 2y' - 3y = 2x$； （2）$y = 6y^2 + 4x^2 - 1$；

（3）$\sin y' = x - 1$； （4）$dy = (5x + 3)dx$.

2. 指出下列微分方程的阶数.

（1）$y' + (y')^2 - xy = 1$； （2）$xy''' - 4x^2 y'' + y = 0$；

（3）$\dfrac{d^2 s}{dt^2} - 7\dfrac{ds}{dt} + 11\dfrac{s^3}{t^3} = e^{\sin s}$； （4）$x^2 dx + 2y^2 dy = 0$.

例 2 验证 $y = C_1\cos 2x + C_2\sin 2x$ (C_1，C_2 为任意常数)为二阶微分方程 $y'' + 4y = 0$ 的通解，并求满足初始条件 $y|_{x=0} = 2$，$y'|_{x=0} = 2$ 的特解.

解 由于

$$y' = -2C_1\sin 2x + 2C_2\cos 2x，$$

$$y'' = -4C_1\cos 2x - 4C_2\sin 2x，$$

将 y, y'' 代入微分方程 $y'' + 4y = 0$ 中，有

$$y'' + 4y = (-4C_1\cos 2x - 4C_2\sin 2x) + 4(C_1\cos 2x + C_2\sin 2x) = 0，$$

所以，函数 $y = C_1\cos 2x + C_2\sin 2x$ 是微分方程 $y'' + 4y = 0$ 的解. 又因为这个解中含有两个任意常数 C_1 与 C_2，而且任意常数的个数与微分方程的阶数相同，故它是微分方程的通解.

由初始条件 $y|_{x=0} = 2$，$y'|_{x=0} = 2$ 得

$$\begin{cases} C_1\cos 0 + C_2\sin 0 = 2 \\ -2C_1\sin 0 + 2C_2\cos 0 = 2 \end{cases}.$$

解得 $C_1 = 2$，$C_2 = 1$. 于是所求的特解为

$$y = 2\cos 2x + \sin 2x.$$

一般来说，求微分方程的通解是比较困难的，每一种类型的方程都有其特定的解法. 首先我们讨论能通过直接积分求解的微分方程，它的一般形式为

$$y^{(n)} = f(x).$$

例 3 求微分方程 $y'' = 2x + 1$ 的通解和满足初始条件 $y|_{x=0} = 1$，$y'|_{x=1} = 2$ 的特解.

解 对方程 $y'' = 2x + 1$ 两边求不定积分，得

$$y' = \int (2x + 1)dx = x^2 + x + C_1. \tag{1}$$

再对（1）式两边求不定积分，得

$$y = \frac{1}{3}x^3 + \frac{1}{2}x^2 + C_1 x + C_2. \tag{2}$$

因为（2）式中含有两个独立的任意常数 C_1，C_2，所以（2）式是方程的通解.

　　将初始条件 $y|_{x=0}=1$，$y'|_{x=1}=2$ 分别代入（2）式和（1）式，得

$$\begin{cases} 1=0+0+0+C_2 \\ 2=1+1+C_1 \end{cases}.$$

解此方程组，得 $C_1=0$，$C_2=1$. 所以微分方程满足初始条件的特解为

$$y=\frac{1}{3}x^3+\frac{1}{2}x^2+1.$$

课堂练习 2

　　1. 已知 $y=C_1\mathrm{e}^{-x}+C_2\mathrm{e}^{5x}$ 是二阶微分方程 $y''-4y'-5y=0$ 的通解，求满足初始条件 $y|_{x=0}=1$，$y'|_{x=0}=5$ 的特解.

　　2. 求下列微分方程的通解.

　　（1）$y'=x^2$；　　　　（2）$y''=x$.

习题 6.1

　　1. 判断下列各题中的函数是否为所给的微分方程的解，如果是，请说明是通解还是特解.

　　（1）$xy'+3y=0$，$y=2x^{-3}$；

　　（2）$2\ln x\mathrm{d}x+x\mathrm{d}y=0$，$y=C-\ln^2 x$；

　　（3）$\dfrac{\mathrm{d}y}{\mathrm{d}x}-\dfrac{y}{x}+1=0$，$y=x(C-\ln x)$；

　　（4）$\dfrac{\mathrm{d}^2x}{\mathrm{d}t^2}+3x=0$，$x=C_1\cos\sqrt{3}t+C_2\sin\sqrt{3}t$.

　　2. 解下列微分方程.

　　（1）$y'=x-3$；　　　　（2）$y''=6x$.

　　3. 已知曲线上任意点 (x,y) 处的切线的斜率为 $\sin x$，求该曲线方程.

　　4. 曲线 $y=f(x)$ 通过点 $(1,2)$，且在任意点 (x,y) 处的切线的斜率等于该点的横坐标的平方，求该曲线方程.

6.2　一阶微分方程

　　本节讨论几种特殊类型的一阶微分方程的解法.

　　一阶微分方程的一般形式是：

$$F(x,y,y')=0 \quad \text{或} \quad y'=f(x,y).$$

一阶微分方程有时也写成如下的对称形式：

$$P(x,y)\mathrm{d}x + Q(x,y)\mathrm{d}y = 0.$$

6.2.1 可分离变量的微分方程

形如

$$g(y)\mathrm{d}y = f(x)\mathrm{d}x \qquad (6.2\text{-}1)$$

的微分方程，称为**可分离变量的微分方程**，其中 $f(x), g(y)$ 分别是 x 与 y 的连续函数，其解法如下：

（1）分离变量：$g(y)\mathrm{d}y = f(x)\mathrm{d}x$.

（2）两边积分：$\int g(y)\mathrm{d}y = \int f(x)\mathrm{d}x$.

（3）求出积分，得通解：$G(y) = F(x) + C$，

其中 $G(y)$，$F(x)$ 分别是 $g(y)$ 和 $f(x)$ 的原函数，C 为任意常数.

例 1 解方程 $\mathrm{d}y - 3x^2\mathrm{d}x = 0$.

解 原方程可化为

$$\mathrm{d}y = 3x^2\mathrm{d}x.$$

两边积分，得

$$\int \mathrm{d}y = \int 3x^2\mathrm{d}x.$$

所以原方程的通解为

$$y = x^3 + C.$$

例 2 求微分方程 $y' = 2xy$ 满足初值条件 $y\big|_{x=0} = 2$ 的特解.

解 当 $y \neq 0$ 时分离变量，得

$$\frac{\mathrm{d}y}{y} = 2x\mathrm{d}x.$$

两边积分，得

$$\ln|y| = x^2 + C_1,$$

即

$$|y| = \mathrm{e}^{x^2+C_1} \quad \text{或} \quad y = \pm\mathrm{e}^{C_1}\mathrm{e}^{x^2}.$$

因为 $\pm\mathrm{e}^{C_1}$ 仍是任意常数，令其为 C，于是原方程的通解为

$$y = C\mathrm{e}^{x^2}.$$

将 $y\big|_{x=0} = 2$ 代入通解，得 $C = 2$. 因此，所求的特解为

$$y = 2\mathrm{e}^{x^2}.$$

例 2 中，显然，$y = 0$ 也是方程的解，它含在通解中，只要取 $C = 0$ 即可；以后为了方便起见，我们可把 $\ln|y|$ 写成 $\ln y$，但是要记住结果中的常数 C 可正可负.

课堂练习 1

求下列微分方程的通解.

（1）$y' = xy$；　　　　　（2）$y' = x\mathrm{e}^{-y}$.

6.2.2　齐次微分方程

可化成形如

$$\frac{\mathrm{d}y}{\mathrm{d}x} = f\left(\frac{y}{x}\right) \qquad\qquad （6.2\text{-}2）$$

的一阶微分方程，称为**齐次微分方程**. 例如，方程 $(y^2 - 3xy)\mathrm{d}x - (x^2 + 2xy)\mathrm{d}y = 0$ 是齐次方程，

因为它可以化成 $\dfrac{\mathrm{d}y}{\mathrm{d}x} = \dfrac{\left(\dfrac{y}{x}\right)^2 - 3\cdot\dfrac{y}{x}}{1 + 2\cdot\dfrac{y}{x}} = f\left(\dfrac{y}{x}\right)$.

解齐次微分方程的方法是：通过适当的变换，将原方程化成可分离变量的微分方程.

设 $u = \dfrac{y}{x}$，则 $y = xu$. 对 $y = xu$ 两边求关于 x 的导数，得

$$\frac{\mathrm{d}y}{\mathrm{d}x} = u + x\frac{\mathrm{d}u}{\mathrm{d}x}.$$

代入（6.2-2）式得

$$u + x\frac{\mathrm{d}u}{\mathrm{d}x} = f(u).$$

分离变量，得

$$\frac{\mathrm{d}u}{f(u) - u} = \frac{1}{x}\mathrm{d}x .$$

这是一个可分离变量的微分方程，两边积分得到通解，再将 $u = \dfrac{y}{x}$ 回代，可求出原方程的通解.

例 3　求微分方程 $\dfrac{\mathrm{d}y}{\mathrm{d}x} = \dfrac{y}{x} + \tan\dfrac{y}{x}$ 的通解.

解　令 $u = \dfrac{y}{x}$，则 $\dfrac{\mathrm{d}y}{\mathrm{d}x} = u + x\dfrac{\mathrm{d}u}{\mathrm{d}x}$. 代入原方程得

$$u + x\frac{du}{dx} = u + \tan u \ ,$$

即

$$x\frac{du}{dx} = \tan u \ .$$

分离变量，得

$$\cot u \, du = \frac{1}{x}dx \ .$$

两边积分，得

$$\ln \sin u = \ln x + \ln C \quad \text{或} \quad \sin u = Cx.$$

将 $u = \frac{y}{x}$ 代入上式，得到原方程的通解为

$$\sin \frac{y}{x} = Cx \ .$$

例 4　求微分方程 $x\frac{dy}{dx} = y\ln\frac{y}{x}$ 满足初始条件 $y\big|_{x=1} = e$ 的特解.

解　原方程可变形为

$$\frac{dy}{dx} = \frac{y}{x}\ln\frac{y}{x} \ .$$

令 $u = \frac{y}{x}$，代入方程，得

$$u + x\frac{du}{dx} = u\ln u \ .$$

分离变量，得

$$\frac{du}{u(\ln u - 1)} = \frac{dx}{x} \ .$$

两边积分，得

$$\ln(\ln u - 1) = \ln x + C_1 \ ,$$

即

$$\ln u - 1 = e^{C_1}x \ .$$

将 $u = \frac{y}{x}$ 代入上式，得到原方程的通解为

$$\ln\frac{y}{x} = Cx + 1 \ (C = e^{C_1}) \ .$$

将初始条件 $y\big|_{x=1} = e$ 代入通解中，得 $C = 0$. 因此，所求的特解为

$$\ln\frac{y}{x} = 1 \ ,$$

即

$$y = ex.$$

课堂练习 *2*

1. 求微分方程 $(x+y)\mathrm{d}x - x\mathrm{d}y = 0$ 的通解.

2. 求微分方程 $\dfrac{\mathrm{d}x}{\mathrm{d}y} = \dfrac{2x}{x+y}$ 满足初始条件 $y|_{x=2} = 1$ 的特解.

6.2.3　一阶线性微分方程

方程

$$\frac{\mathrm{d}y}{\mathrm{d}x} + P(x)y = Q(x) \qquad （6.2\text{-}3）$$

称为**一阶线性微分方程**. 其特点是未知函数 y 及其导数都是一次的. 当 $Q(x) \neq 0$ 时，方程（6.2-3）称为一阶**非齐次线性微分方程**；当 $Q(x) \equiv 0$ 时，方程变为

$$\frac{\mathrm{d}y}{\mathrm{d}x} + P(x)y = 0 , \qquad （6.2\text{-}4）$$

方程（6.2-4）是对应于非齐次线性微分方程（6.2-3）的一阶**齐次线性微分方程**.

方程（6.2-4）是可分离变量的微分方程. 分离变量，得

$$\frac{\mathrm{d}y}{y} = -P(x)\mathrm{d}x .$$

两边积分，得

$$\ln y = -\int P(x)\mathrm{d}x + \ln C .$$

所以一阶齐次线性微分方程（6.2-4）的通解为

$$y = C\mathrm{e}^{-\int P(x)\mathrm{d}x} .$$

下面用"**常数变易法**"求一阶非齐次线性微分方程（6.2-3）的通解. 该方法是把对应的齐次线性微分方程的通解中的常数 C 换成函数 $u(x)$，即作变换：

$$y = u\mathrm{e}^{-\int P(x)\mathrm{d}x} . \qquad （6.2\text{-}5）$$

上式两边对 x 求导，得

$$\frac{\mathrm{d}y}{\mathrm{d}x} = u'\mathrm{e}^{-\int P(x)\mathrm{d}x} - uP(x)\mathrm{e}^{-\int P(x)\mathrm{d}x} .$$

将上式和（6.2-5）代入方程（6.2-3），得

$$u'\mathrm{e}^{-\int P(x)\mathrm{d}x} - uP(x)\mathrm{e}^{-\int P(x)\mathrm{d}x} + P(x)u\mathrm{e}^{-\int P(x)\mathrm{d}x} = Q(x) ,$$

即

$$u'\mathrm{e}^{-\int P(x)\mathrm{d}x} = Q(x) ,$$

也就是

$$u' = Q(x)e^{\int P(x)dx}$$

两边积分，得

$$u = \int Q(x)e^{\int P(x)dx}dx + C.$$

把上式代入（6.2-5）式中，得到非齐次线性微分方程（6.2-3）的通解：

$$y = e^{-\int P(x)dx}\left[\int Q(x)e^{\int P(x)dx}dx + C\right]. \qquad (6.2-6)$$

例 5 求方程 $y' - \dfrac{2}{x-1}y = (x-1)^4$ 的通解.

解 （解法一：常数变易法）

这是一个非齐次线性方程，先求对应的齐次方程

$$\frac{dy}{dx} - \frac{2}{x-1}y = 0$$

的通解.

分离变量，得

$$\frac{dy}{y} = \frac{2dx}{x-1}.$$

两边积分，得

$$\ln|y| = 2\ln|x-1| + C_1,$$

即

$$y = C(x-1)^2 \ (其中 \ C = \pm e^{C_1}).$$

然后将上式中的 C 换成 u，得

$$y = u(x-1)^2.$$

两边对 x 求导，得

$$\frac{dy}{dx} = u'(x-1)^2 + 2u(x-1).$$

代入原方程，得

$$u'(x-1)^2 + 2u(x-1) - \frac{2}{x-1} \cdot u(x-1)^2 = (x-1)^4.$$

即

$$u' = (x-1)^2.$$

两边积分，得

$$u = \frac{1}{3}(x-1)^3 + C.$$

所以，原方程的通解为

$$y = (x-1)^2\left[\frac{1}{3}(x-1)^3 + C\right].$$

（解法二：公式法）

$$P(x) = -\frac{2}{x-1}, \quad Q(x) = (x-1)^4.$$

将它们代入（6.2-6）式中，得

$$y = e^{-\int\left(-\frac{2}{x-1}\right)dx}\left[\int(x-1)^4 e^{\int\left(-\frac{2}{x-1}\right)dx}dx + C\right] = e^{2\ln|x-1|}\left[\int(x-1)^4 e^{-2\ln|x-1|}dx + C\right]$$

$$= (x-1)^2\left[\int\frac{(x-1)^4}{(x-1)^2}dx + C\right] = (x-1)^2\left[\frac{1}{3}(x-1)^3 + C\right].$$

例6 求方程 $xdy + (y - x^3)dx = 0$ 满足初始条件 $y|_{x=1} = 0$ 的特解.

解 原方程变形为

$$\frac{dy}{dx} + \frac{y}{x} = x^2.$$

这里 $P(x) = \frac{1}{x}$，$Q(x) = x^2$. 所以

$$y = e^{-\int\frac{1}{x}dx}\left[\int x^2 e^{\int\frac{1}{x}dx}dx + C\right] = \frac{1}{x}\left(\int x^3 dx + C\right) = \frac{1}{4}x^3 + \frac{C}{x}.$$

将 $y|_{x=1} = 0$ 代入上式，得 $C = -\frac{1}{4}$. 因此，所求的特解为

$$y = \frac{1}{4}x^3 - \frac{1}{4x}.$$

课堂练习 3

（1）求方程 $y' = x + y$ 的通解.

（2）求方程 $\frac{dy}{dx} - \frac{y}{x} = x$ 满足条件 $y|_{x=1} = 1$ 的特解.

6.2.4 一阶微分方程的应用

在数学和工程技术中，许多问题的研究往往要归结为求解微分方程的问题，下面列举一些实例来阐述微分方程的应用.

应用微分方程解决具体问题的步骤为：

（1）分析问题，设所求的未知函数，建立微分方程，确定初始条件；

（2）求出此微分方程的通解；

（3）根据初始条件确定所需的特解.

例7 一质点以 $v_0 = 1$ m/s 的初速度开始运动，其运动的加速度为 $a = 3v - 2$，求该质点的运动速度与时间的函数关系.

解 设质点在 t 时刻的速度为 $v(t)$，依题意有

$$\frac{\mathrm{d}v}{\mathrm{d}t} = 3v - 2 , \quad v\big|_{t=0} = 1 .$$

这是一个可分离变量的微分方程. 分离变量后积分，得

$$\int \frac{\mathrm{d}v}{3v - 2} = \int \mathrm{d}t$$

所以

$$\frac{1}{3}\ln(3v - 2) = t + C_1 ,$$

即

$$v = Ce^{3t} + \frac{2}{3} , \quad \left(C = \frac{1}{3}e^{3C_1} \right).$$

将初始条件 $v\big|_{t=0} = 1$ 代入，得 $C = \frac{1}{3}$. 所以该质点的运动速度与时间的函数关系为

$$v = \frac{1}{3}e^{3t} + \frac{2}{3} .$$

例 8 某跳伞运动员的质量为 m，运动员降落时所受的空气阻力与速度成正比，假设开始降落时（$t = 0$）速度为零，求运动员下落的速度与时间的函数关系.

解 设运动员在 t 时刻的速度为 $v(t)$，降落时运动员同时受到重力和阻力的作用（见图 6.2-1），其中重力 mg 的方向与 $v(t)$ 的方向一致，阻力 kv（k 为比例系数）的方向与 $v(t)$ 的方向相反，从而降落时运动员所受的合力为

$$F = mg - kv .$$

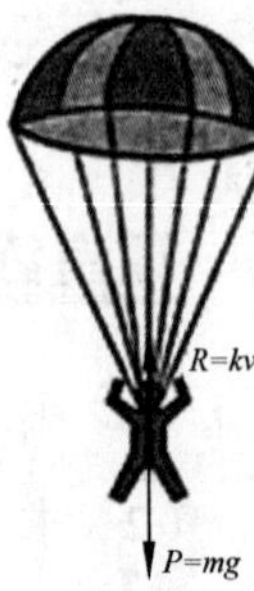

由牛顿第二定律 $F = ma$，其中 a 是加速度，可得到微分方程

$$m\frac{\mathrm{d}v}{\mathrm{d}t} = mg - kv, \tag{1}$$

初始条件 $v\big|_{t=0} = 0.$

图 6.2-1

这是一个可分离变量微分方程. 分离变量后再积分，得

$$\int \frac{\mathrm{d}v}{mg - kv} = \int \frac{\mathrm{d}t}{m} .$$

从而

$$-\frac{1}{k}\ln(mg - kv) = \frac{t}{m} + C_1 ,$$

即

$$v = \frac{mg}{k} + Ce^{-\frac{k}{m}t} , \quad \left(C = -\frac{1}{k}e^{-kC_1} \right). \tag{2}$$

（2）式是方程（1）的通解. 将初始条件 $v|_{t=0}=0$ 代入（2）式，得 $C=-\dfrac{mg}{k}$. 于是运动员下降的速度与时间的函数关系式为

$$v=\frac{mg}{k}\left(1-\mathrm{e}^{-\frac{k}{m}t}\right).$$

课堂练习4

1. 一条曲线通过点 $P(0,1)$，且该曲线上任一点 $M(x,y)$ 处的切线的斜率为 $3x-y$，求该曲线的方程.

2. 潜水艇在水中下降时，所受的阻力与下降速度成正比，若潜水艇由静止状态开始下降，求其下降的速度与时间的关系.

习题 6.2

1. 求下列微分方程的通解.

（1）$y'=2x^2y$；

（2）$(1+x^2)\mathrm{d}y=\sqrt{1-y^2}\,\mathrm{d}x$；

（3）$\mathrm{d}y=\mathrm{e}^x y\mathrm{d}x$；

（4）$\dfrac{\mathrm{d}y}{\mathrm{d}x}=x^2\sin^2 y$；

（5）$(1+y)\mathrm{d}x+(x-1)\mathrm{d}y=0$；

（6）$\sec x\mathrm{d}y=\csc y\mathrm{d}x$.

2. 求下列微分方程的通解.

（1）$x\dfrac{\mathrm{d}y}{\mathrm{d}x}=y\left(1+\ln\dfrac{y}{x}\right)$；

（2）$3xy^2\mathrm{d}y-(x^3+y^3)\mathrm{d}x=0$；

（3）$x\dfrac{\mathrm{d}y}{\mathrm{d}x}=x\mathrm{e}^{\frac{y}{x}}+y$；

（4）$\left(2x\sin\dfrac{y}{x}+3y\cos\dfrac{y}{x}\right)\mathrm{d}x-3x\cos\dfrac{y}{x}\mathrm{d}y=0$.

3. 求下列微分方程的通解.

（1）$\dfrac{\mathrm{d}y}{\mathrm{d}x}+3y=2$；

（2）$\dfrac{\mathrm{d}y}{\mathrm{d}x}+2xy=4x$；

（3）$\dfrac{\mathrm{d}y}{\mathrm{d}x}+\dfrac{y}{x}=\dfrac{\mathrm{e}^x}{x}$；

（4）$y'+y\tan x=\sin 2x$.

4. 求下列微分方程满足所给的初值条件的特解.

（1）$y'=\mathrm{e}^{x-y}$，$y|_{x=0}=0$；

（2）$y'=\dfrac{x}{y}+\dfrac{y}{x}$，$y|_{x=1}=2$；

（3）$y'=y\tan x+\sec x$，$y|_{x=0}=0$；

（4）$\dfrac{\mathrm{d}x}{\mathrm{d}y}=\dfrac{4x}{3x+2y}$，$y|_{x=2}=2$；

（5）$y'=\dfrac{x-y}{x+y}$，$y|_{x=3}=1$.

5. 已知曲线在任意点处的切线的斜率等于这个点的纵坐标，且曲线过点 $(0,1)$，求曲线的方程.

6. 一质量为 m 的质点从水面由静止状态开始下降，所受阻力是下降速度的 2 倍，求质点下降的速度与时间 t 的函数关系.

7. 质量为 m 的物体以初速度 v_0 竖直上抛，空气阻力与速度成正比，求物体运动的速度与时间的关系，并求上升到最高点时所需要的时间.

8. 一质点作变速直线运动，其速度与质点到原点的距离成正比，已知质点在 10 s 时与原点相距 100 m，在 15 s 时与原点相距 200 m，求质点的运动规律.

6.3　二阶线性微分方程及其解的结构

6.3.1　二阶线性微分方程的概念

形如

$$y'' + P(x)y' + Q(x)y = f(x) \tag{6.3-1}$$

的方程称为二阶线性微分方程. 当 $f(x) \not\equiv 0$ 时，方程（6.3-1）称为二阶非齐次线性微分方程；当 $f(x) \equiv 0$ 时，方程变为

$$y'' + P(x)y' + Q(x)y = 0. \tag{6.3-2}$$

方程（6.3-2）称为二阶齐次线性微分方程.

课堂练习 1

下列方程是不是二阶线性微分方程？是不是二阶齐次线性微分方程？

（1）$y'' + (x+y)y' + 2xy = 0$；　　　　（2）$x^2 y'' - 3xy' - y = x^4 + \dfrac{1}{x}$；

（3）$3y'' + 2xy' - 4y = 0$；　　　　（4）$(y')^2 - 3xy' + \dfrac{y}{x} = \sin x$.

为了研究二阶线性微分方程的解法，下面先来讨论二阶线性微分方程的解的结构.

6.3.2　二阶齐次线性微分方程的解的结构

定义　如果两个函数 $y_1(x)$ 与 $y_2(x)$ 的比满足

$$\frac{y_1(x)}{y_2(x)} = k, (k \text{ 为常数}),$$

则称函数 $y_1(x)$ 与 $y_2(x)$ 线性相关，否则称函数 $y_1(x)$ 与 $y_2(x)$ 线性无关.

定理 1　如果 $y_1(x), y_2(x)$ 是齐次方程（6.3-2）的两个线性无关的特解，则

$$y = C_1 y_1(x) + C_2 y_2(x)$$

是方程（6.3-2）的通解，其中 C_1 和 C_2 是任意常数.

例如，$y_1(x) = e^x$，$y_2(x) = e^{-x}$ 是微分方程 $y'' - y = 0$ 的两个特解，且 $\dfrac{y_1(x)}{y_2(x)} = \dfrac{e^x}{e^{-x}} = e^{2x} \neq$ 常数，

则该方程的通解为

$$y = C_1 e^x + C_2 e^{-x}.$$

例 1　验证 $y_1 = x$ 与 $y_2 = e^x$ 都是微分方程 $(x-1)y'' - xy' + y = 0$ 的解，并写出该方程的通解.

解　将 $y_1 = x$ 与 $y_2 = e^x$ 分别代入方程，得

$$左边 = (x-1)x'' - xx' + x = 0 = 右边，$$
$$左边 = (x-1)(e^x)'' - x(e^x)' + e^x = xe^x - e^x - xe^x + e^x = 0 = 右边，$$

所以，y_1 与 y_2 都是方程的解.

因为 $\dfrac{y_1}{y_2} = \dfrac{x}{e^x} \neq$ 常数，即 y_1 与 y_2 是方程的两个线性无关的特解，所以方程的通解为

$$y = C_1 x + C_2 e^x.$$

课堂练习2

1. 下列各组函数中，哪些是线性相关的？哪些是线性无关的？

（1）x 与 $2x+1$；　　　　（2）e^x 与 e^{x^2}；　　　　（3）$\sin 2x$ 与 $\sin x \cos x$.

2. 已知 $y_1 = e^x$，$y_2 = 2e^x$，$y_3 = e^{-x}$ 都是微分方程 $y'' - y = 0$ 的特解，写出该方程的通解.

6.3.3　二阶非齐次线性微分方程的解的结构

定理 2　设 $y^*(x)$ 是二阶非齐次线性微分方程（6.3-1）的一个特解，$Y(x)$ 是方程（6.3-1）所对应的齐次方程（6.3-2）的通解，则

$$y = Y(x) + y^*(x) \tag{6.3-3}$$

是非齐次方程（6.3-1）的通解.

例如，$(x-1)y'' - xy' + y = (x-1)^2$ 是二阶非齐次线性微分方程，可以验证 $y = -(x^2 + x + 1)$ 是它的一个特解，其对应的二阶齐次线性微分方程 $(x-1)y'' - xy' + y = 0$ 的通解为 $y = C_1 x + C_2 e^x$（例 1），所以

$$y = C_1 x + C_2 e^x - (x^2 + x + 1)$$

是所给方程的通解.

定理 3　设 $y_1^*(x)$ 与 $y_2^*(x)$ 分别是方程

$$y'' + P(x)y' + Q(x)y = f_1(x)$$

与

$$y'' + P(x)y' + Q(x)y = f_2(x)$$

的特解，则 $y_1^*(x) + y_2^*(x)$ 是方程

$$y'' + P(x)y' + Q(x)y = f_1(x) + f_2(x)$$

的特解.

这一定理通常称为线性微分方程的解的**叠加原理**.

课堂练习 3

函数 $y^*(x) = \dfrac{e^x}{2}$ 是二阶非齐次线性微分方程 $xy'' + 2y' - xy = e^x$ 的一个特解，函数 $Y(x) = \dfrac{1}{x}(C_1 e^x + C_2 e^{-x})$ 是它所对应的齐次方程的通解，试写出该方程的通解.

习题 6.3

1. 下列各组函数在其定义域内，哪些是线性无关的？

（1）$3e^x$ 与 e^{2+x}；　　　　　（2）$e^x \sin x$ 与 $e^x \sin 2x$；　　　　　（3）$\sin x$ 与 $\arcsin x$；

（4）$\ln x$ 与 $x\ln x$；　　　　　（5）e^x 与 e^{-x}；　　　　　（6）2^x 与 x^2.

2. 若 y_1 和 y_2 是二阶齐次线性微分方程 $y'' + P(x)y' + Q(x)y = 0$ 的两个特解，那么 $y = C_1 y_1 + C_2 y_2$（其中 C_1 和 C_2 为任意常数）是不是该方程的解？是不是该方程的通解？

3. 验证 $y_1 = \cos 2x$ 与 $y_2 = \sin 2x$ 都是方程 $y'' + 4y = 0$ 的解，并写出该方程的通解.

4. $y_1 = -\dfrac{x^2}{9}\ln x$ 是方程 $x^2 y'' - 3xy' - 5y = x^2\ln x$ 的一个特解，函数 $y_2 = C_1 x^5 + \dfrac{C_2}{x}$ 是该方程所对应的齐次方程的通解，写出该方程的通解.

6.4　二阶常系数齐次线性微分方程

二阶齐次线性方程 $y'' + P(x)y' + Q(x)y = 0$ 中，如果 y' 和 y 的系数 $P(x), Q(x)$ 均为常数，方程可化成

$$y'' + py' + qy = 0 ,\qquad\qquad (6.4\text{-}1)$$

其中 p, q 为常数，则方程（6.4-1）称为**二阶常系数齐次线性微分方程**.

由 6.3 节定理 1 可知，要求常系数齐次线性微分方程（6.4-1）的通解，关键是求出它的两个线性无关的特解. 那么怎样求方程（6.4-1）的特解呢？下面讨论这个问题.

观察公式（6.4-1）知，要使未知函数成为方程（6.4-1）的解，只需要该未知函数与它的一阶导数、二阶导数相差常数因子，而指数函数具有这个特征，所以设想方程（6.4-1）的解具有指数函数的形式：

$$y = \mathrm{e}^{rx}\,(r \text{ 为待定常数}).$$

将 $y = \mathrm{e}^{rx}$ 代入方程（6.4-1）中，得

$$\mathrm{e}^{rx}(r^2 + pr + q) = 0.$$

由于 $\mathrm{e}^{rx} \neq 0$，消去 e^{rx} 得

$$r^2 + pr + q = 0. \tag{6.4-2}$$

由此可见，只要 r 满足代数方程（6.4-2），函数 $y = \mathrm{e}^{rx}$ 就是微分方程（6.4-1）的解. 所以方程（6.4-2）称为常系数微分方程（6.4-1）的**特征方程**，它的根称为常系数微分方程（6.4-1）的**特征根**.

求二阶常系数齐次线性微分方程 $y'' + py' + qy = 0$ 的通解的**步骤**如下：

（1）写出微分方程所对应的特征方程 $r^2 + pr + q = 0$；

（2）求出特征根 r_1, r_2；

（3）根据两个特征根的不同情况，按照表 6.4 写出微分方程的通解：

表 6.4

特征方程 $r^2 + pr + q = 0$ 的根的情形	微分方程 $y'' + py' + qy = 0$ 的通解
两个不等的实根 r_1, r_2	$y = C_1\mathrm{e}^{r_1 x} + C_2\mathrm{e}^{r_2 x}$
两个相等的实根 $r_1 = r_2$	$y = (C_1 + C_2 x)\mathrm{e}^{r_1 x}$
一对共轭复根 $r_1 = \alpha + \mathrm{i}\beta$，$r_2 = \alpha - \mathrm{i}\beta$	$y = \mathrm{e}^{\alpha x}(C_1\cos\beta x + C_2\sin\beta x)$

例 1　求微分方程 $y'' + 5y' + 4y = 0$ 的通解.

解　这是一个二阶常系数齐次线性微分方程. 它所对应的特征方程为

$$r^2 + 5r + 4 = 0.$$

其特征根为两个不等的实根 $r_1 = -1, r_2 = -4$，因此所求微分方程的通解为

$$y = C_1\mathrm{e}^{-x} + C_2\mathrm{e}^{-4x}.$$

例 2　求微分方程 $y'' + 2y' + y = 0$ 满足初始条件 $y|_{x=0} = 2,\ y'|_{x=0} = 1$ 的特解.

解　这是一个二阶常系数齐次线性微分方程. 它所对应的特征方程为

$$r^2 + 2r + 1 = 0.$$

其特征根为两个相等的实根 $r_1 = r_2 = -1$，因此所求微分方程的通解为

$$y = (C_1 + C_2 x)\mathrm{e}^{-x}.$$

将条件 $y|_{x=0} = 2$ 代入上式，得 $C_1 = 2$. 从而

$$y = (2 + C_2 x)\mathrm{e}^{-x}.$$

对上式求导，得

$$y' = (C_2 - 2 - C_2 x)\mathrm{e}^{-x}.$$

再将条件 $y'|_{x=0}=1$ 代入上式，得 $C_2=3$.

所以，所求的特解为

$$y=(2+3x)\mathrm{e}^{-x}.$$

例 3 求微分方程 $y''-4y'+13y=0$ 的通解.

解 这是一个二阶常系数齐次线性微分方程. 它所对应的特征方程为

$$r^2-4r+13=0.$$

其特征根为一对共轭复根 $r_1=2+3\mathrm{i}$，$r_2=2-3\mathrm{i}$. 因此原方程的通解为

$$y=\mathrm{e}^{2x}(C_1\cos 3x+C_2\sin 3x).$$

课堂练习

1. 写出下列方程的特征方程.

（1）$y''+4y=0$；　　　　（2）$y''+2y'-3y=0$；　　　（3）$2y''-4y'+7y=0$.

2. 已知特征方程的根为下面的形式，试写出相应的二阶齐次微分方程和它们的通解.

（1）$r_1=-2$，$r_2=1$；　　（2）$r_1=r_2=2$；　　　　（3）$r_1=-3+2\mathrm{i}$，$r_1=-3-2\mathrm{i}$.

习题 6.4

1. 求下列微分方程的通解.

（1）$y''-4y'+3y=0$；　　（2）$y''+6y'+13y=0$；　　（3）$y''-6y'+9y=0$；

（4）$y''+y'=0$；　　　　（5）$y''-4y'=0$；　　　　（6）$y''+25y=0$；

（7）$y''+5y'=0$；　　　　（8）$4\dfrac{\mathrm{d}^2s}{\mathrm{d}t^2}-20\dfrac{\mathrm{d}s}{\mathrm{d}t}+25s=0$.

2. 求下列微分方程的特解.

（1）$y''-5y'-6y=0$，$y|_{x=0}=1,\ y'|_{x=0}=-1$；

（2）$9y''-6y'+y=0$，$y|_{x=0}=2,\ y'|_{x=0}=0$；

（3）$y''+2y'+10y=0$，$y|_{x=0}=1,\ y'|_{x=0}=2$；

（4）$y''+4y'+29y=0$，$y|_{x=0}=0,\ y'|_{x=0}=10$.

3. 一质点以 $v_0=15\ \mathrm{m/s}$ 的初速度从原点开始运动，运动的加速度为 $a=-v+6s$，求该质点的运动方程 $s=s(t)$.

6.5　二阶常系数非齐次线性微分方程

二阶常系数非齐次线性微分方程的一般形式是

$$y'' + py' + q = f(x)，\tag{6.5-1}$$

其中 p 和 q 为常数.

根据 6.3 节中的定理 2 可知，求常系数非齐次微分方程（6.5-1）的通解时，可先求方程（6.5-1）的一个特解 $y^*(x)$ 和对应的齐次方程

$$y'' + py' + q = 0\tag{6.5-2}$$

的通解 $Y(x)$，再将 $Y(x)$ 和 $y^*(x)$ 相加，即得方程（6.5-1）的通解

$$y = Y(x) + y^*(x).\tag{6.5-3}$$

例如，$y'' - y' = 2x$ 是二阶常系数非齐次线性微分方程，$Y(x) = C_1 + C_2 e^x$ 是它对应的齐次方程 $y'' - y' = 0$ 的通解，$y^*(x) = -x^2 - 2x$ 是所给方程的一个特解. 所以

$$y = Y(x) + y^*(x) = C_1 + C_2 e^x - x^2 - 2x$$

是所给方程的通解.

齐次方程 $y'' + py' + q = 0$ 的通解 $Y(x)$ 的求法在 6.4 节中已经得到解决，现在需要讨论的是，求常系数非齐次线性方程（6.5-1）的一个特解 $y^*(x)$ 的方法. 显然，特解 $y^*(x)$ 与方程右边的函数 $f(x)$ 有关. 在实际问题中，函数 $f(x)$ 的常见形式有两种，本节只讨论这两种情况下方程（6.5-1）的特解 $y^*(x)$ 的求法，这种方法叫做**待定系数法**，其特点是不用积分就可求出 $y^*(x)$.

（1）$f(x) = e^{\lambda x} P_m(x)$，其中 λ 为常数，$P_m(x)$ 为 x 的一个 m 次多项式，即

$$P_m(x) = a_0 x^m + a_1 x^{m-1} + \cdots + a_{m-1} x + a_m.$$

（2）$f(x) = e^{\lambda x}[P_l(x)\cos\omega x + Q_n(x)\sin\omega x]$，其中 λ, ω 为常数，$P_l(x), Q_n(x)$ 分别为 x 的 l 次和 n 次多项式，即

$$P_l(x) = b_0 x^l + b_1 x^{l-1} + \cdots + b_{l-1} x + b_l，$$

$$Q_n(x) = c_0 x^n + c_1 x^{n-1} + \cdots + c_{n-1} x + c_n.$$

6.5.1　$f(x) = e^{\lambda x} P_m(x)$ 型

结论 1　若 $f(x) = e^{\lambda x} P_m(x)$，其中 λ 为常数，$P_m(x)$ 为 x 的一个 m 次多项式，则常系数非齐次微分方程（6.5-1）具有形如：

$$y^*(x) = x^k R_m(x) e^{\lambda x}$$

的特解，其中 $R_m(x)$ 是与 $P_m(x)$ 同次数（m 次）的多项式，而 k 的值如下确定：

（1）如果 λ 不是方程（6.5-2）的特征方程的根，取 $k = 0$，即 $y^*(x) = R_m(x) e^{\lambda x}$；

（2）如果 λ 是方程（6.5-2）的特征方程的单根，取 $k = 1$，即 $y^*(x) = x R_m(x) e^{\lambda x}$；

（3）如果 λ 是方程（6.5-2）的特征方程的重根，取 $k = 2$，即 $y^*(x) = x^2 R_m(x) e^{\lambda x}$.

例 1　求微分方程 $y'' + y = 2x - 3$ 的通解.

解　方程 $y'' + y = 2x - 3$ 所对应的齐次方程的特征方程为 $r^2 + 1 = 0$，特征根为 $r_{1,2} = \pm i$，故对应的齐次方程的通解为

$$Y(x) = C_1\cos x + C_2\sin x.$$

由 $f(x) = 2x - 3$ 知，$\lambda = 0$，$m = 1$，显然 $\lambda = 0$ 不是特征方程的根，因此，可设原二阶非齐次线性微分方程的一个特解为

$$y^*(x) = ax + b.$$

将上式代入原方程并整理，得

$$ax + b = 2x - 3.$$

比较两边 x 的系数，得 $a = 2$，$b = -3$. 那么

$$y^*(x) = 2x - 3.$$

所以原方程的通解为

$$y = Y(x) + y^*(x) = C_1\cos x + C_2\sin x + 2x - 3.$$

例 2　求微分方程 $y'' - 9y = e^{3x}$ 的一个特解.

解　方程 $y'' - 9y = e^{3x}$ 所对应的齐次方程的特征方程为 $r^2 - 9 = 0$，特征根为 $r_1 = 3$，$r_2 = -3$.

由 $f(x) = e^{3x}$ 知，$\lambda = 3$，$m = 0$，且 $\lambda = 3$ 是特征方程的一个单根，因此，可设方程的一个特解为

$$y^*(x) = axe^{3x}. \tag{1}$$

则

$$[y^*(x)]' = ae^{3x} + 3axe^{3x}.$$

$$[y^*(x)]'' = 6ae^{3x} + 9axe^{3x}. \tag{2}$$

将（1）和（2）代入原方程并整理，得

$$6ae^{3x} = e^{3x}.$$

故 $a = \dfrac{1}{6}$. 那么

$$y^*(x) = \frac{1}{6}xe^{3x}$$

为原方程的一个特解.

例 3　求微分方程 $y'' - 2y' + y = e^x(1 + x^2)$ 的通解.

解　方程 $y'' - 2y' + y = e^x(1 + x^2)$ 所对应的齐次方程的特征方程为 $r^2 - 2r + 1 = 0$，特征根为 $r_1 = r_2 = 1$，故对应的齐次方程的通解为

$$Y(x) = (C_1 + C_2x)e^x.$$

由 $f(x) = e^x(1 + x^2)$ 知，$\lambda = 1$，$m = 2$，且 $\lambda = 1$ 是特征方程的重根，因此取 $k = 2$，故可设原二阶非齐次线性微分方程的一个特解为

$$y^*(x) = x^2(ax^2 + bx + c)e^x = (ax^4 + bx^3 + cx^2)e^x. \tag{1}$$

则

$$[y^*(x)]' = [(ax^4 + (4a+b)x^3 + (3b+c)x^2 + 2cx)]e^x. \tag{2}$$

$$[y^*(x)]'' = [(ax^4 + (8a+b)x^3 + (12a+6b+c)x^2 + (6b+4c)x + 2c)]e^x. \tag{3}$$

将（1），（2），（3）式代入原方程整理，得

$$12ax^2 + 6bx + 2c = x^2 + 1.$$

比较两边 x 的同次幂的系数，得

$$\begin{cases} 12a = 1 \\ 6b = 0 \\ 2c = 1 \end{cases}.$$

故 $\begin{cases} a = \dfrac{1}{12} \\ b = 0 \\ c = \dfrac{1}{2} \end{cases}$ ．那么

$$y^*(x) = x^2\left(\frac{1}{12}x^2 + \frac{1}{2}\right)e^x.$$

所以原方程的通解为

$$y = Y(x) + y^*(x) = (C_1 + C_2 x)e^x + x^2\left(\frac{1}{12}x^2 + \frac{1}{2}\right)e^x.$$

课堂练习 1

1. 已知微分方程 $y'' - 4y' + 4y = f(x)$，不解方程，根据下列所给出的 $f(x)$，写出其特解的结构．

（1）$f(x) = e^{2x}$；　　　　（2）$f(x) = 3x^2 + 2x - 1$；　　　　（3）$f(x) = e^{3x}(x + 3)$．

2. 分别求下列微分方程的一个特解．

（1）$y'' - 4y = e^{2x}$；　　　　（2）$y'' + y' = x - 2$．

6.5.2　$f(x) = e^{\lambda x}[P_l(x)\cos\omega x + P_n(x)\sin\omega x]$ 型

结论 2　若 $f(x) = e^{\lambda x}[P_l(x)\cos\omega x + P_n(x)\sin\omega x]$，其中 λ, ω 为常数，$P_l(x)$，$P_n(x)$ 分别为 x 的 l 次和 n 次多项式，则方程（6.5-1）具有形如：

$$y^*(x) = x^k e^{\lambda x}[R_m^{(1)}(x)\cos\omega x + R_m^{(2)}(x)\sin\omega x]$$

的特解，其中 $R_m^{(1)}(x)$，$R_m^{(2)}(x)$ 是 x 的 m 次多项式，$m = \max\{l, n\}$，而 k 的值如下确定：

（1）若 $\lambda + i\omega$（或 $\lambda - i\omega$）不是方程（6.5-2）的特征方程的根，取 $k = 0$，即

$$y^*(x) = e^{\lambda x}[R_m^{(1)}(x)\cos\omega x + R_m^{(2)}(x)\sin\omega x];$$

（2）若 $\lambda + i\omega$（或 $\lambda - i\omega$）是方程（6.5-2）的特征方程的单根，取 $k = 1$，即

$$y^*(x) = xe^{\lambda x}[R_m^{(1)}(x)\cos\omega x + R_m^{(2)}(x)\sin\omega x].$$

例 4　求方程 $y'' - y = \cos 2x$ 的一个特解.

解　原方程所对应的齐次方程的特征方程为 $r^2 - 1 = 0$，其特征根为 $r_1 = 1$，$r_2 = -1$.

由 $f(x) = \cos 2x$ 知，$\lambda = 0$，$l = 0$，$n = 0$，$m = \max\{l, n\} = 0$，$\omega = 2$，且 $\lambda + i\omega = 0 + 2i$ 不是特征方程的根，因此，可设原二阶非齐次线性微分方程的一个特解为

$$y^*(x) = a\cos 2x + b\sin 2x. \tag{1}$$

则

$$[y^*(x)]'' = -4a\cos 2x - 4b\sin 2x. \tag{2}$$

将（1），（2）式代入原方程并整理，得

$$-5a\cos 2x - 5b\sin 2x = \cos 2x.$$

比较等式两端同类项系数，得 $a = -\dfrac{1}{5}$，$b = 0$. 所以原方程的一个特解为

$$y^*(x) = -\frac{1}{5}\cos 2x.$$

例 5　求微分方程 $y'' - y' - 2y = x\cos x + \sin x$ 的通解.

解　原方程所对应的齐次方程的特征方程为 $r^2 - r - 2 = 0$，其根为 $r_1 = -1$，$r_2 = 2$，故对应的齐次方程的通解为

$$Y(x) = C_1 e^{-x} + C_2 e^{2x}.$$

由 $f(x) = x\cos x + \sin x$ 知，$\lambda = 0$，$\omega = 1$，$l = 1$，$n = 0$，$m = \max\{l, n\} = 1$，且 $\lambda + i\omega = 0 + i$ 不是特征方程的根，因此，可设原二阶非齐次线性微分方程的一个特解为

$$y^*(x) = (ax + b)\cos x + (cx + d)\sin x. \tag{1}$$

则

$$[y^*(x)]' = (cx + a + d)\cos x + (-ax - b + c)\sin x. \tag{2}$$

$$[y^*(x)]'' = (-ax - b + 2c)\cos x - (cx + 2a + d)\sin x. \tag{3}$$

将（1），（2），（3）式代入原方程并整理，得

$$[-(3a + c)x - (a + 3b - 2c + d)]\cos x + [(a - 3c)x + (-2a + b - c - 3d)]\sin x = x\cos x + \sin x.$$

比较等式两边同类项的系数，得

$$\begin{cases} -(3a + c)x - (a + 3b - 2c + d) = x \\ (a - 3c)x + (-2a + b - c - 3d) = 1 \end{cases}$$

从而

$$\begin{cases} -(3a + c) = 1 \\ a + 3b - 2c + d = 0 \\ a - 3c = 0 \\ -2a + b - c - 3d = 1 \end{cases}$$

解上方程组，得

$$\begin{cases} a = -\dfrac{3}{10} \\ b = \dfrac{3}{50} \\ c = -\dfrac{1}{10} \\ d = -\dfrac{2}{25} \end{cases}.$$

所以
$$y^*(x) = \left(-\frac{3}{10}x + \frac{3}{50}\right)\cos x + \left(-\frac{1}{10}x - \frac{2}{25}\right)\sin x.$$

所以原方程的通解为

$$y = Y(x) + y^*(x) = C_1 e^{-x} + C_2 e^{2x} + \left(-\frac{3}{10}x + \frac{3}{50}\right)\cos x + \left(-\frac{1}{10}x - \frac{2}{25}\right)\sin x.$$

例 6 求微分方程 $y'' + 4y = 8\sin 2x$ 的通解及满足初始条件 $y|_{x=0} = 0$，$y'|_{x=0} = 4$ 的特解.

解 原方程对应的齐次方程的特征方程为 $r^2 + 4 = 0$，其根为 $r_{1,2} = \pm 2i$，故对应的齐次方程的通解为

$$Y(x) = C_1\cos 2x + C_2\sin 2x.$$

由 $f(x) = 8\sin 2x$ 知，$\lambda = 0$，$l = 0$，$n = 0$，$m = \max\{l, n\} = 0$，$\omega = 2$，且 $\lambda + i\omega = 0 + 2i$ 是特征方程的单根，因此，可设原二阶非齐次线性微分方程的一个特解为

$$y^*(x) = x(a\cos 2x + b\sin 2x). \tag{1}$$

则

$$[y^*(x)]' = (a + 2bx)\cos 2x + (b - 2ax)\sin 2x. \tag{2}$$

$$[y^*(x)]'' = 4(b - ax)\cos 2x + 4(a + bx)\sin 2x. \tag{3}$$

将（1），（2），（3）式代入原方程并整理，得

$$4b\cos 2x - 4a\sin 2x = 8\sin 2x.$$

比较等式两边同类项的系数，得

$$\begin{cases} 4b = 0 \\ -4a = 8 \end{cases}.$$

解上方程组，得 $\begin{cases} a = -2 \\ b = 0 \end{cases}$. 所以

$$y^*(x) = -2x\cos 2x.$$

所以原方程的通解为

$$y = C_1\cos 2x + C_2\sin 2x - 2x\cos 2x.$$

由初始条件 $y|_{x=0} = 0$，$y'|_{x=0} = 4$ 得，$C_1 = 0$，$C_2 = 3$，故所求的特解为

$$y = 3\sin 2x - 2x\cos 2x.$$

课堂练习2

1. 已知微分方程 $y'' + 2y' + 10y = f(x)$，不解方程，根据下列给出的 $f(x)$，写出其特解的结构.

（1）$f(x) = x$；　　　（2）$f(x) = x\sin x$；　　　（3）$f(x) = e^{-x}\sin 3x$.

2. 求微分方程 $y'' + y = \sin x$ 的一个特解.

习题 6.5

1. 求下列微分方程的一个特解.

（1）$y'' - 2y' - 3y = 3x - 1$；　　　　（2）$y'' - 5y' + 6y = 6x^2$；

（3）$y'' - 5y' + 6y = e^{2x}$；　　　　（4）$y'' - 6y' + 9y = 2e^{3x}$；

（5）$y'' + y = 3\cos 2x$；　　　　（6）$\dfrac{d^2x}{dt^2} + 9x = 9\sin 3t$.

2. 求下列微分方程的通解.

（1）$y'' - 4y' + 3y = 3$；　　　　（2）$y'' + 2y' - 3y = 3x + 1$；

（3）$2y'' + 2y' = 3x^2 - 2x - 1$；　　　　（4）$y'' + 3y' + 2y = 2xe^{-x}$；

（5）$y'' - 4y' + 4y = 4e^{2x}$；　　　　（6）$y'' - 6y' + 9y = e^{3x}(6x + 1)$；

（7）$y'' + 4y = x\cos x$；　　　　*（8）$y'' - 2y' + 5y = e^x\sin 2x$.

3. 求下列微分方程的特解.

（1）$y'' - 3y' + 2y = 5$，$y|_{x=0} = \dfrac{1}{2}$，$y'|_{x=0} = 2$；

（2）$2y'' + 3y' + y = 9$，$y|_{x=0} = 1$，$y'|_{x=0} = 0$；

（3）$y'' - y = 4xe^x$，$y|_{x=0} = 0$，$y'|_{x=0} = 1$；

（4）$y'' + 9y = \sin 3x$，$y|_{x=0} = 1$，$y'|_{x=0} = \dfrac{5}{6}$.

主要知识点小结

1. 微分方程 $y^{(n)} = f(x)$ 的解法

直接积分法 两边同时积分，n 次积分后得到原方程的通解.

2. 齐次微分方程 $\dfrac{dy}{dx} = f\left(\dfrac{y}{x}\right)$ 的解法

设 $u = \dfrac{y}{x}$，则 $\dfrac{dy}{dx} = u + x\dfrac{du}{dx}$，原方程可变换为

$$u + x\frac{\mathrm{d}u}{\mathrm{d}x} = f(u).$$

分离变量，得

$$\frac{\mathrm{d}u}{f(u)-u} = \frac{1}{x}\mathrm{d}x.$$

两边积分得到通解，再将 $u = \dfrac{y}{x}$ 回代，可求出原方程的通解.

3. 一阶微分方程的几种类型和解法

类型		方程形式	解法
可分离变量方程		$g(y)\mathrm{d}y = f(x)\mathrm{d}x$	两边积分
一阶线性微分方程	齐次	$\dfrac{\mathrm{d}y}{\mathrm{d}x} + P(x)y = 0$	（1）分离变量 $\dfrac{\mathrm{d}y}{y} = -P(x)\mathrm{d}x$，再两边积分； （2）公式法 $y = Ce^{-\int P(x)\mathrm{d}x}$
	非齐次	$\dfrac{\mathrm{d}y}{\mathrm{d}x} + P(x)y = Q(x)$	（1）常数变易法； （2）公式法 $y = e^{-\int P(x)\mathrm{d}x}\left[\int Q(x)e^{\int P(x)\mathrm{d}x}\mathrm{d}x + C\right]$

4. 二阶齐次线性微分方程的解的结构

如果 $y_1(x), y_2(x)$ 是齐次方程 $y'' + P(x)y' + Q(x)y = 0$ 的两个线性无关的特解，则

$$y = C_1 y_1(x) + C_2 y_2(x)$$

是它的通解，其中 C_1 和 C_2 是任意常数.

5. 二阶非齐次线性微分方程的解的结构

设 $y^*(x)$ 是二阶非齐次线性微分方程 $y'' + P(x)y' + Q(x)y = f(x)$ 的一个特解，$Y(x)$ 是它所对应的齐次方程 $y'' + P(x)y' + Q(x)y = 0$ 的通解，则

$$y = Y(x) + y^*(x)$$

是非齐次方程 $y'' + P(x)y' + Q(x)y = f(x)$ 的通解.

6. 二阶常系数齐次线性微分方程 $y'' + Py' + qy = 0$ 的通解

求通解的步骤：

（1）写出微分方程所对应的特征方程 $r^2 + pr + q = 0$；

（2）求特征根 r_1, r_2；

（3）根据特征根的不同情况，按照下表写出微分方程的通解：

特征方程 $r^2 + pr + q = 0$ 的根的情形	微分方程 $y'' + py' + qy = 0$ 的通解
两个不等的实根 r_1, r_2	$y = C_1 e^{r_1 x} + C_2 e^{r_2 x}$
两个相等的实根 $r_1 = r_2$	$y = (C_1 + C_2 x)e^{r_1 x}$
一对共轭复根 $r_1 = \alpha + i\beta$，$r_2 = \alpha - i\beta$	$y = e^{\alpha x}(C_1\cos\beta x + C_2\sin\beta x)$

7. 二阶常系数非齐次线性微分方程 $y'' + P(x)y' + Q(x)y = f(x)$ 的特解

$f(x)$ 的形式	与特征根的关系	特解 $y^*(x)$ 的形式
$f(x) = e^{\lambda x}P_m(x)$	λ 不是特征方程的根	$y^*(x) = R_m(x)e^{\lambda x}$
	λ 是特征方程的单根	$y^*(x) = xR_m(x)e^{\lambda x}$
	λ 是特征方程的重根	$y^*(x) = x^2R_m(x)e^{\lambda x}$
$f(x) = e^{\lambda x}[P_l(x)\cos\omega x + P_n(x)\sin\omega x]$	$\lambda + i\omega$ 不是特征方程的根	$y^*(x) = e^{\lambda x}[R_m^{(1)}(x)\cos\omega x + R_m^2(x)\sin\omega x]$
	$\lambda + i\omega$ 是特征方程的单根	$y^*(x) = xe^{\lambda x}[R_m^{(1)}(x)\cos\omega x + R_m^2(x)\sin\omega x]$

8. 应用微分方程解决实际问题的步骤

（1）分析问题，设所求的未知函数，建立微分方程，确定初始条件；

（2）求出此微分方程的通解；

（3）根据初始条件确定所需的特解.

复习题六

一、填空题

1. 微分方程 $x^2y' + y = xy$ 的通解是_____.

2. $r_1 = 5, r_2 = 7$ 是某二阶常系数齐次线性微分方程的特征根，则该方程的通解为_____.

3. $r_1 = r_2 = 9$ 是某二阶常系数齐次线性微分方程的特征根，则该方程的通解为_____.

4. $r_1 = 3 \pm 6i$ 是某二阶常系数齐次线性微分方程的特征根，则该方程的通解为_____.

5. 微分方程 $y'' + 4y = 0$ 的通解是_____.

6. 微分方程 $y'' + 4y' + 6y = 0$ 的通解是_____.

7. 以 $y = C_1e^{2x} + C_2xe^{2x}$ 为通解的二阶常系数齐次线性微分方程为_____.

8. 微分方程 $\dfrac{dy}{dx} = e^{2x-y}$ 满足初始条件 $y|_{x=0} = 0$ 的特解是_____.

9. 求微分方程 $y'' + 2y' - 6y = 3x^2 + 2$ 的一个特解时，应设特解的形式为_____.

10. 若 $y_1 = e^{x^2}$ 及 $y_2 = xe^{x^2}$ 都是微分方程 $y'' - 4xy' + (4x^2 - 2)y = 0$ 的解，则此方程的通解为

_____.

二、选择题

1. 微分方程 $(y')^4 + y'(y'')^3 + xy^5 = 0$ 的阶数是（   ）.

A. 5   B. 4   C. 3   D. 2

2. 下列函数中，（   ）是微分方程 $y'' - y = 0$ 的解.

A. $y = \cos x$ B. $y = x$ C. $y = \cos 2x$ D. $y = e^{-x}$

3. 下列方程中是一阶线性微分方程的是（   ）.

A. $(x+y)\ln x dx - (y^2+1)dy = 0$ B. $\dfrac{dy}{dx} = \dfrac{y^2}{1+4xy}$

C. $y^2y' = \sqrt{y} + x^2\sin 3x$ D. $y'' + y' - 2y = 0$

4. 下列方程中是二阶齐次线性微分方程的是（　　　　）.

A. $3y'' + xy' + x^2y = \cos x$ 　　　　B. $3y'' + y' + 2y = \cos x$

C. $3y'' + xy' + x^2y = 0$ 　　　　D. $3y'' + y' + 2y = 1$

5. 下列方程中是二阶常系数线性微分方程的是（　　　　）.

A. $5y'' - xy' + y = e^{2x}\cos x$ 　　　　B. $5y'' - \sqrt{2}y' - \sqrt{3}y = e^{2x+1}$

C. $yy'' - 3y' + \sqrt{3} = 0$ 　　　　D. $y'' - xy = x$

6. 设 $y_1 = e^{3x}$，$y_2 = e^{3x+1}$，$y_3 = e^{-x}$ 都是微分方程 $y'' + P(x)y' + Q(x)y = 0$ 的特解，则该方程的通解为（　　　　）.

A. $y = C_1e^{3x} + C_2e^{3x+1}$ 　　　　B. $y = C_1e^{3x} + C_2e^{-x}$

C. $y = C_1 + C_2e^{3x+1}$ 　　　　D. $y = C_1e^{-x} + C_2$

7. 方程 $y'' - 3y' + 2y = 0$ 满足初始条件 $y|_{x=0} = 2$，$y'|_{x=0} = 3$ 的特解是（　　　　）.

A. $y = e^x + e^{2x}$ 　　　　B. $y = e^x + 2e^{2x}$

C. $y = 2e^x + e^{2x}$ 　　　　D. $y = C_1e^x + C_2e^{2x}$

8. 在下列微分方程中，其通解为 $y = C_1\cos x + C_2\sin x$ 的是（　　　　）.

A. $y'' - y' = 0$ 　　　　B. $y'' + y' = 0$

C. $y'' + y = 0$ 　　　　D. $y'' - y = 0$

9. 求微分方程 $y'' + 5y' + 6y = x^2 + 2$ 的一个特解时，应设特解的形式为（　　　　）.

A. ax^2 　　　　B. $ax^2 + bx + c$

C. $x(ax^2 + bx + c)$ 　　　　D. $x^2(ax^2 + bx + c)$

10. 求微分方程 $y'' + y' + y = 2\sin x$ 的一个特解时，应设特解的形式为（　　　　）.

A. $b\sin x$ 　　　　B. $a\cos x$

C. $a\cos x + b\sin x$ 　　　　D. $x(a\cos x + b\sin x)$

三、解答题

1. 求下列微分方程的通解.

（1）$\tan y\mathrm{d}x - \cot x\mathrm{d}y = 0$；　　　　（2）$(1-x)y' = 3(y^2 - y')$；

（3）$\sec^2 x\tan y\mathrm{d}x - \sec^2 y\tan x\mathrm{d}y = 0$；　　　　（4）$y'(e^{x+y} + e^y) = e^{x+y} - e^x$；

（5）$y' + y = \cos x$；　　　　（6）$\dfrac{\mathrm{d}y}{\mathrm{d}x} - \dfrac{y}{1+x} = (x+1)^3$；

（7）$\left(x + y\cos\dfrac{y}{x}\right)\mathrm{d}x - x\cos\dfrac{y}{x}\mathrm{d}y = 0$；　　　　（8）$x' + 9x = \sin 3t$；

（9）$y' + \dfrac{2y}{x} = \dfrac{e^x}{x}$；　　　　（10）$y'' - y' - 2y = 0$；

（11）$y'' + 6y' + 9y = 0$；　　　　（12）$y'' + y' + y = 0$；

（13）$y'' - 4y' + 4y = 4x^3$；　　　　（14）$x'' + x = \sin t - \cos t$.

2. 求下列微分方程满足所给的初始条件的特解.

（1）$\cos y\sin x\mathrm{d}x - \cos x\sin y\mathrm{d}y = 0$，$y|_{x=0} = \dfrac{\pi}{3}$；

（2）$y'' - 10y' + 16y = 0$，$y|_{x=0} = 1$，$y'|_{x=0} = 2$；

（3）$2y'' - 5y' + 3y = 2\,e^{\frac{3}{2}x}$，$y|_{x=0} = 2$，$y'|_{x=0} = \dfrac{7}{2}$；

（4）$3y'' + 4y' = 13\sin 2x$，$y|_{x=0} = 0$，$y'|_{x=0} = 0.$

四、应用题

1. 已知曲线通过原点，并且它在点(x, y)处的切线的斜率等于$x + 2y$，求此曲线方程.

2. 快艇以匀速 $v_0 = 5$ m/s 在静水中前进，当停止发动机 5 s 后，速度减至 3 m/s. 已知阻力与运动速度成正比，试求快艇的速度随时间变化的规律.

第7章
向量代数与空间解析几何

向量是解决许多数学、物理及工程技术问题的工具. 空间解析几何通过建立空间直角坐标系，可用代数的方法来研究几何问题. 空间解析几何知识是多元微积分学的基础.

本章首先建立空间直角坐标系，然后引入向量的概念以及向量的运算，再以向量为工具建立空间平面与直线的方程，最后讨论常见的空间曲面和曲线的一般方程.

7.1 空间直角坐标系

7.1.1 空间直角坐标系的概念

在空间取定一点 O，过点 O 作三条两两相互垂直且具有相同长度单位的数轴：x 轴（横轴）、y 轴（纵轴）、z 轴（竖轴），它们统称为**坐标轴**，点 O 称为**坐标原点**. 通常把 x 轴和 y 轴配置在水平面上，而 z 轴则是铅垂线，它们的正向通常符合右手法则，即以右手握住 z 轴，除大拇指以外的其余四指从 x 轴的正向以 90°角转向 y 轴的正向时，大拇指伸直的方向就是 z 轴的正向，如图 7.1-1 所示.

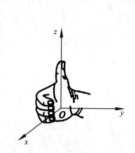

图 7.1-1 坐标轴的方向

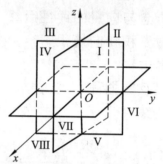

图 7.1-2 卦限

任意两条坐标轴所确定的平面称为**坐标面**，即 xOy 面、yOz 面、zOx 面，三个坐标平面将空间分成八个**卦限**，xOy 平面的第一、二、三、四象限的上方空间依次称为第一卦限、第二卦限、第三卦限、第四卦限，对应的下方空间依次为第五到第八卦限，这八个卦限分别用 Ⅰ、Ⅱ、Ⅲ、Ⅳ、Ⅴ、Ⅵ、Ⅶ、Ⅷ表示，如图 7.1-2 所示.

设 P 为空间直角坐标系中的一点，过点 P 分别作 x 轴、y 轴和 z 轴的垂面，交点分别为 A, B, C 三点，这三点在 x 轴、y 轴和 z 轴上的坐标依次为 x, y, z，如图 7.1-3 所示. 这样点 P 就唯一确定了一个有序实数组 (x, y, z)；反过来，如果给定一个有序实数组 (x, y, z)，先在 x 轴、y 轴、z 轴上取与 x, y, z 相对应的点 A, B, C，再过 A, B, C 分别作 x 轴、y 轴、z 轴的垂直平面，这三个平面必相交于唯一的一点 P. 于是，通过空间直角坐标系，空间中的点 P 与有序实数组 (x, y, z) 就建立了一一对应关系，有序实数组 (x, y, z) 称为点 P 的坐标，记作 $P(x, y, z)$，并分别称 x, y, z 为点 P 的横坐标、纵坐标和竖坐标.

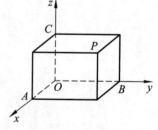

图 7.1-3 点的坐标

表 7.1-1 是一般位置点的坐标在各卦限内的符号，表 7.1-2 是特殊位置点的坐标.

表 7.1-1

卦限	点的坐标(x, y, z)		卦限	点的坐标(x, y, z)	
Ⅰ	$x > 0, \ y > 0$		Ⅴ	$x > 0, \ y > 0$	
Ⅱ	$x < 0, \ y > 0$	$z > 0$	Ⅵ	$x < 0, \ y > 0$	$z < 0$
Ⅲ	$x < 0, \ y < 0$		Ⅶ	$x < 0, \ y < 0$	
Ⅳ	$x > 0, \ y < 0$		Ⅷ	$x > 0, \ y < 0$	

表 7.1-2

原点	坐标轴上的点		坐标面上的点	
(0, 0, 0)	x 轴	$(x, 0, 0)$	xOy 面	$(x, y, 0)$
	y 轴	$(0, y, 0)$	yOz 面	$(0, y, z)$
	z 轴	$(0, 0, z)$	zOx 面	$(x, 0, z)$

例 1 过点 $P(1,-2,3)$ 作各坐标平面和各坐标轴的垂线，试写出垂足的坐标.

解 过点 $P(1,-2,3)$ 作各坐标平面和各坐标轴的垂线，垂足的坐标分别为：

	xOy 面	yOz 面	zOx 面	x 轴	y 轴	z 轴
垂足	$(1,-2,0)$	$(0,-2,3)$	$(1,0,3)$	$(1,0,0)$	$(0,-2,0)$	$(0,0,3)$

例 2 写出点 $(-7,4,3)$ 关于各坐标平面、各坐标轴和坐标原点的对称点的坐标.

解 点 $(-7,4,3)$ 关于各坐标平面、各坐标轴和坐标原点的对称点的坐标分别为：

	xOy 面	yOz 面	zOx 面	x 轴	y 轴	z 轴	原点
对称点	$(-7,4,-3)$	$(7,4,3)$	$(-7,-4,3)$	$(-7,-4,-3)$	$(7,4,-3)$	$(7,-4,3)$	$(7,-4,-3)$

例 3 用折线法在空间直角坐标系中画出下列各点：$A(-2,3,1)$, $B(1,-2,4)$, $C(2,3,-2)$.

解 在 x 轴负半轴上取 2 个单位，再平行于 y 轴向右（正向）取 3 个单位，最后平行于 z 轴向上取 1 个单位，得到点 $A(-2,3,1)$；

同理，得到 $B(1,-2,4)$ 和 $C(2,3,-2)$. 如图 7.1-4 所示.

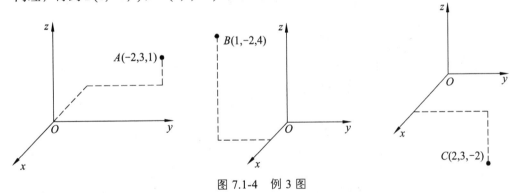

图 7.1-4 例 3 图

课堂练习 1

1. 判定下列各点在第几卦限或在哪个坐标轴、坐标面上.

$P_1(2,-5,-8)$, $P_2(-4,6,-1)$, $P_3(-2,-7,30)$, $P_4(0,3,3)$, $P_4(-9,0,0)$.

2. 过点 $P(-2,3,-1)$ 作各坐标平面和各坐标轴的垂线，试写出垂足的坐标.

3. 用折线法在空间直角坐标系中画出下列各点：$A(3,4,2)$, $B(-2,1,4)$, $C(-4,-3,-1)$.

7.1.2 空间两点间的距离公式

设 $P_1(x_1, y_1, z_1)$, $P_2(x_2, y_2, z_2)$ 为空间任意两点，它们之间的距离为

$$|P_1P_2| = \sqrt{(x_2-x_1)^2 + (y_2-y_1)^2 + (z_2-z_1)^2} \, . \tag{7.1-1}$$

（7.1-1）式为空间两点之间的距离公式.

例 4　求在 x 轴上与点 $A(-1, 2, 3)$ 和点 $B(3, -2, 4)$ 等距离的点 P 的坐标.

解　由于所求的点 P 在 x 轴上，所以可设 P 点的坐标为 $(x, 0, 0)$，依题意有

$$|PA| = |PB|.$$

由两点间的距离公式，得

$$\sqrt{(-1-x)^2 + (2-0)^2 + (3-0)^2} = \sqrt{(3-x)^2 + (-2-0)^2 + (4-0)^2} \, .$$

解之得 $x = \dfrac{15}{8}$. 所以，所求的点为 $P\left(\dfrac{15}{8}, 0, 0\right)$.

课堂练习 2

1. 求两点 $P_1(-5, 2, -3)$ 和 $P_2(-4, -3, 3)$ 之间的距离.

2. 在 z 轴上求与两点 $A(-4, 3, -7)$ 和 $B(6, -8, -2)$ 等距离的点.

3. 求点 $P(5, -12, 3)$ 到 x 轴的距离和它到 yOz 面的距离.

习题 7.1

1. 写出点 $A(2, -1, 2)$ 关于 zOx 平面、y 轴、坐标原点的对称点的坐标.

2. 求点 $B(3, -4, 5)$ 到坐标原点及各坐标轴的距离.

3. 过点 $P(-2, 3, 4)$ 作各坐标轴的垂线，并写出垂足的坐标.

4. 在空间直角坐标系中作出下列各点：$A(1, -2, 3)$，$B(3, 2, -1)$，$C(-2, 1, -3)$.

5. 求在 y 轴上与点 $A(2, 0, -1)$ 和点 $B(-2, 1, 3)$ 等距离的点的坐标.

6. 证明以三点 $A(9, 1, 4)$，$B(6, -1, 10)$，$C(3, 4, 2)$ 为顶点的三角形是等腰直角三角形.

7. 在 yOz 面上，求与三点 $A(3, 1, 2)$，$B(4, -2, -2)$ 和 $C(0, 5, 1)$ 等距离的点.

8. 边长为 a 的正方体放置在 xOy 面上，其底面中心在坐标原点，底面边长分别平行于 x 轴和 y 轴，求该正方体各顶点的坐标.

9. 过点 $P(2, 3, 1)$ 作各坐标轴的垂面.

7.2　向量的概念与向量的线性运算

7.2.1　向量的概念

定义　只有大小，没有方向的量，称为**数量**（或**标量**）；既有大小，又有方向的量，称为

向量（或矢量）.

比如，时间、温度、面积等为数量；力、速度、位移等是向量.

向量一般用小写黑体字母 a,b,c 或 $\vec{a},\vec{b},\vec{c}$ 等表示，也可以用有向线段表示，如以 A 为起点、B 为终点的有向线段所表示的向量记为 $\overrightarrow{AB}$．向量的大小称为向量的**模**，记为 $|a|$ 或 $|\overrightarrow{AB}|$ 等．向量的模是一个非负实数，模为 1 的向量称为**单位向量**，常用 e 来表示；模为 0 的向量称为**零向量**，记为 0 或 $\vec{0}$．规定：零向量的方向是任意的.

若向量 a 和 b 的模相等，方向相同，则称向量 a 与 b 相等，记为 $a = b$．因此，向量的大小和方向与其在空间的位置无关，所以在讨论向量时，为了方便，我们常常会平行移动向量.

设两个向量 a 与 b 的夹角为 $\theta(0 \leqslant \theta \leqslant \pi)$，当 $\theta = \dfrac{\pi}{2}$ 时，就称向量 a 与 b 垂直，记作 $a \perp b$；当 $\theta = 0$ 或 $\theta = \pi$ 时，两个向量 a 与 b 的方向相同或相反，就称向量 a 与 b 平行，记作 $a /\!/ b$．由于零向量的方向是任意的，因此可以认为零向量与任何向量都垂直和平行.

课堂练习 1

判断下列说法是否正确.
（1）向量的模不能为 0；
（2）向量的大小和方向与其在空间的位置无关；
（3）如果两个向量的模相等，那么这两个向量就相等.

7.2.2　向量的线性运算

向量的加法、减法以及数与向量的乘法统称为**向量的线性运算**.

1. 向量的加减法

力学中有求合力的平行四边形法则，数学上也有求向量加法的平行四边形法则.

法则 1（平行四边形法则）　设两个非零向量 a 与 b 不平行，将向量 a,b 的起点移放在一起，并以 a,b 为邻边作平行四边形，则将从起点到对角线顶点所表示的向量，称为向量 a 与 b 的和向量，记为 $a+b$．这就是向量加法的**平行四边形法则**，如图 7.2-1（a）所示.

法则 2（三角形法则）　若以向量 a 的终点作为向量 b 的起点，则从向量 a 的起点到向量 b 的终点的向量也是向量 a 与 b 的和向量．这是向量加法的**三角形法则**，如图 7.2-1（b）所示.

由三角形法则可以推导出 n 个向量相加的**多边形法则**：以前一个向量的终点作为下一个向量的起点，相继作向量 $a_1,a_2,\cdots,a_n$，再以第一个向量的起点为起点，最后一个向量的终点为终点作一向量，这个向量即为向量 $a_1,a_2,\cdots,a_n$ 的和向量，如图 7.2-1（c）所示，$s = a_1 + a_2 + \cdots + a_n$.

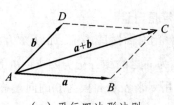 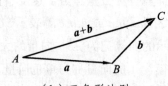 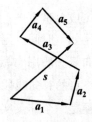

（a）平行四边形法则　　　　（b）三角形法则　　　　（c）多边形法则

图 7.2-1　向量的加法

向量加法符合下列运算规律：

（1）交换律：$a+b=b+a$；

（2）结合律：$(a+b)+c=a+(b+c)$.

与向量 a 的模相同而方向相反的向量叫做 a 的**负向量**，记作 $-a$. 由此，我们将向量 b 与向量 $(-a)$ 的和称为向量 b 与 a 的**差**，记作 $b-a=b+(-a)$（图 7.2-2）.

特别地，当 $b=a$ 时，$a-a=a+(-a)=0$.

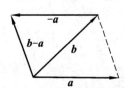 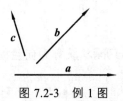

图 7.2-2　向量的差

例 1　如图 7.2-3 所示，已知向量 a,b,c，求作：（1）$a+b$；（2）$b-c$；（3）$a+b+c$.

图 7.2-3　例 1 图

解　平行移动 a 和 b 使它们的起点重合，用加法的平行四边形法则得到 $a+b$，如图 7.2-4（a）所示.

同理，用向量加减法法则，可得 $b-c$ 和 $a+b+c$，如图 7.2-4（b）、（c）所示.

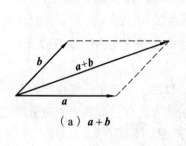 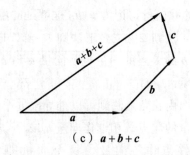

（a）$a+b$　　　　（b）$b-c$　　　　（c）$a+b+c$

图 7.2-4

课堂练习 2

1. 如图 7.2-5（a）所示，已知向量 a,b,c，求作：（1）$b+a$；（2）$c-b$；（3）$a+b-c$.

2. 如图 7.2-5（b）所示，长方体 $ABCD-A_1B_1C_1D_1$ 中，过顶点 A 的向量 $\overrightarrow{AB}=a$，$\overrightarrow{DA}=b$，$\overrightarrow{A_1A}=c$，试用 a,b,c 表示向量 $\overrightarrow{AB_1},\overrightarrow{AC},\overrightarrow{AD_1},\overrightarrow{AC_1}$.

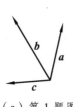

（a）第 1 题图 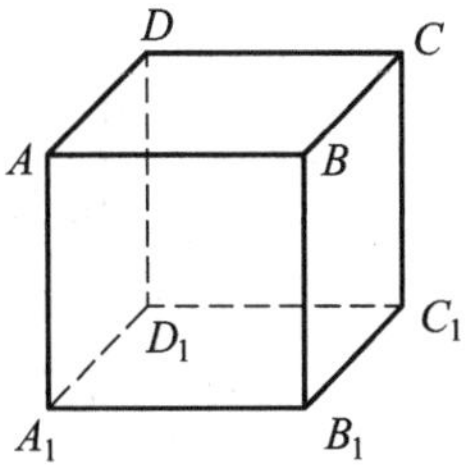 （b）第 2 题图

图 7.2-5 课堂练习 2

2. 数与向量的乘积

非零实数 λ 与向量 a 的**乘积**仍是一个向量，记作 λa，规定：

（1）λa 的模：$|\lambda a|=|\lambda||a|$；

（2）λa 的方向由 λ 的符号确定：当 $\lambda>0$ 时与 a 同向；当 $\lambda<0$ 时与 a 反向.

如果 $\lambda=0$ 或 $a=0$，规定：$\lambda a=0$.

数与向量的乘积运算满足下列运算规律：

（1）**结合律**：$\lambda(\mu a)=\mu(\lambda a)=(\lambda\mu)a$.

（2）**分配律**：$\lambda(a+b)=\lambda a+\lambda b$；

$$(\lambda+\mu)a=\lambda a+\mu a.$$

其中 λ,μ 都是常数.

定理 $b\parallel a(a\neq 0)\Leftrightarrow$ 存在常数 $\lambda(\lambda\neq 0)$，使 $b=\lambda a$.

课堂练习 3

1. 填空：已知向量 a 的模 $|a|=3$，则 $|2a|=$（ ）；向量 a 与向量 $-2a$ 的方向相（ ）.

2. 在三角形 $\triangle ABC$ 中，D,E 是 BC 边上的三等分点（图 7.2-6），设 $\overrightarrow{BC}=a$，$\overrightarrow{AC}=b$，试用 a,b 来表示 $\overrightarrow{AD},\overrightarrow{AE}$.

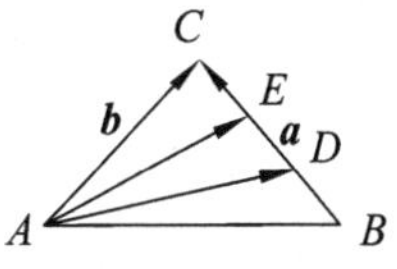

图 7.2-6 第 2 题图

7.2.3 向量的坐标

1. 向量的坐标

空间直角坐标系 $O\text{-}xyz$ 中，把已知向量 a 的起点移到原点 O 时，若其终点为 $P(x,y,z)$，则 $a=\overrightarrow{OP}$，$\overrightarrow{OP}$ 称为**向径**，记为 r，点 P 的坐标 (x,y,z) 称为**向量 a 的坐标**，记为 $a=(x,y,z)$，

即向量 **a** 的坐标就是与其相等的向径终点的坐标.

例 2 如图 7.2-7 所示，在长方体 $OABC-O_1A_1B_1C_1$ 中，过顶点 O 的三条棱长 $OA=a$，$OC=b$，$OO_1=c$，求向量 $\overrightarrow{OB}$，$\overrightarrow{OA_1}$，$\overrightarrow{OC_1}$，$\overrightarrow{OB_1}$ 的坐标.

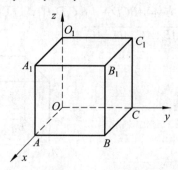

图 7.2-7　例 2 图

解 如图 7.2-7 所示，向量 $\overrightarrow{OB}$，$\overrightarrow{OA_1}$，$\overrightarrow{OC_1}$，$\overrightarrow{OB_1}$ 的坐标分别为 $\overrightarrow{OB}=(a,b,0)$，$\overrightarrow{OA_1}=(a,0,c)$，$\overrightarrow{OC_1}=(0,b,c)$，$\overrightarrow{OB_1}=(a,b,c)$.

空间直角坐标系中，与 x 轴、y 轴、z 轴正向同向的单位向量统称为**基本单位向量**，分别用 $\boldsymbol{i},\boldsymbol{j},\boldsymbol{k}$ 表示，它们的坐标分别为

$$\boldsymbol{i}=(1,0,0),\boldsymbol{j}=(0,1,0),\boldsymbol{k}=(0,0,1).$$

如图 7.2-8 所示，若点 M 的坐标为 (x,y,z)，则向量

$$\overrightarrow{OA}=x\boldsymbol{i},\ \overrightarrow{OB}=y\boldsymbol{j},\ \overrightarrow{OC}=z\boldsymbol{k},$$

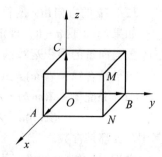

由向量的加法法则得

$$\overrightarrow{OM}=\overrightarrow{ON}+\overrightarrow{NM}=(\overrightarrow{OA}+\overrightarrow{OB})+\overrightarrow{OC}=x\boldsymbol{i}+y\boldsymbol{j}+z\boldsymbol{k},$$

即向径 $\overrightarrow{OM}$ 的坐标表达式为

图 7.2-8　向量的坐标表达式

$$\overrightarrow{OM}=x\boldsymbol{i}+y\boldsymbol{j}+z\boldsymbol{k}.$$

例 3 如图 7.2-9 所示，已知两点 $M_1(x_1,y_1,z_1)$ 和 $M_2(x_2,y_2,z_2)$，求 $\overrightarrow{M_1M_2}$ 的坐标表达式.

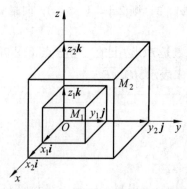

图 7.2-9　例 3 图

解 $\overrightarrow{M_1M_2} = \overrightarrow{OM_2} - \overrightarrow{OM_1} = (x_2\boldsymbol{i} + y_2\boldsymbol{j} + z_2\boldsymbol{k}) - (x_1\boldsymbol{i} + y_1\boldsymbol{j} + z_1\boldsymbol{k})$

$$= (x_2 - x_1)\boldsymbol{i} + (y_2 - y_1)\boldsymbol{j} + (z_2 - z_1)\boldsymbol{k} .$$

例 3 中，数组 $(x_2 - x_1, y_2 - y_1, z_2 - z_1)$ 称为向量 $\overrightarrow{M_1M_2}$ 的坐标，记为

$$\boldsymbol{a} = \overrightarrow{M_1M_2} = (x_2 - x_1, y_2 - y_1, z_2 - z_1) = (a_x, a_y, a_z) = a_x\boldsymbol{i} + a_y\boldsymbol{j} + a_z\boldsymbol{k} ,$$

其中 a_x, a_y, a_z 称为向量 $\boldsymbol{a}$ 在 x, y, z 轴上的**投影**，$a_x\boldsymbol{i}, a_y\boldsymbol{j}, a_z\boldsymbol{k}$ 称为向量 $\boldsymbol{a}$ 在 x, y, z 轴上的**分向量**.

例 4 已知向量 $\overrightarrow{AB} = (-8, 9, -4)$，始点 A 的坐标为 $(-3, 1, 0)$，求终点 B 的坐标.

解 设点 B 的坐标为 (x, y, z)，则

$$\overrightarrow{AB} = (x+3, y-1, z-0) = (-8, 9, -4) .$$

所以，$x = -11, y = 10, z = -4$，即点 B 的坐标为 $(-11, 10, -4)$.

2. 向量的模和单位向量的坐标表示

向量 $\boldsymbol{a} = a_x\boldsymbol{i} + a_y\boldsymbol{j} + a_z\boldsymbol{k}$ 的模为

$$|\boldsymbol{a}| = \sqrt{a_x^2 + a_y^2 + a_z^2} ;$$

与 $\boldsymbol{a}$ 同向的单位向量：

$$\boldsymbol{e} = \frac{\boldsymbol{a}}{|\boldsymbol{a}|} = \frac{1}{|\boldsymbol{a}|}(a_x, a_y, a_z) = \frac{a_x\boldsymbol{i} + a_y\boldsymbol{j} + a_z\boldsymbol{k}}{\sqrt{a_x^2 + a_y^2 + a_z^2}} .$$

例 5 已知两点 $A(0, -1, 2)$ 和 $B(1, -2, 3)$，求与向量 $\overrightarrow{AB}$ 平行的单位向量.

解 $\overrightarrow{AB} = (1, -2, 3) - (0, -1, 2) = (1, -1, 1)$.

$$|\overrightarrow{AB}| = \sqrt{1^2 + (-1)^2 + 1^2} = \sqrt{3} .$$

因为与向量 $\overrightarrow{AB}$ 平行的单位向量有同向的单位向量和反向的单位向量，所以，与向量 $\overrightarrow{AB}$ 平行的单位向量为

$$\boldsymbol{e} = \pm\frac{\overrightarrow{AB}}{|\overrightarrow{AB}|} = \pm\frac{1}{\sqrt{3}}(1, -1, 1) = \pm\left(\frac{\sqrt{3}}{3}, -\frac{\sqrt{3}}{3}, \frac{\sqrt{3}}{3}\right) .$$

课堂练习 4

1. 向量 $\boldsymbol{a} = 7\boldsymbol{i} - 5\boldsymbol{j} + 4\boldsymbol{k}$ 在 x, y, z 轴上的投影分别为_____，在 x, y, z 轴上的分向量分别为_____.

2. 已知两点 $M_1(3, -8, 11)$ 和 $M_2(7, -13, -4)$，则向量 $\overrightarrow{M_1M_2}$ 的坐标为_____，$|\overrightarrow{M_1M_2}| = $_____.

3. 向量 $\boldsymbol{a} = \boldsymbol{i} - 2\boldsymbol{j} + \boldsymbol{k}$ 的模为_____，与 $\boldsymbol{a}$ 同方向的单位向量为_____.

3. 向量的方向角与方向余弦

非零向量 $\overrightarrow{OM} = (x, y, z)$ 与 x 轴、y 轴、z 轴正向的夹角 α, β, γ（其中 $0 \leqslant \alpha \leqslant \pi$，$0 \leqslant \beta \leqslant \pi$，$0 \leqslant \gamma \leqslant \pi$）称为向量 $\overrightarrow{OM}$ 的方向角，方向角 α, β, γ 的余弦 $\cos\alpha$，$\cos\beta$，$\cos\gamma$ 称为向量 $\overrightarrow{OM}$ 的方向余弦，如图 7.2-10 所示.

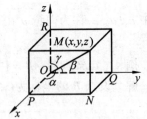

$$\cos\alpha = \frac{x}{\sqrt{x^2 + y^2 + z^2}} = \frac{x}{|\overrightarrow{OM}|},$$

$$\cos\beta = \frac{y}{\sqrt{x^2 + y^2 + z^2}} = \frac{y}{|\overrightarrow{OM}|},$$

$$\cos\gamma = \frac{z}{\sqrt{x^2 + y^2 + z^2}} = \frac{z}{|\overrightarrow{OM}|}.$$

图 7.2-10　方向角与方向余弦

方向余弦具有如下性质：

（1）$\cos^2\alpha + \cos^2\beta + \cos^2\gamma = 1$；

（2）$e = (\cos\alpha, \cos\beta, \cos\gamma)$ 是 $\overrightarrow{OM}$ 的单位向量.

例 6　已知点 $M_1(\sqrt{2}, 4, -1)$ 和 $M_2(0, 5, -2)$，求向量 $\overrightarrow{M_1M_2}$ 的模、方向余弦及方向角.

解　$\overrightarrow{M_1M_2} = (-\sqrt{2}, 1, -1)$，

所以，向量 $\overrightarrow{M_1M_2}$ 的模为 $|\overrightarrow{M_1M_2}| = \sqrt{(-\sqrt{2})^2 + 1^2 + (-1)^2} = 2$；

方向余弦为 $\cos\alpha = -\dfrac{\sqrt{2}}{2}$，$\cos\beta = \dfrac{1}{2}$，$\cos\gamma = -\dfrac{1}{2}$；

解得方向角为 $\alpha = \dfrac{3\pi}{4}$，$\beta = \dfrac{\pi}{3}$，$\gamma = \dfrac{2\pi}{3}$.

课堂练习 5

1. 求与向量 $r = (-1, 2, -2)$ 平行的单位向量.

2. 求向量 $\overrightarrow{OP} = 3i + 4j - 5k$ 的模和方向余弦.

7.2.4　线性运算的坐标表示

设向量 $a = (a_x, a_y, a_z)$，$b = (b_x, b_y, b_z)$，则

（1）加法：$a + b = (a_x + b_x)i + (a_y + b_y)j + (a_z + b_z)k = (a_x + b_x, a_y + b_y, a_z + b_z)$.

（2）减法：$a - b = (a_x - b_x, a_y - b_y, a_z - b_z)$.

（3）数与向量的乘积：$\lambda a = (\lambda a_x, \lambda a_y, \lambda a_z)$.

（4）两向量平行的充要条件：$a // b \Leftrightarrow \dfrac{b_x}{a_x} = \dfrac{b_y}{a_y} = \dfrac{b_z}{a_z}$（$a \neq 0$）.

（5）两向量相等：$a = b \Leftrightarrow a_x = b_x, a_y = b_y, a_z = b_z$.

例 7　已知向量 $a = (0, 2, 4)$，$b = (-3, 7, -1)$，求 $a + 2b$ 和 $3a - b$.

解　$a + 2b = (0, 2, 4) + 2(-3, 7, -1) = (-6, 16, 2)$；

$3a-b = 3(0, 2, 4)-(-3, 7, -1) = (3, -1, 13).$

课堂练习 6

1. 已知向量 $a = (3, -1, -2)$，$b = (-3, 0, 1)$，求 $2a-b$ 和 $a+3b$.
2. 已知向量 $a = 2i+3j-4k$，$b = i+2j-2k$，问 a, b 是否平行？
3. 已知向量 $a = (3, x-1, y)$，$b = (3, -4, 1)$，若 $a = b$，求 x 和 y.

习题 7.2

1. 求与向量 $a = 2i+j-3k$ 平行的单位向量.

2. 已知两点 $P_1(4, 1, \sqrt{2})$ 和 $P_2(3, 2, 0)$，求向量 $\overrightarrow{P_1P_2}$ 的模、方向余弦和方向角.

3. 已知向量 $a = (1, 5, 3)$，$b = (2, 0, -3)$，求 $3a+2b$ 和 $a-3b$.

4. 判断下列各组向量是否平行.

（1）$a = (1, 2, -4)$，$b = (1.5, 3, -6)$；　　（2）$c = (-2, -4, 6)$，$d = (1, 2, -3)$；

（3）$u = (0, -2, 8)$，$v = (1, -3, 4)$；　　（4）$m = (7, -2, 8)$，$n = (0, 0, 0)$.

5. 已知两点 $M_1(1, 2, -3)$ 和 $M_2(-6, -4, 0)$，求向量 $\overrightarrow{M_1M_2}$，$\overrightarrow{M_2M_1}$ 和 $-3\overrightarrow{M_1M_2}$.

6. 已知向量 $m = 5i-6j+8k$ 和 $n = -3i+4j-5k$，且 $a = 3m+4n$，求向量 a 及与之同向的单位向量.

7. 设向量 $a = 2i-3j+k$，$b = 3i+k$，若 $3a-b+2c = 0$，求 c.

8. 已知平行四边形 $ABCD$ 的边 BC 和 CD 的中点分别为 E 和 F，设 $\overrightarrow{AE} = u$，$\overrightarrow{AF} = v$，求 $\overrightarrow{BC}$ 和 $\overrightarrow{CD}$.

7.3　向量的数量积与向量积

7.3.1　向量的数量积

1. 向量的数量积的概念

一物体在恒力 F 的作用下沿直线从点 A 移到点 B，以 s 表示位移 $\overrightarrow{AB}$，则力 F 所做的功为

$$W = |F||s|\cos\theta,$$

其中 θ 为 F 与 s 的夹角，如图 7.3-1 所示.

像这样由两个向量的模与它们的夹角的余弦的乘积构成的算式，其运算结果是一个数.

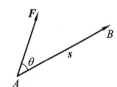

图 7.3-1　物体所做的功

定义 1 设向量 a, b 的夹角为 θ，它们的模及其夹角的余弦的乘积称为向量 a 与 b 的**数量积**，记作 $a \cdot b$（图 7.3-2），即

$$a \cdot b = |a||b|\cos\theta.$$

根据定义 1，力 F 所做的功 W 是力 F 与位移 s 的数量积，即

$$W = F \cdot s.$$

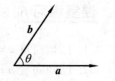

图 7.3-2　向量的数量积

由数量积的定义很容易得到以下数量积的性质和运算规律：

（1）$a \cdot a = a^2 = |a|^2$；

（2）$a \perp b \Leftrightarrow a \cdot b = 0$；

（3）交换律：$a \cdot b = b \cdot a$；

（4）分配律：$a \cdot (b+c) = a \cdot b + a \cdot c$；

（5）结合律：$(\lambda a) \cdot b = a \cdot (\lambda b) = \lambda(a \cdot b)$，

其中 a, b, c 为向量，λ 为常数.

由于三个基本单位向量 i, j, k 互相垂直，所以

$$i \cdot j = j \cdot k = k \cdot i = j \cdot i = k \cdot j = i \cdot k = 0, \ i \cdot i = j \cdot j = k \cdot k = 1.$$

2. 数量积的坐标表示

设向量 $a = (a_x, a_y, a_z)$，$b = (b_x, b_y, b_z)$，则

$$\begin{aligned}
a \cdot b &= (a_x i + a_y j + a_z k) \cdot (b_x i + b_y j + b_z k) \\
&= a_x b_x i \cdot i + a_x b_y i \cdot j + a_x b_z i \cdot k + a_y b_x j \cdot i + a_y b_y j \cdot j + a_y b_z j \cdot k + \\
&\quad a_z b_x k \cdot i + a_z b_y k \cdot j + a_z b_z k \cdot k \\
&= a_x b_x + a_y b_y + a_z b_z,
\end{aligned}$$

所以

$$a \cdot b = a_x b_x + a_y b_y + a_z b_z.$$

由数量积的定义 $a \cdot b = |a||b|\cos\theta$ 得到，非零向量 a 和 b 的夹角 θ 的余弦为

$$\cos\theta = \frac{a \cdot b}{|a||b|} = \frac{a_x b_x + a_y b_y + a_z b_z}{\sqrt{a_x^2 + a_y^2 + a_z^2} \cdot \sqrt{b_x^2 + b_y^2 + b_z^2}}.$$

例 1 设力 $F = 5i - 2j + k$ 作用于某质点上，该质点由点 $M_1(-1, 3, 1)$ 沿直线移动到点 $M_2(2, 1, -2)$，求力 F 所做的功.

解　$\overrightarrow{M_1 M_2} = (3, -2, -3)$.

$$W = F \cdot \overrightarrow{M_1 M_2} = (5, -2, 1) \cdot (3, -2, -3)$$

$$= 5 \times 3 + (-2) \times (-2) + 1 \times (-3) = 16.$$

例 2 已知向量 $a = 4i - j + 2k$，$b = -3i + j + k$，求向量 a 与 b 的夹角的余弦.

解　$a \cdot b = (4, -1, 2) \cdot (-3, 1, 1) = 4 \times (-3) + (-1) \times 1 + 2 \times 1 = -11.$

$$|\boldsymbol{a}| = \sqrt{4^2 + (-1)^2 + 2^2} = \sqrt{21},$$

$$|\boldsymbol{b}| = \sqrt{(-3)^2 + 1^2 + 1^2} = \sqrt{11}.$$

所以

$$\cos\theta = \frac{\boldsymbol{a} \cdot \boldsymbol{b}}{|\boldsymbol{a}| \cdot |\boldsymbol{b}|} = \frac{-11}{\sqrt{21} \cdot \sqrt{11}} = -\frac{\sqrt{231}}{21}.$$

例 3 已知向量 $\boldsymbol{a}, \boldsymbol{b}$ 的夹角为 $\dfrac{2\pi}{3}$，$|\boldsymbol{a}| = 2$，$|\boldsymbol{b}| = 3$，求向量 $\boldsymbol{c} = 2\boldsymbol{a} - \boldsymbol{b}$ 的模.

解 根据数量积的定义和性质，有

$$|\boldsymbol{c}|^2 = \boldsymbol{c} \cdot \boldsymbol{c} = (2\boldsymbol{a} - \boldsymbol{b}) \cdot (2\boldsymbol{a} - \boldsymbol{b}) = (2\boldsymbol{a} - \boldsymbol{b}) \cdot (2\boldsymbol{a}) - (2\boldsymbol{a} - \boldsymbol{b}) \cdot \boldsymbol{b}$$

$$= 4\boldsymbol{a} \cdot \boldsymbol{a} - 2\boldsymbol{b} \cdot \boldsymbol{a} - 2\boldsymbol{a} \cdot \boldsymbol{b} + \boldsymbol{b} \cdot \boldsymbol{b} = 4|\boldsymbol{a}|^2 - 4|\boldsymbol{a}||\boldsymbol{b}|\cos\frac{2\pi}{3} + |\boldsymbol{b}|^2$$

$$= 4 \times 2^2 - 4 \times 2 \times 3 \times \left(-\frac{1}{2}\right) + 3^2 = 37.$$

所以 $|\boldsymbol{c}| = \sqrt{37}$.

课堂练习 1

1. 已知向量 $\boldsymbol{a} = \boldsymbol{i} + \boldsymbol{j}$，$\boldsymbol{b} = \boldsymbol{i} + \boldsymbol{k}$，求向量 $\boldsymbol{a}$ 与 $\boldsymbol{b}$ 的夹角.

2. 已知向量 $\boldsymbol{a} = (3, 2, -4)$，$\boldsymbol{b} = (1, 0, -1)$，求：（1）$\boldsymbol{a} \cdot 2\boldsymbol{b}$；（2）$(\boldsymbol{a} + \boldsymbol{b})^2$；（3）$(3\boldsymbol{a} + \boldsymbol{b}) \cdot (\boldsymbol{b} - 2\boldsymbol{a})$.

7.3.2 向量的向量积

1. 向量的向量积的概念

设 O 为杠杆 L 的支点，有一个力 $\boldsymbol{F}$ 作用于该杠杆上点 P 处，$\boldsymbol{F}$ 与 $\overrightarrow{OP}$ 的夹角为 θ，如图 7.3-3（a）所示，由力学知识知道，力 $\boldsymbol{F}$ 对支点 O 的力矩是一个向量 $\boldsymbol{M}$，$\boldsymbol{M}$ 的模等于力臂与力的大小的乘积，即

$$|\boldsymbol{M}| = |\overrightarrow{OP}|\sin\theta \cdot |\boldsymbol{F}| = |\overrightarrow{OP}||\boldsymbol{F}|\sin\theta.$$

$\boldsymbol{M}$ 的方向同时垂直于 $\overrightarrow{OP}$ 与 $\boldsymbol{F}$，其方向按右手法则确定，即当右手四指从 $\overrightarrow{OP}$ 的正方向转向 $\boldsymbol{F}$ 的正方向握拳时，大拇指伸直所指的方向就是 $\boldsymbol{M}$ 的方向，如图 7.3-3（b）所示，据此，我们给出两个向量的向量积的概念.

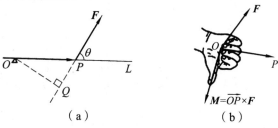

（a） （b）

图 7.3-3 力矩

定义 2 设向量 a, b 的夹角为 θ，若向量 c 满足：

（1）$|c| = |a| \cdot |b| \sin\theta$；

（2）c 同时垂直于向量 a 和 b，c 的方向按右手法则从 a 转向 b 来确定（图 7.3-4（b）），则向量 c 叫做向量 a 与 b 的向量积，记作 $a \times b$，即

$$c = a \times b.$$

由向量积的定义可知，$a \times b$ 的模等于以 a, b 为邻边的平行四边形的面积，如图 7.3-4（a）所示。因此，上述力 F 对杠杆 L 上支点 O 的力矩 M 可以表示为

$$M = \overrightarrow{OP} \times F.$$

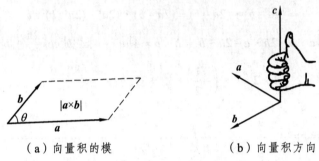

（a）向量积的模　　　　　（b）向量积方向

图 7.3-4　向量积

由向量积的定义很容易得到以下向量积的性质和运算规律：

（1）$a \times a = 0$；

（2）$a /\!/ b \Leftrightarrow a \times b = 0$；

（3）$a \times b = -b \times a$；

（4）分配律：$(a + b) \times c = a \times c + b \times c$，$c \times (a + b) = c \times a + c \times b$；

（5）结合律：$(\lambda a) \times b = a \times (\lambda b) = \lambda(a \times b)$，

其中，a, b, c 为向量，λ 为常数。

由于三个基本单位向量 i, j, k 互相垂直且方向符合右手法则，所以

$$i \times i = j \times j = k \times k = 0, \quad i \times j = k, \quad j \times k = i, \quad k \times i = j, \quad j \times i = -k, \quad k \times j = -i, \quad i \times k = -j.$$

2. 向量积的坐标表示

设 $a = a_x i + a_y j + a_z k$，$b = b_x i + b_y j + b_z k$，则根据向量积的性质和运算规律可以得到

$$a \times b = (a_y b_z - a_z b_y)i - (a_x b_z - a_z b_x)j + (a_x b_y - a_y b_x)k，$$

即

$$a \times b = \begin{vmatrix} i & j & k \\ a_x & a_y & a_z \\ b_x & b_y & b_z \end{vmatrix} = \begin{vmatrix} a_y & a_z \\ b_y & b_z \end{vmatrix} i - \begin{vmatrix} a_x & a_z \\ b_x & b_z \end{vmatrix} j + \begin{vmatrix} a_x & a_y \\ b_x & b_y \end{vmatrix} k.$$

例 4 设向量 $a = -4i + j - 2k$，$b = i - 3j + k$，求 $a \times b$ 及 $b \times a$.

$$\textbf{解}\quad \boldsymbol{a}\times\boldsymbol{b}=\begin{vmatrix} \boldsymbol{i} & \boldsymbol{j} & \boldsymbol{k} \\ -4 & 1 & -2 \\ 1 & -3 & 1 \end{vmatrix}=\begin{vmatrix} 1 & -2 \\ -3 & 1 \end{vmatrix}\boldsymbol{i}-\begin{vmatrix} -4 & -2 \\ 1 & 1 \end{vmatrix}\boldsymbol{j}+\begin{vmatrix} -4 & 1 \\ 1 & -3 \end{vmatrix}\boldsymbol{k}=-5\boldsymbol{i}+2\boldsymbol{j}+11\boldsymbol{k};$$

$$\boldsymbol{b}\times\boldsymbol{a}=-\boldsymbol{a}\times\boldsymbol{b}=5\boldsymbol{i}-2\boldsymbol{j}-11\boldsymbol{k}.$$

例 5 求与向量 $\boldsymbol{a}=2\boldsymbol{i}-\boldsymbol{j}+\boldsymbol{k}$，$\boldsymbol{b}=\boldsymbol{i}+\boldsymbol{k}$ 同时垂直的单位向量 $\boldsymbol{e}$.

解 由向量积的定义可知，$\boldsymbol{a}\times\boldsymbol{b}$ 与 $\boldsymbol{a}$，$\boldsymbol{b}$ 同时垂直，有

$$\boldsymbol{a}\times\boldsymbol{b}=\begin{vmatrix} \boldsymbol{i} & \boldsymbol{j} & \boldsymbol{k} \\ 2 & -1 & 1 \\ 1 & 0 & 1 \end{vmatrix}=-\boldsymbol{i}-\boldsymbol{j}+\boldsymbol{k},$$

因此，与 $\boldsymbol{a}$，$\boldsymbol{b}$ 同时垂直的单位向量：

$$\boldsymbol{e}=\pm\frac{\boldsymbol{a}\times\boldsymbol{b}}{|\boldsymbol{a}\times\boldsymbol{b}|}=\pm\frac{-\boldsymbol{i}-\boldsymbol{j}+\boldsymbol{k}}{\sqrt{(-1)^2+(-1)^2+1^2}}=\pm\left(-\frac{\sqrt{3}}{3}\boldsymbol{i}-\frac{\sqrt{3}}{3}\boldsymbol{j}+\frac{\sqrt{3}}{3}\boldsymbol{k}\right).$$

课堂练习 2

1. 设 $\boldsymbol{a}=(1,2,-1)$，$\boldsymbol{b}=(2,-1,1)$，求（1）$\boldsymbol{a}\times2\boldsymbol{b}$；（2）$(\boldsymbol{a}+2\boldsymbol{b})\times(-2\boldsymbol{a}+\boldsymbol{b})$.

2. 已知两向量 $\boldsymbol{a}=\boldsymbol{i}+\boldsymbol{j}+4\boldsymbol{k}$ 和 $\boldsymbol{b}=\boldsymbol{i}-2\boldsymbol{j}-2\boldsymbol{k}$，以 $\boldsymbol{a}$ 和 $\boldsymbol{b}$ 为邻边作一平行四边形，求该平行四边形的面积.

习题 7.3

1. 设 $\boldsymbol{a}=(-3,2,-1)$，$\boldsymbol{b}=(2,-1,1)$，$\boldsymbol{c}=(1,0,-2)$，求（1）$\boldsymbol{a}\cdot\boldsymbol{b}$ 和 $\boldsymbol{a}\times\boldsymbol{b}$；（2）$3\boldsymbol{a}\cdot(-2\boldsymbol{b})$；（3）$(\boldsymbol{a}\times\boldsymbol{b})\cdot\boldsymbol{c}$；（4）$(\boldsymbol{a}+\boldsymbol{b})\times(\boldsymbol{a}-\boldsymbol{b})$.

2. 已知向量 $\boldsymbol{a}=2\boldsymbol{i}-\boldsymbol{j}+\boldsymbol{k}$，$\boldsymbol{b}=3\boldsymbol{i}-2\boldsymbol{j}+2\boldsymbol{k}$，求 $\boldsymbol{a}$，$\boldsymbol{b}$ 的夹角的余弦.

3. 设 $\boldsymbol{a}=3\boldsymbol{i}-\boldsymbol{j}+\boldsymbol{k}$，$\boldsymbol{b}=\boldsymbol{i}+m\boldsymbol{j}-\boldsymbol{k}$，求下列情况下 m 的值：（1）$\boldsymbol{a}\perp\boldsymbol{b}$；（2）$\boldsymbol{a}$ 与 $\boldsymbol{b}$ 的夹角为 60°.

4. 已知 $\triangle ABC$ 的顶点分别为 $A(0,3,-2)$，$B(4,-1,-3)$ 和 $C(2,3,-1)$，求 $\triangle ABC$ 的面积.

5. 已知 $M_1(3,2,-3)$，$M_2(-1,-3,0)$ 和 $M_3(1,-4,-1)$，求与向量 $\overrightarrow{M_1M_2}$ 和 $\overrightarrow{M_2M_3}$ 都垂直的单位向量.

6. 已知两力 $\boldsymbol{F}_1=2\boldsymbol{i}-\boldsymbol{j}+\boldsymbol{k}$ 和 $\boldsymbol{F}_2=2\boldsymbol{i}-2\boldsymbol{j}+3\boldsymbol{k}$ 作用于同一个质点上，该质点由点 $A(-2,0,3)$ 沿直线移动到点 $B(1,-1,2)$，求合力所做的功（力的单位：N，长度的单位：m）.

7. 质量为 10 kg 的物体从点 $A(8,1,3)$ 沿直线移动到点 $B(2,1,4)$，求重力所做的功（AB 的长度单位为 m，重力方向为 z 轴负向）.

7.4 平面及其方程

在平面解析几何中，我们将平面曲线看成动点 $P(x,y)$ 的轨迹，并用一个二元方程 $F(x,y)$

= 0 来表示. 在空间解析几何中，任何曲面也是动点 $P(x, y, z)$ 的轨迹，也可以用一个三元方程 $F(x,y,z) = 0$ 来表示；平面是最简单的空间曲面.

本节以向量为工具，在空间直角坐标系中讨论平面的方程.

7.4.1 平面的点法式方程

如果一个非零向量垂直于一个平面，那么这个向量叫做该平面的**法向量**. 显然，一个平面的法向量有无穷多个，它们之间相互平行，同时，平面上的任一向量都与该平面的法向量垂直.

下面建立平面的方程.

如图 7.4-1 所示，设 $M_0(x_0, y_0, z_0)$ 为平面 Π 上一定点，向量 $\boldsymbol{n} = (A,B,C)$ 为平面的一个法向量. 设 $M(x, y, z)$ 是平面 Π 上任一点，则向量 $\overrightarrow{M_0M}$ 必与法向量 $\boldsymbol{n}$ 垂直，即它们的数量积等于零.

$$\boldsymbol{n} \cdot \overrightarrow{M_0M} = 0.$$

由于 $\boldsymbol{n} = (A, B, C)$，$\overrightarrow{M_0M} = (x-x_0, y-y_0, z-z_0)$，所以有

$$A(x - x_0) + B(y - y_0) + C(z - z_0) = 0. \qquad （7.4-1）$$

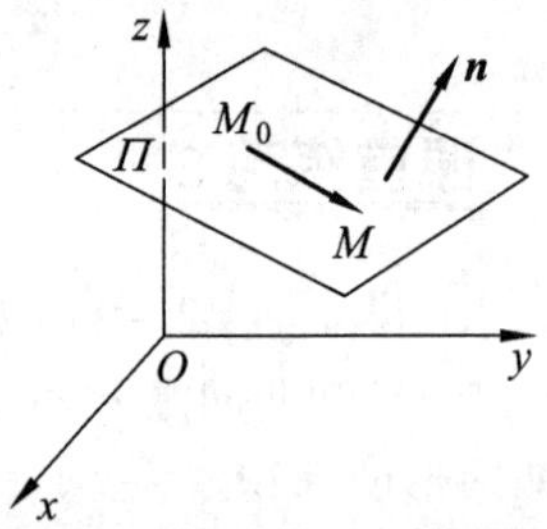

因为平面 Π 上的向量 $\overrightarrow{M_0M}$ 必与法向量 $\boldsymbol{n}$ 垂直，所以平面 Π 上任一点 M 的坐标 (x, y, z) 都满足方程（7.4-1）；反过来，如果 M 点不在平面 Π 上，那么 $\boldsymbol{n}$ 与 $\overrightarrow{M_0M}$ 不垂直，即 $\boldsymbol{n} \cdot \overrightarrow{M_0M} \neq 0$，此时 M 点的坐标不满足方程（7.4-1），所以方程（7.4-1）就是平面 Π 的方程.

图 7.4-1 平面的点法式方程

由于方程（7.4-1）是由平面内一点和它的法向量确定的，所以称方程（7.4-1）为**平面的点法式方程**.

例 1 已知点 $P(2, -1, 4)$ 是平面 Π 上一点，$\boldsymbol{n} = (2, 3, -2)$ 是平面 Π 的一个法向量，求平面 Π 的方程.

解 由平面的点法式方程，得

$$2(x-2) + 3[y-(-1)] + (-2)(z-4) = 0.$$

整理得平面 Π 的方程为

$$2x + 3y - 2z + 7 = 0.$$

例 2 求过点 $M_1(1,2,1)$, $M_2(2,3,-1)$, $M_3(4,-2,1)$ 的平面方程.

解 由于点 M_1, M_2, M_3 在平面上，故向量 $\overrightarrow{M_1M_2}$，$\overrightarrow{M_1M_3}$ 均在平面上. 又因为向量 $\overrightarrow{M_1M_2} \times \overrightarrow{M_1M_3}$ 与 $\overrightarrow{M_1M_2}$，$\overrightarrow{M_1M_3}$ 都垂直，所以向量 $\overrightarrow{M_1M_2} \times \overrightarrow{M_1M_3}$ 垂直于所求的平面，是平面的法向量.

$$\overrightarrow{M_1M_2} = (1,1,-2), \quad \overrightarrow{M_1M_3} = (3,-4,0),$$

所以
$$\boldsymbol{n} = \overrightarrow{M_1M_2} \times \overrightarrow{M_1M_3} = \begin{vmatrix} \boldsymbol{i} & \boldsymbol{j} & \boldsymbol{k} \\ 1 & 1 & -2 \\ 3 & -4 & 0 \end{vmatrix} = -8\boldsymbol{i} - 6\boldsymbol{j} - 7\boldsymbol{k},$$

所以，由平面的点法式方程求得平面的方程为

$$-8(x-1)-6(y-2)-7(z-1)=0.$$

整理得

$$8x+6y+7z-27=0.$$

课堂练习 1

1. 求过点 $(1,-1,3)$，且垂直于向量 $\boldsymbol{n}=2\boldsymbol{i}+\boldsymbol{j}-\boldsymbol{k}$ 的平面方程.
2. 求过三点 $M_1(2,-1,-4)$，$M_2(-1,3,-2)$，$M_3(0,3,2)$ 的平面方程.
3. 求过点 $A(2,-1,2)$ 且与 y 轴垂直的平面方程.

7.4.2　平面的一般式方程

将方程 $A(x-x_0)+B(y-y_0)+C(z-z_0)=0$ 化简得

$$Ax+By+Cz+D=0, \qquad\qquad （7.4-2）$$

其中 $D=-Ax_0-By_0-Cz_0$，这是 x,y,z 的一次方程，所以空间任何平面都可以用三元一次方程来表示；同时，任何一个三元一次方程（7.4-2）在空间所表示的图形总是一个平面，因此我们将方程（7.4-2）称为**平面的一般式方程**，其中由 x,y,z 的系数组成的向量 (A,B,C) 就是该平面的一个法向量，即 $\boldsymbol{n}=(A,B,C)$.

在平面的一般式方程 $Ax+By+Cz+D=0$ 中，当系数 A,B,C 和常数 D 几个量中有等于零的情况时，平面的特殊位置有如下几种：

（1）当 $D=0$ 时，因为原点 $(0,0,0)$ 的坐标满足方程，所以方程 $Ax+By+Cz=0$ 表示通过原点的平面.

（2）当 $A=0$ 时，方程 $By+Cz+D=0$ 表示平行于 x 轴的平面；当 $B=0$ 时，方程 $Ax+Cz+D=0$ 表示平行于 y 轴的平面；当 $C=0$ 时，方程 $Ax+By+D=0$ 表示平行于 z 轴的平面.

（3）当 $A=0$，$B=0$ 时，方程 $Cz+D=0$ 表示平行于坐标面 xOy 的平面；当 $B=0$，$C=0$ 时，方程 $Ax+D=0$ 表示平行于坐标面 yOz 的平面；当 $A=0$，$C=0$ 时，方程 $By+D=0$ 表示平行于坐标面 zOx 的平面.

例 3　求过 x 轴和点 $M(-1,-2,2)$ 的平面方程.

解　过 x 轴的平面必定平行于 x 轴且经过原点 O，所以 $A=0$，$D=0$，于是可设平面的方程为

$$By+Cz=0.$$

又因为点 $M(-1,-2,2)$ 在平面上，于是有

$$-2B+2C=0.$$

解得 $C=B$.

将 $C=B$ 代入方程 $By+Cz=0$ 中，则所求的平面方程为

$$y+z = 0.$$

例 4 设一平面与 x, y, z 轴的交点依次为 $P(a,0,0), Q(0,b,0), R(0,0,c)$ 三点，求这个平面的方程（其中 a, b, c 均不为 0）．

解 设所求的平面方程为

$$Ax+By+Cz+D = 0,$$

因为 $P(a,0,0), Q(0,b,0), R(0,0,c)$ 三点都在这平面上，所以它们的坐标都满足方程，即

$$\begin{cases} Aa + D = 0 \\ Bb + D = 0 \\ Cc + D = 0 \end{cases}.$$

解之得 $A = -\dfrac{D}{a}$，$B = -\dfrac{D}{b}$，$C = -\dfrac{D}{c}$．将 A, B, C 代入方程 $Ax+By+Cz+D = 0$，并整理，则所求的方程为

$$\frac{x}{a}+\frac{y}{b}+\frac{z}{c} = 1. \tag{7.4-3}$$

方程（7.4-3）叫做**平面的截距式方程**. a, b, c 分别叫做平面的横截距、纵截距和竖截距.

课堂练习 2

1. 已知平面方程为 $4x - 3y + 5z - 1 = 0$
（1）求它的一个法向量.
（2）求出该平面的横截距、纵截距和竖截距.
（3）画出该平面的草图.
2. 指出下列平面平行或垂直于哪个坐标轴.
（1）$3x - 2y = 0$；　（2）$2x + 4z - 3 = 0$；　（3）$4y + 3 = 0$；　（4）$3z - 2 = 0$；
3. 求过三点 $P(6,0,0), Q(0, -5,0), R(0,0, -4)$ 的平面方程.

7.4.3 空间两个平面的位置

两平面的法向量所形成的锐角或直角就是**两平面的夹角**.
设平面 $\varPi_1$ 和 $\varPi_2$ 的方程分别为

$$\varPi_1: A_1x+B_1y+C_1z+D_1 = 0, \quad \varPi_2: A_2x+B_2y+C_2z+D_2 = 0,$$

则它们的夹角 θ 可由（7.4-4）式求出

$$\cos \theta = \frac{|A_1A_2 + B_1B_2 + C_1C_2|}{\sqrt{A_1^2 + B_1^2 + C_1^2}\sqrt{A_2^2 + B_2^2 + C_2^2}}. \tag{7.4-4}$$

由两向量平行和垂直的充要条件可以得到两个平面平行和垂直的充要条件：

$$\varPi_1 /\!/ \varPi_2 \Leftrightarrow \frac{A_1}{A_2} = \frac{B_1}{B_2} = \frac{C_1}{C_2} \left(\neq \frac{D_1}{D_2} \right);$$

$$\varPi_1 \perp \varPi_2 \Leftrightarrow A_1 A_2 + B_1 B_2 + C_1 C_2 = 0.$$

例 5　求两平面 $x + y - 2z + 5 = 0$ 和 $2x - y - z - 3 = 0$ 的夹角.

解　由公式（7.4-4）有

$$\cos\theta = \frac{\left| 1 \times 2 + 1 \times (-1) + (-2) \times (-1) \right|}{\sqrt{1^2 + 1^2 + (-2)^2} \sqrt{2^2 + (-1)^2 + (-1)^2}} = \frac{1}{2},$$

所以，所求的夹角 $\theta = \dfrac{\pi}{3}$.

例 6　已知平面 $mx + 6y - 4z - 4 = 0$ 和 $2x - 3my + 8z - 19 = 0$ 相互垂直，求 m 的值.

解　由两平面垂直的充要条件，得

$$m \cdot 2 + 6 \cdot (-3m) + (-4) \times 8 = 0,$$

解之得 $m = -2$.

例 7　一平面过点 $M_1(-2, 1, 3)$ 和 $M_2(3, -1, 0)$，且与平面 $2x + y - z = 0$ 垂直，求它的方程.

解　设所求的平面方程为

$$A(x-3) + B(y+1) + Cz = 0, \tag{1}$$

因为法向量 $\boldsymbol{n} = (A, B, C)$ 垂直于平面上的向量 $\overrightarrow{M_1 M_2} = (5, -2, -3)$，所以

$$5A - 2B - 3C = 0. \tag{2}$$

又因为所求平面与已知平面 $2x + y - z = 0$ 垂直，所以两个平面的法向量互相垂直，即

$$2A + B - C = 0. \tag{3}$$

由（2），（3）式得

$$\begin{cases} B = -\dfrac{1}{5}A \\[2mm] C = \dfrac{9}{5}A \end{cases}. \tag{4}$$

将（4）式代入（1）式，得

$$A(x-3) - \frac{1}{5}A(y+1) + \frac{9}{5}Az = 0.$$

整理，得

$$5x - y + 9z - 16 = 0.$$

这就是所求的平面方程.

课堂练习 3

1. 求平面 $3x - 2y - 2z - 2 = 0$ 与平面 $2x + y + 3z - 4 = 0$ 的夹角的余弦.

2. 判断下列各组平面是垂直还是平行.

（1）平面 $3x-2y+z+6=0$ 和 $x-2y-7z-2=0$;

（2）平面 $3x-2y+z-5=0$ 和 $6x-4y+2z+3=0$;

（3）平面 $3x-2y+z=0$ 和 $4x-2y-z+2=0$.

3. 已知两平面 $(m+1)x+6y-4z-4=0$ 和 $2x-3ny+8z-19=0$ 相互平行，求 m,n 的值.

习题 7.4

1. 动点到点 $A(4,4,0)$ 的距离等于它到坐标平面 xOy 的距离，求动点的轨迹方程.

2. 求满足下列条件的平面方程.

（1）过点 $(2,-4,5)$ 且与平面 $-2x+3y-z+1=0$ 平行;

（2）过点 $M(-1,2,-3)$ 且与平面 $3x-2y+z-4=0$ 平行;

（3）过三点 $(1,-1,0)$, $(2,3,-1)$ 和 $(-1,0,2)$;

（4）过三点 $(2,0,-4)$, $(-1,3,0)$ 和 $(0,3,2)$;

（5）平行于 yOz 面且经过点 $(-3,5,-5)$;

（6）过点 $M(-7,5,-9)$ 且平行于 xOy 面;

（7）过 y 轴和点 $(-1,-2,3)$;

（8）过原点和点 $(-2,5,0)$ 且与向量 $\boldsymbol{a}=(2,4,1)$ 平行;

（9）经过点 $P(3,2,1)$ 和 $Q(-1,2,-3)$ 且与坐标平面 xOz 垂直;

（10）过点 $M_1(1,-1,1)$ 和 $M_2(-1,1,0)$，且垂直于平面 $x+y-z=0$.

3. 描绘出下列各平面方程所代表的平面.

（1）$z=0$; 　　　（2）$y-4=0$; 　　　（3）$3x-2=0$; 　　　（4）$y+z-7=0$;

（5）$x-2y+4=0$; （6）$x-z=0$; 　　（7）$5x-6y+z=0$.

4. 求平面 $2x+5y+3z-4=0$ 与各坐标面的夹角的余弦.

5. 已知两平面 $2x-3my-4z-9=0$ 和 $nx+6y+8z-11=0$ 相互平行，求 m,n 的值.

6. 求三平面 $x+3y-z-4=0$, $2x-y-z=0$ 和 $-x+y+z+3=0$ 的交点.

7.5 空间直线及其方程

7.5.1 直线的一般方程

空间直线 l 可以看成两个相交平面 Π_1, Π_2 的交线，如图 7.5-1 所示.

设平面 Π_1, Π_2 的方程分别为

Π_1: $A_1x+B_1y+C_1z+D_1=0$, 　Π_2: $A_2x+B_2y+C_2z+D_2=0$,

则两平面的交线 l 上任一点的坐标应同时满足这两个平面方程，即满足方程组：

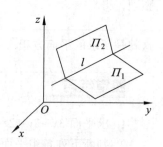

图 7.5-1　空间直线

$$\begin{cases} A_1x + B_1y + C_1z + D_1 = 0 \\ A_2x + B_2y + C_2z + D_2 = 0 \end{cases}. \tag{7.5-1}$$

反过来，不在 l 上的点的坐标一定不会满足方程组（7.5-1）. 因此直线 l 可用方程组（7.5-1）来表示，方程组（7.5-1）叫做**直线的一般式方程**.

课堂练习 1

判断点 $O(0,0,0)$, $A(0,0,1)$ 和 $B(1,1,-3)$ 是否在直线 $\begin{cases} x+y-z+1=0 \\ 2x+2y+z-1=0 \end{cases}$ 上.

7.5.2　直线的点向式方程与参数方程

1. 直线的点向式方程

平行于直线的非零向量叫做这条**直线的方向向量**. 显然，一条直线的方向向量不是唯一的，同一条直线的所有方向向量都相互平行.

因为过空间一点作已知直线的平行线有且只有一条，因此，如果已知直线上一点 $M_0(x_0, y_0, z_0)$ 和它的一个方向向量 $\boldsymbol{s} = (m, n, p)$，那么该直线的位置就能完全确定. 下面根据这两个条件来建立直线方程.

设点 $M(x, y, z)$ 是直线 l 上任意一点，由于向量 $\overrightarrow{M_0M} = (x - x_0, y - y_0, z - z_0)$ 在直线 l 上，所以 $\overrightarrow{M_0M} \parallel \boldsymbol{s}$. 根据向量平行的充要条件，得

$$\frac{x - x_0}{m} = \frac{y - y_0}{n} = \frac{z - z_0}{p}. \tag{7.5-2}$$

方程组（7.5-2）叫做**直线的点向式方程**或**对称式方程**.

显然，直线 l 与两平面的法向量 $\boldsymbol{n}_1$，$\boldsymbol{n}_2$ 都垂直，那么直线的一般式方程（7.5-1）中，两平面的法向量的向量积 $(A_1, B_1, C_1) \times (A_2, B_2, C_2)$ 就是直线 l 的一个方向向量.

注意 1°　在（7.5-2）式中，若 m, n, p 有一个为零，例如，$m = 0 (n \neq 0, p \neq 0)$ 时，方程组应理解为

$$\begin{cases} x - x_0 = 0 \\ \dfrac{y - y_0}{n} = \dfrac{z - z_0}{p}, \end{cases}$$

此时直线在平行于 yOz 面的平面 $x - x_0 = 0$ 上.

2°　若 m, n, p 有两个为零，则该直线就与坐标轴平行，而与坐标轴平行的直线一定垂直于坐标平面. 例如，$n = p = 0$ 时，直线平行于 x 轴（与 yOz 坐标面垂直），则 $\boldsymbol{s} = (1, 0, 0)$ 是它的一个方向向量，其直线方程为

$$\begin{cases} y - y_0 = 0 \\ z - z_0 = 0 \end{cases}.$$

同理，$m = p = 0$ 时，直线平行于 y 轴（与 zOx 坐标面垂直），则 $s = (0,1,0)$ 是它的一个方向向量，其直线方程为

$$\begin{cases} x - x_0 = 0 \\ z - z_0 = 0 \end{cases}.$$

$m = n = 0$ 时，直线平行于 z 轴（与 xOy 坐标面垂直），则 $s = (0, 0, 1)$ 是它的一个方向向量，其直线方程为

$$\begin{cases} x - x_0 = 0 \\ y - y_0 = 0 \end{cases}.$$

例 1　求过点 $A(-2,1,2)$ 和点 $B(2,-2,1)$ 的直线方程.

解　向量 $\overrightarrow{AB} = (4, -3, -1)$ 是所求直线的一个方向向量，因此所求直线的方程为

$$\frac{x+2}{4} = \frac{y-1}{-3} = \frac{z-2}{-1}.$$

例 2　求经过点 $P(-4,2,-3)$ 且平行于 x 轴的直线方程.

解　$s = (1,0,0)$ 是平行于 x 轴的直线的一个方向向量，所以，所求直线的方程为

$$\begin{cases} y - 2 = 0 \\ z + 3 = 0 \end{cases}.$$

2. 直线的参数方程

如果引入参变量 t，令

$$\frac{x - x_0}{m} = \frac{y - y_0}{n} = \frac{z - z_0}{p} = t,$$

则

$$\begin{cases} x = x_0 + mt \\ y = y_0 + nt \\ z = z_0 + pt \end{cases}.$$
（7.5-3）

方程组（7.5-3）称为**直线的参数方程**.

例 3　把直线 l 的一般式方程 $\begin{cases} 2x + 3y - z + 3 = 0 \\ x - y + 3z - 1 = 0 \end{cases}$ 化为点向式方程和参数方程.

解（解法一）　因为直线 l 与两平面的法向量 n_1, n_2 都垂直，所以直线 l 的一个方向向量为

$$s = n_1 \times n_2 = \begin{vmatrix} i & j & k \\ 2 & 3 & -1 \\ 1 & -1 & 3 \end{vmatrix} = 8i - 7j - 5k.$$

再找出直线上一点 (x_0, y_0, z_0)，令 $x_0 = 0$，得

$$\begin{cases} 3y_0 - z_0 + 3 = 0 \\ -y_0 + 3z_0 - 1 = 0 \end{cases}.$$

解之得 $y_0 = -1, z_0 = 0.$ 因此，所给直线的点向式方程为

$$\frac{x}{8} = \frac{y+1}{-7} = \frac{z}{-5};$$

参数方程为

$$\begin{cases} x = 8t \\ y = -1 - 7t \\ z = -5t \end{cases}.$$

（解法二）　分别消去方程组中的 x 和 y，得

$$5y - 7z + 5 = 0 \quad \text{和} \quad 5x + 8z = 0.$$

上面两个式子可变形为

$$\frac{y+1}{7} = \frac{z}{5} \quad \text{和} \quad \frac{x}{-8} = \frac{z}{5}.$$

所以直线的对称式方程为

$$\frac{x}{-8} = \frac{y+1}{7} = \frac{z}{5};$$

参数方程为

$$\begin{cases} x = -8t \\ y = -1 + 7t \\ z = 5t \end{cases}.$$

课堂练习 2

1. 求经过点 $(5, -2, -4)$ 和 $(-6, 9, -8)$ 的直线方程.

2. 求经过点 $P(3, 2, -1)$ 且平行于 z 轴的直线方程.

3. 把直线 l 的一般式方程 $\begin{cases} x + y - 2z + 1 = 0 \\ x - 2y + z - 3 = 0 \end{cases}$ 化为点向式方程和参数方程.

7.5.3　空间两直线的位置关系

显然，**两直线的夹角**等于两直线的方向向量所形成的锐角或直角.

设直线 l_1 与 l_2 的方向向量分别是 $\boldsymbol{s}_1 = (m_1, n_1, p_1)$ 和 $\boldsymbol{s}_2 = (m_2, n_2, p_2)$，则直线 l_1 与 l_2 的夹角 φ 可由下式求出：

$$\cos\varphi = \frac{|m_1m_2 + n_1n_2 + p_1p_2|}{\sqrt{m_1^2 + n_1^2 + p_1^2}\sqrt{m_2^2 + n_2^2 + p_2^2}}. \tag{7.5-4}$$

由两向量平行、垂直的充要条件可推出两直线平行、垂直的充要条件：

$$l_1 /\!/ l_2 \Leftrightarrow \frac{m_1}{m_2} = \frac{n_1}{n_2} = \frac{p_1}{p_2} ;$$

$$l_1 \perp l_2 \Leftrightarrow m_1 m_2 + n_1 n_2 + p_1 p_2 = 0.$$

例 4 求直线 $l_1: \dfrac{x+4}{-4} = \dfrac{y-2}{1} = \dfrac{z+3}{-1}$ 和 $l_2: \dfrac{x-3}{-2} = \dfrac{y+5}{2} = \dfrac{z+7}{1}$ 的夹角.

解 直线 l_1 和 l_2 的方向向量分别为 $\boldsymbol{s}_1 = (-4, 1, -1)$, $\boldsymbol{s}_2 = (-2, 2, 1)$, 设直线 l_1 与 l_2 的夹角为 φ, 则

$$\cos \varphi = \frac{|-4 \times (-2) + 1 \times 2 + (-1) \times 1|}{\sqrt{(-4)^2 + 1^2 + (-1)^2} \sqrt{(-2)^2 + 2^2 + 1^2}} = \frac{\sqrt{2}}{2},$$

所以 $\varphi = \dfrac{\pi}{4}$.

例 5 已知 $\triangle ABC$ 三顶点的坐标分别为 $A(2,0,-2), B(2,-2,1), C(0,3,-4)$, 求过顶点 A 且平行于底边 BC 的直线方程.

解 底边 BC 的方向向量就是所求直线的方向向量. 而 $\overrightarrow{BC} = (-2,5,-5)$, 所以, 所求直线的方程为

$$\frac{x-2}{-2} = \frac{y}{5} = \frac{z+2}{-5}.$$

课堂练习 3

1. 下列直线方程中, 经过点 $(-2, -3, 2)$ 且与直线 $l: \dfrac{x-1}{1} = \dfrac{y+2}{-2} = \dfrac{z+1}{-1}$ 平行的是 (　　).

A. $\dfrac{x+2}{-1} = \dfrac{y+3}{-2} = \dfrac{z-2}{1}$

B. $\dfrac{x-2}{1} = \dfrac{y-3}{-2} = \dfrac{z+2}{-1}$

C. $\dfrac{x+2}{-1} = \dfrac{y+3}{2} = \dfrac{z-2}{1}$

D. $\dfrac{x-2}{-1} = \dfrac{y-3}{7} = \dfrac{z-2}{3}$

2. 求直线 $l_1: \dfrac{x+4}{-3} = \dfrac{y-2}{2} = \dfrac{z+3}{1}$ 和 $l_2: \dfrac{x-3}{2} = \dfrac{y+5}{-1} = \dfrac{z+7}{1}$ 的夹角.

7.5.4　直线与平面的位置关系

当直线与平面垂直时, 直线与平面所成的角 $\theta = \dfrac{\pi}{2}$; 当直线不垂直于平面时, 直线与它在平面内的投影所成的角 θ 叫做 **直线与平面所成的角**. 显然, $0 \leqslant \theta \leqslant \dfrac{\pi}{2}$. 设直线 l 的方向向量为 $\boldsymbol{s} = (m, n, p)$, 平面 Π 的法向量为 $\boldsymbol{n} = (A, B, C)$, $\boldsymbol{s}$ 与 $\boldsymbol{n}$ 所成的角为 φ, 如图 7.5-2 所示, 则

$$\theta = \left| \frac{\pi}{2} - \varphi \right|,$$

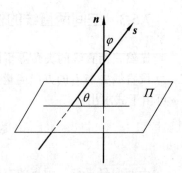

图 7.5-2　直线与平面所成的角

所以

$$\sin\theta = |\cos\varphi| = \frac{|\boldsymbol{n}\cdot\boldsymbol{s}|}{|\boldsymbol{n}|\cdot|\boldsymbol{s}|} = \frac{|Am+Bn+Cp|}{\sqrt{A^2+B^2+C^2}\cdot\sqrt{m^2+n^2+p^2}}.$$

直线与平面平行时，直线的方向向量与平面的法向量垂直，所以**直线与平面平行**或**直线在平面内**的充要条件是

$$Am+Bn+Cp = 0;$$

直线与平面垂直时，直线的方向向量与平面的法向量平行，所以**直线与平面垂直**的充要条件是

$$\frac{A}{m} = \frac{B}{n} = \frac{C}{p}.$$

例 6　求直线 $\begin{cases} y-3=0 \\ x-z+4=0 \end{cases}$ 和平面 $2x+2y-3=0$ 的夹角.

解　将直线 $\begin{cases} y-3=0 \\ x-z+4=0 \end{cases}$ 化成点向式方程：

$$\begin{cases} y-3=0 \\ \dfrac{x}{1} = \dfrac{z-4}{1} \end{cases}.$$

所以，直线的一个方向向量为 $\boldsymbol{s}=(1,0,1)$，而平面 $2x+2y-3=0$ 的一个法向量为 $\boldsymbol{n}=(2,2,0)$，则直线与平面的夹角 θ 满足

$$\sin\theta = \frac{|2\times1+2\times0+0\times1|}{\sqrt{2^2+2^2+0^2}\cdot\sqrt{1^2+0^2+1^2}} = \frac{1}{2},$$

即直线与平面的夹角为 $\theta = \dfrac{\pi}{6}$.

例 7　求过点 $(4,5,-2)$ 且与平面 $4x-8y+5z-1=0$ 垂直的直线方程.

解　因为所求的直线垂直于已知平面，所以已知平面的法向量 $(4,-8,5)$ 为所求直线的一个方向向量，由直线的点向式方程得，所求直线的方程为

$$\frac{x-4}{4} = \frac{y-5}{-8} = \frac{z+2}{5}.$$

课堂练习4

1.下列平面中与直线 $\dfrac{x-2}{3} = \dfrac{y+2}{-1} = \dfrac{z}{-2}$ 垂直的是（　　）.

A. $x-5y+4z-12=0$　　　　　　　B. $2x-y-z-6=0$

C. $6x-2y-4z+11=0$　　　　　　D. $3x+y+2z=4$.

2. 求经过点 $P(-4,2,-3)$ 且垂直于平面 $x-3y+2z+1=0$ 的直线方程.

习题 7.5

1. 用点向式方程和参数方程表示直线 $\begin{cases} 2x-3y+5z=0 \\ x-2y+3z=-1 \end{cases}$.

2. 根据下列条件求直线方程.

（1）与直线 $\dfrac{x}{2}=\dfrac{y+5}{-5}=\dfrac{z-1}{3}$ 平行且经过点$(-2,0,-3)$;

（2）过点（$2,5,-3$）且与平面 $x-3y-6z+4=0$ 垂直;

（3）经过点$(8,10,-12)$且平行于 x 轴;

（4）经过点 $P_1(1,2,0)$ 和 $P_2(3,-1,0)$;

（5）经过原点且与直线 $\dfrac{x-1}{1}=\dfrac{y}{2}=\dfrac{z+2}{-5}$ 和 $\dfrac{x}{-1}=\dfrac{y-1}{3}=\dfrac{z+1}{1}$ 都垂直;

（6）过点$(-3,2,5)$且与平面 $x-4z=3$ 和 $3x-y+z=1$ 都平行.

3. 已知 $\triangle ABC$ 三顶点的坐标分别为 $A(2,0,-2),B(2,-2,6),C(0,8,6)$，求平行于底边 BC 的中位线的直线方程.

4. 根据下列条件求平面方程.

（1）经过点 $P(1,-2,0)$且与直线 $\begin{cases} z-1=0 \\ \dfrac{x-1}{1}=\dfrac{y-1}{1} \end{cases}$ 和 $\begin{cases} z+1=0 \\ \dfrac{x}{1}=\dfrac{y}{-1} \end{cases}$ 都平行;

（2）直线 $\begin{cases} x-z=0 \\ y+1=0 \end{cases}$ 和直线外一点$(3,1,-6)$所确定的平面;

（3）两条平行线 $\dfrac{x-2}{2}=\dfrac{y+4}{-1}=\dfrac{z-3}{3}$，$\dfrac{x}{2}=\dfrac{y+3}{-1}=\dfrac{z-1}{3}$ 所确定的平面.

5. 求直线 l_1: $\dfrac{x+4}{2}=\dfrac{y-2}{2}=\dfrac{z+3}{-1}$ 和 l_2: $\dfrac{x-3}{1}=\dfrac{y+5}{1}=\dfrac{z+7}{4}$ 的夹角.

6. 求直线 $\dfrac{x+3}{4}=\dfrac{y-2}{1}=\dfrac{z}{0}$ 与平面 $x-y+z+11=0$ 的夹角.

7.6　曲面和曲线

7.6.1　常见的空间曲面及其方程

本节重点介绍几种常见曲面的方程.

1. 球面

例 1　求以 $C(x_0,y_0,z_0)$为球心、R 为半径的球面方程.

解　设 $P(x,y,z)$是球面上任一点，那么$|PC|=R$，即

$$\sqrt{(x-x_0)^2+(y-y_0)^2+(z-z_0)^2}=R.$$

等式两边平方得

$$(x-x_0)^2 + (y-y_0)^2 + (z-z_0)^2 = R^2 . \tag{7.6-1}$$

方程（7.6-1）是以 $C(x_0, y_0, z_0)$ 为球心、R 为半径的**球面的标准方程**. 将方程（7.6-1）整理可得**球面的一般式方程**：

$$x^2 + y^2 + z^2 + Dx + Ey + Fz + G = 0 , \tag{7.6-2}$$

其中 $D = -2x_0$, $E = -2y_0$, $F = -2z_0$, $G = x_0^2 + y_0^2 + z_0^2 - R^2$.

例 2 方程 $x^2 + y^2 + z^2 + 4x - 2y + 4 = 0$ 表示怎样的曲面?

解 对方程进行配方，得

$$(x+2)^2 + (y-1)^2 + z^2 = 1 .$$

因此，原方程表示一个球心在 $(-2, 1, 0)$、半径为 1 的球面.

例 3 方程组 $\begin{cases} x = 0 \\ x^2 + (y-4)^2 + (z+1)^2 = 5 \end{cases}$ 表示怎样的图形?

解 方程 $x = 0$ 表示 yOz 面；方程 $x^2 + (y-4)^2 + (z+1)^2 = 5$ 表示球心在 $(0, 4, -1)$、半径为 $\sqrt{5}$ 的球，所以上述方程组表示 yOz 面上的一个圆，圆心在 $(0, 4, -1)$、半径为 $\sqrt{5}$.

课堂练习 1

1. 下列方程（组）表示怎样的图形?

（1）$x^2 + y^2 + z^2 + 10x - 6y + 2z = 0$;

（2）$\begin{cases} z = 0 \\ (x-3)^2 + (y+4)^2 + z^2 = 9 \end{cases}$

2. 求以坐标原点为球心且过点 $(-3, 0, -4)$ 的球面方程.

---

2. 柱面

动直线 L 沿定曲线 C 平行移动形成的轨迹称为**柱面**，动直线 L 称为**柱面的母线**，定曲线 C 称为**柱面的准线**，如图 7.6-1 所示.

下面讨论母线平行于坐标轴的柱面.

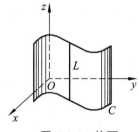

图 7.6-1 柱面

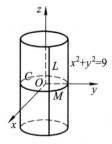

图 7.6-2 圆柱面 $x^2 + y^2 = 9$

例 4 方程 $x^2 + y^2 = 9$ 表示怎样的曲面?

解 如图 7.6-2 所示，方程 $x^2 + y^2 = 9$ 在 xOy 面上表示一个圆心在 $(0, 0, 0)$、半径为 3 的圆 C，这个方程不含竖坐标 z，即不论 z 取什么值，只要横坐标 x 和纵坐标 y 满足方程 $x^2 + y^2 = 9$

的点就在这个曲面上. 这就是说，凡是过圆 C 上的点 $M(x, y, 0)$，且平行于 z 轴的直线 L 都在这个曲面上，因此这个曲面可以看作是由平行于 z 轴的直线 L 沿圆 C 移动而形成的**圆柱面**，它的母线平行于 z 轴，准线是 xOy 面上的圆 $\begin{cases} z = 0 \\ x^2 + y^2 = 9 \end{cases}$.

一般地，准线为坐标面 xOy 上的曲线 $C: \begin{cases} z = 0 \\ F(x, y) = 0 \end{cases}$，母线平行于 z 轴的柱面方程为 $F(x, y) = 0$（不含变量 z）.

同理：母线平行于 x 轴的柱面方程为 $F(y, z) = 0$；

母线平行于 y 轴的柱面方程为 $F(x, z) = 0$.

例如，方程 $\dfrac{x^2}{a^2} + \dfrac{y^2}{b^2} = 1$，$\dfrac{x^2}{a^2} - \dfrac{y^2}{b^2} = 1$，$y^2 = 2px$ 分别表示母线平行于 z 轴，准线在坐标面 xOy 上的**椭圆柱面**、**双曲柱面**及**抛物柱面**，如图 7.6-3（a）、（b）、（c）所示.

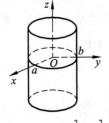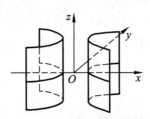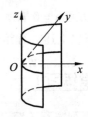

（a）椭圆柱面 $\dfrac{x^2}{a^2} + \dfrac{y^2}{b^2} = 1$ （b）双曲柱面 $\dfrac{x^2}{a^2} - \dfrac{y^2}{b^2} = 1$ （c）抛物柱面 $y^2 = 2px$

图 7.6-3 柱面

例 5 说明下列方程表示怎样的柱面，并写出准线方程.

（1）$\dfrac{y^2}{16} + \dfrac{z^2}{9} = 1$； （2）$x^2 + 8z = 0$.

解 （1）$\dfrac{y^2}{16} + \dfrac{z^2}{9} = 1$ 表示准线在坐标面 yOz 上的椭圆柱面，母线平行于 x 轴，其准线方程为 $\begin{cases} x = 0 \\ \dfrac{y^2}{16} + \dfrac{z^2}{9} = 1 \end{cases}$.

（2）$x^2 + 8z = 0$ 表示准线在坐标面 xOz 上的抛物柱面，母线平行于 y 轴，其准线方程为 $\begin{cases} y = 0 \\ x^2 + 8z = 0 \end{cases}$.

课堂练习2

在空间直角坐标系中，下列方程表示怎样的柱面，并写出准线方程.

（1）$x^2 + y^2 = 16$； （2）$z^2 - 8y = 0$；

（3）$\dfrac{x^2}{4} + \dfrac{z^2}{9} = 1$； （4）$\dfrac{y^2}{4} - \dfrac{z^2}{9} = 1$.

3. 旋转曲面

平面曲线 C 绕其所在平面上的一条定直线 L 旋转一周所形成的曲面叫做**旋转曲面**（简称**旋转面**），曲线 C 称为旋转面的**母线**，直线 L 称为旋转面的**旋转轴**. 我们主要讨论母线为坐标面上的平面曲线、旋转轴为坐标轴的旋转曲面.

设坐标平面 yOz 上的曲线 C 的方程为 $F(y,z) = 0$，曲线 C 绕 z 轴旋转一周，得到以 z 轴为轴的旋转曲面，下面求这个旋转面的方程.

如图 7.6-4 所示，设点 $P_0(0, y_0, z_0)$ 为曲线 C 上任一点，那么有

$$F(y_0, z_0) = 0.$$

当曲线 C 绕 z 轴旋转时，P_0 旋转到另一点 $P(x, y, z)$，这时 $z = z_0$，且点 P_0 和点 P 到 z 轴的距离相等，即

$$|y_0| = \sqrt{x^2 + y^2}.$$

将 $z = z_0$，$y_0 = \pm\sqrt{x^2 + y^2}$ 代入 $F(y_0, z_0) = 0$ 得

$$F(\pm\sqrt{x^2 + y^2}, z) = 0. \qquad （7.6\text{-}3）$$

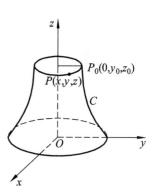

图 7.6-4　旋转曲面

方程（7.6-3）就是曲线 C **绕 z 轴旋转一周所形成的旋转面的方程**.

由此可见，将曲线 C 的方程 $F(y,z) = 0$ 中的 y 改成 $\pm\sqrt{x^2 + y^2}$，就可得到曲线 C 绕 z 轴旋转一周所形成的旋转面的方程（7.6-3）.

同理，曲线 C **绕 y 轴旋转一周所形成的旋转面的方程**为

$$F(y, \pm\sqrt{x^2 + z^2}) = 0. \qquad （7.6\text{-}4）$$

例 6　求由椭圆 $\begin{cases} \dfrac{y^2}{b^2} + \dfrac{z^2}{c^2} = 1 \\ x = 0 \end{cases}$ 分别绕 z 轴、y 轴旋转一周所形成的旋转面的方程.

解　（1）绕 z 轴旋转所形成的旋转面的方程为

$$\frac{(\pm\sqrt{x^2 + y^2})^2}{b^2} + \frac{z^2}{c^2} = 1,$$

即

$$\frac{x^2}{b^2} + \frac{y^2}{b^2} + \frac{z^2}{c^2} = 1.$$

（2）绕 y 轴旋转所形成的旋转面的方程为

$$\frac{y^2}{b^2} + \frac{(\pm\sqrt{x^2 + z^2})^2}{c^2} = 1,$$

即

$$\frac{x^2}{c^2} + \frac{y^2}{b^2} + \frac{z^2}{c^2} = 1.$$

以上由椭圆生成的两个旋转面都称为**旋转椭球面**.

例 7 求由抛物线 $\begin{cases} y^2 = 2px \\ z = 0 \end{cases}$ 分别绕 x 轴、y 轴旋转一周所形成的旋转面的方程.

解 （1）绕 x 轴旋转一周所形成的旋转面的方程为

$$(\pm\sqrt{y^2 + z^2})^2 = 2px,$$

即

$$y^2 + z^2 = 2px.$$

（2）绕 y 轴旋转一周所形成的旋转面的方程为

$$y^2 = 2p\sqrt{x^2 + z^2}.$$

课堂练习3

1. 方程 $\dfrac{x^2}{9} + \dfrac{y^2}{4} + \dfrac{z^2}{9} = 1$ 表示什么曲面？

2. 求由双曲线 $\begin{cases} x^2 - 2y^2 = 4 \\ z = 0 \end{cases}$ 绕 y 轴旋转一周所形成的旋转面的方程.

7.6.2 空间曲线及其方程

空间曲线可以看成两个曲面的交线. 设 $F(x, y, z) = 0$ 和 $G(x, y, z) = 0$ 是两个曲面的方程，那么它们的交线 C 的方程为

$$\begin{cases} F(x, y, z) = 0 \\ G(x, y, z) = 0 \end{cases}. \qquad (7.6\text{-}5)$$

方程组（7.6-5）叫做空间曲线 C 的一般式方程.

例 8 方程组

$$\begin{cases} 3x + 2z = 6 & ① \\ x^2 + y^2 = 4 & ② \end{cases}$$

表示怎样的曲线？

解 方程①表示平行于 y 轴的平面，该平面与 z 轴倾斜相交；方程②表示母线平行于 z 轴的圆柱面，其准线是 xOy 面上的圆，圆心在原点、半径为 2. 所以方程组表示一个椭圆，是平面①与圆柱面②的交线，如图 7.6-5 所示.

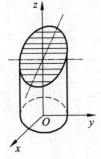

图 7.6-5 例 8 图

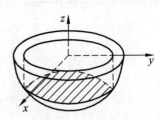

图 7.6-6 例 9 图

例 9　方程组

$$
\begin{cases}
x^2 + y^2 = 4 & ① \\
z = -\sqrt{9 - x^2 - y^2} & ②
\end{cases}
$$

表示怎样的曲线?

解　方程①表示圆柱面,方程②表示下半球面,方程组表示这两个图形的交线,是在平面 $z = -\sqrt{5}$ 上,圆心为 ($0, 0, -\sqrt{5}$),半径为 2 的一个圆,如图 7.6-6 所示.

课堂练习 4

指出下列方程组表示什么曲线?

（1）$\begin{cases} z = 1 \\ x^2 + y^2 = 4 \end{cases}$;　　　　　　（2）$\begin{cases} z = 0 \\ (x-2)^2 + y^2 + z^2 = 9 \end{cases}$.

空间曲线 C 除用一般方程表示外,也可以用参数形式表示. 如果将曲线 C 上动点的坐标表示为参数 t 的函数:

$$
\begin{cases}
x = x(t) \\
y = y(t)， \\
z = z(t)
\end{cases}
\tag{7.6-6}
$$

当给定 $t = t_1$ 时,就得到 C 上的一个点(x_1, y_1, z_1),随着 t 的变动便可得到曲线 C 上的全部点,因此方程组（7.6-6）叫做**空间曲线的参数方程**.

例 10　已知动点 M 在圆柱面 $x^2 + y^2 = a^2$ 上以角速度 ω 绕 z 轴旋转,同时又以线速度 v 沿平行于 z 轴的正方向上升（其中 ω, v 都是常数）,点 M 的运动轨迹叫做**螺旋线**. 试建立其参数方程.

解 如图 7.6-7 所示,取时间 t 为参数,当 $t = 0$ 时,动点在 $A(a, 0, 0)$ 处,经过时间 t,动点运动到 $M(x, y, z)$,过 M 作 xOy 面的垂线,垂足为 $M'(x, y, 0)$,由于动点在圆柱面上以角速度 ω 绕 z 轴旋转,所以经过时间 t, $\angle AOM' = \omega t$,从而

$$
x = a\cos\omega t ，\quad y = a\sin\omega t .
$$

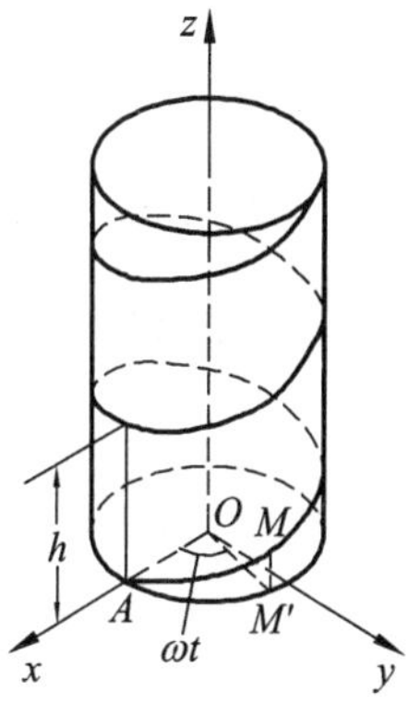

又由于动点同时以线速度 v 沿平行于 z 轴的正方向上升,所以

$$
z = M'M = vt .
$$

因此,螺旋线的参数方程为

图 7.6-7　例 10 图

$$
\begin{cases}
x = a\cos\omega t \\
y = a\sin\omega t ． \\
z = vt
\end{cases}
$$

习题 7.6

1. 求以点 $(3,-1,2)$ 为球心，且通过坐标原点的球面方程.

2. 方程 $x^2+y^2+z^2-4x+2y+6z+5=0$ 表示什么曲面？

3. 求到坐标原点 O 和到点 $(1,-2,3)$ 的距离之比为 $1:2$ 的点的轨迹方程，它表示怎样的曲面？

4. 按下列条件写出柱面方程：

（1）母线平行于 y 轴，准线为 $\begin{cases} y=0 \\ x^2+y^2+z^2=9 \end{cases}$；

（2）母线平行于 x 轴，准线为 $\begin{cases} x=0 \\ \dfrac{x^2}{49}+\dfrac{y^2}{49}+\dfrac{z^2}{9}=1 \end{cases}$；

（3）母线平行于 z 轴，准线为 $\begin{cases} z=1 \\ x^2+y^2+z^2=5 \end{cases}$.

5. 指出下列方程在平面解析几何和空间解析几何中分别表示什么图形：

（1）$x=2$；   （2）$y=x$；   （3）$y^2=2x+1$；

（4）$x^2+y^2=1$；   （5）$x^2-y^2=4$.

6. 按下列条件求旋转曲面的方程：

（1）xOy 面上的直线 $y=x+1$ 绕 y 轴旋转一周；

（2）xOy 面上的抛物线 $y^2=4x$ 绕 x 轴旋转一周；

（3）xOz 面上的圆 $x^2+z^2=9$ 绕 z 轴旋转一周；

（4）xOz 面上的双曲线 $9x^2-4z^2=36$ 分别绕 x 轴和 z 轴旋转一周；

7. 指出下列方程表示什么曲面：

（1）$(x+3)^2+(y-5)^2=17$；   （2）$y=-6x^2$；

（3）$\dfrac{x^2}{5}-\dfrac{y^2}{6}=1$；   （4）$y=2x+1$；

*（5）$\dfrac{x^2}{4}+\dfrac{y^2}{9}+\dfrac{z^2}{16}=1$；   *（6）$\dfrac{x^2}{9}+\dfrac{y^2}{4}=z$.

8. 指出下列方程组在平面解析几何和空间解析几何中分别表示什么图形：

（1）$\begin{cases} y=x-1 \\ y=2x+1 \end{cases}$；   （2）$\begin{cases} \dfrac{x^2}{9}+\dfrac{y^2}{16}=1 \\ y=2 \end{cases}$.

主要知识点小结

1. 空间两点 $P_1(x_1,y_1,z_1)$，$P_2(x_2,y_2,z_2)$ 之间的距离

$$|\overrightarrow{P_1P_2}|=\sqrt{(x_2-x_1)^2+(y_2-y_1)^2+(z_2-z_1)^2}.$$

2. 向量与向量的线性运算

(1)向量 $\overrightarrow{OM} = (x, y, z)$ 的方向余弦：

$$\cos\alpha = \frac{x}{\sqrt{x^2+y^2+z^2}} , \quad \cos\beta = \frac{y}{\sqrt{x^2+y^2+z^2}} , \quad \cos\gamma = \frac{z}{\sqrt{x^2+y^2+z^2}} .$$

（2）向量 $\boldsymbol{a} = (a_x, a_y, a_z)$，$\boldsymbol{b} = (b_x, b_y, b_z)$ 的线性运算.

① $\boldsymbol{a}+\boldsymbol{b} = (a_x+b_x, a_y+b_y, a_z+b_z)$；

$\boldsymbol{a}-\boldsymbol{b} = (a_x-b_x, a_y-b_y, a_z-b_z)$；

$\lambda\boldsymbol{a} = (\lambda a_x, \lambda a_y, \lambda a_z)$.

② $\boldsymbol{b}\,//\,\boldsymbol{a} \Leftrightarrow \boldsymbol{b} = \lambda\boldsymbol{a}$，即 $\boldsymbol{b}\,//\,\boldsymbol{a} \Leftrightarrow \dfrac{b_x}{a_x} = \dfrac{b_y}{a_y} = \dfrac{b_z}{a_z}\,(\boldsymbol{a}\neq\boldsymbol{0})$.

3. 向量的数量积与向量积

（1）数量积.

① $\boldsymbol{a}\cdot\boldsymbol{b} = |\boldsymbol{a}||\boldsymbol{b}|\cos\theta = a_xb_x+a_yb_y+a_zb_z$.

② $\boldsymbol{a}\perp\boldsymbol{b} \Leftrightarrow \boldsymbol{a}\cdot\boldsymbol{b} = 0$，即 $\boldsymbol{a}\perp\boldsymbol{b} \Leftrightarrow a_xb_x+a_yb_y+a_zb_z = 0$.

③ 当 $\boldsymbol{a}, \boldsymbol{b}$ 不是零向量时，它们的夹角的余弦为

$$\cos\theta = \frac{\boldsymbol{a}\cdot\boldsymbol{b}}{|\boldsymbol{a}||\boldsymbol{b}|} = \frac{a_xb_x+a_yb_y+a_zb_z}{\sqrt{a_x^2+a_y^2+a_z^2}\cdot\sqrt{b_x^2+b_y^2+b_z^2}} .$$

（2）向量积.

① 向量积 $\boldsymbol{a}\times\boldsymbol{b}$ 是一个向量，它的模为 $|\boldsymbol{a}\times\boldsymbol{b}| = |\boldsymbol{a}||\boldsymbol{b}|\sin\theta$，它垂直于 $\boldsymbol{a}$ 和 $\boldsymbol{b}$，并且 $\boldsymbol{a}, \boldsymbol{b}, \boldsymbol{a}\times\boldsymbol{b}$ 的方向符合右手法则.

② 设 $\boldsymbol{a} = a_x\boldsymbol{i}+a_y\boldsymbol{j}+a_z\boldsymbol{k}$，$\boldsymbol{b} = b_x\boldsymbol{i}+b_y\boldsymbol{j}+b_z\boldsymbol{k}$，则

$$\boldsymbol{a}\times\boldsymbol{b} = \begin{vmatrix} \boldsymbol{i} & \boldsymbol{j} & \boldsymbol{k} \\ a_x & a_y & a_z \\ b_x & b_y & b_z \end{vmatrix} .$$

③ $\boldsymbol{a}\,//\,\boldsymbol{b} \Leftrightarrow \boldsymbol{a}\times\boldsymbol{b} = \boldsymbol{0}$.

4. 平面方程

（1）点法式方程：$A(x-x_0)+B(y-y_0)+C(z-z_0) = 0$.

一般式方程：$Ax+By+Cz+D = 0$.

截距式方程：$\dfrac{x}{a}+\dfrac{y}{b}+\dfrac{z}{c} = 1$.

（2）两平面平行和垂直.

对于两个平面 Π_1：$A_1x+B_1y+C_1z+D_1 = 0$，Π_2：$A_2x+B_2y+C_2z+D_2 = 0$，它们平行和垂直的充要条件是：

$$\Pi_1 /\!/ \Pi_2 \Leftrightarrow \frac{A_1}{A_2} = \frac{B_1}{B_2} = \frac{C_1}{C_2} \left(\neq \frac{D_1}{D_2} \right);$$

$$\Pi_1 \perp \Pi_2 \Leftrightarrow A_1 A_2 + B_1 B_2 + C_1 C_2 = 0.$$

5. 直线方程

（1）直线的一般式方程：

$$\begin{cases} A_1 x + B_1 y + C_1 z + D_1 = 0 \\ A_2 x + B_2 y + C_2 z + D_2 = 0 \end{cases}.$$

（2）直线的点向式方程（对称式方程）：

$$\frac{x - x_0}{m} = \frac{y - y_0}{n} = \frac{z - z_0}{p}.$$

（3）直线的参数方程：

$$\begin{cases} x = x_0 + mt \\ y = y_0 + nt \\ z = z_0 + pt \end{cases}.$$

（4）两直线的平行和垂直：

设直线 l_1 与 l_2 的方向向量分别是 $s_1 = (m_1, n_1, p_1)$ 和 $s_2 = (m_2, n_2, p_2)$，则

$$l_1 /\!/ l_2 \Leftrightarrow \frac{m_1}{m_2} = \frac{n_1}{n_2} = \frac{p_1}{p_2};$$

$$l_1 \perp l_2 \Leftrightarrow m_1 m_2 + n_1 n_2 + p_1 p_2 = 0.$$

（5）直线与平面所成的角.

设直线 l 的方向向量 $s = (m, n, p)$，平面 Π 的法向量 $n = (A, B, C)$，则直线 l 与平面 Π 所成的角为 θ（$0 \leqslant \theta \leqslant \frac{\pi}{2}$）满足：

$$\sin \theta = \frac{|Am + Bn + Cp|}{\sqrt{A^2 + B^2 + C^2} \cdot \sqrt{m^2 + n^2 + p^2}}.$$

6. 曲面方程

（1）球心在点 $C(x_0, y_0, z_0)$、半径为 R 的球面方程：$(x - x_0)^2 + (y - y_0)^2 + (z - z_0)^2 = R^2$.

（2）母线平行于坐标轴、准线在坐标面上的柱面方程：

① 母线平行于 z 轴，准线在坐标面 xOy 内的柱面方程为 $F(x, y) = 0$；

② 母线平行于 x 轴，准线在坐标面 yOz 内的柱面方程为 $F(y, z) = 0$；

③ 母线平行于 y 轴，准线在坐标面 zOx 内的柱面方程为 $F(x, z) = 0$.

*（3）常见的二次曲面的方程（详见学习指导）.

① 椭圆锥面：$\dfrac{x^2}{a^2} + \dfrac{y^2}{b^2} = z^2$；

② 椭球面：$\dfrac{x^2}{a^2} + \dfrac{y^2}{b^2} + \dfrac{z^2}{c^2} = 1$；

③ 单叶双曲面：$\dfrac{x^2}{a^2}+\dfrac{y^2}{b^2}-\dfrac{z^2}{c^2}=1$；

④ 双叶双曲面：$\dfrac{x^2}{a^2}-\dfrac{y^2}{b^2}-\dfrac{z^2}{c^2}=1$；

⑤ 椭圆抛物面：$\dfrac{x^2}{a^2}+\dfrac{y^2}{b^2}=z$；

⑥ 双曲抛物面：$\dfrac{x^2}{a^2}-\dfrac{y^2}{b^2}=z$.

7. 曲线方程

曲线是两曲面的交线，两曲面方程组成的联立方程组就是曲线的方程.

复习题七

一、填空题

1. 点 $P(3,-7,9)$ 关于 x 轴、y 轴和 z 轴的对称点的坐标分别为＿＿＿＿＿＿.

2. 点 $P(-11,-12,19)$ 到 x 轴、y 轴和 z 轴的距离分别为＿＿＿＿＿＿.

3. 过点 $P(-4,2,6)$ 分别作 xOy 面、yOz 面和 xOz 面的垂线，其垂足的坐标分别为＿＿＿＿＿＿.

4. 两点 $P_1(-3,-5,-1)$ 和 $P_2(4,2,-1)$ 之间的距离为＿＿＿＿＿＿.

5. 若向量 $\boldsymbol{a}=(2,-3,4)$ 与 $\boldsymbol{b}=(1,\lambda,2)$ 平行，则 $\lambda=$＿＿＿＿＿＿.

6. 若向量 $\boldsymbol{a}=2\boldsymbol{i}+3\boldsymbol{j}-2\boldsymbol{k}$ 与 $\boldsymbol{b}=-\boldsymbol{i}+\lambda\boldsymbol{k}$ 垂直，则 $\lambda=$＿＿＿＿＿＿.

7. 若力 $\boldsymbol{F}=-2\boldsymbol{i}+3\boldsymbol{j}+\boldsymbol{k}$，则力 $\boldsymbol{F}$ 将一个质点从点 $A(-1,1,3)$ 移到点 $B(-3,0,1)$ 所做的功是＿＿＿＿＿＿.

8. 若平面 $Ax+By-2z+D=0$ 通过原点且平行于平面 $2x+2z+5=0$，则 $A=$＿＿＿＿＿＿；$B=$＿＿＿＿＿＿；$D=$＿＿＿＿＿＿.

9. 球面 $x^2+y^2+z^2+6x+2y-2z-89=0$ 的半径是＿＿＿＿＿＿.

10. 母线平行于 y 轴，准线为 $\begin{cases}x^2+y^2=z\\y=2\end{cases}$ 的柱面的方程是＿＿＿＿＿＿.

二、选择题

1. 点 $P(5,-7,3)$ 关于 xOy 面、yOz 面和 xOz 面的对称点的坐标分别（　　）.

A. $(5,-7,-3)$，$(-5,-7,3)$，$(5,7,3)$　　　　B. $(5,-7,-3)$，$(-5,7,3)$，$(5,7,3)$

C. $(-5,-7,-3)$，$(-5,7,3)$，$(5,7,3)$　　　　D. $(5,-7,-3)$，$(-5,-7,3)$，$(5,-7,3)$

2. 点 $P(3,-8,7)$ 到 xOy 面、yOz 面和 xOz 面的距离分别为（　　）.

A. 3，8，7　　　　B. 8，7，3　　　　C. 7，3，8　　　　D. 3，7，8

3. 向量 $\boldsymbol{a}=(a_x,a_y,a_z)$ 与 y 轴垂直，则（　　）.

A. $a_x=0$　　　　B. $a_y=0$　　　　C. $a_z=0$　　　　D. $a_x=a_y=0$

4. 原点到平面 $z=4$ 的距离是（　　）.

A. 2   B. 4   C. $2\sqrt{2}$ D. $\dfrac{\sqrt{2}}{2}$

5. 平面 $3y+z-7=0$ 的位置是（   ）.

A. 与 y 轴平行   B. 与 z 轴平行

C. 与 yOz 面平行   D. 与 yOz 面垂直

6. 下列两平面平行的是（   ）.

A. $x-y-3z+6=0$ 与 $2x-2y-6z+12=0$ B. $x-y-3z-6=0$ 与 $x-8y+z+1=0$

C. $x-y-3z-6=0$ 与 $-2x+2y+6z+1=0$ D. $x-y-3z-6=0$ 与 $\dfrac{x}{6}-\dfrac{y}{6}-\dfrac{z}{2}=1$

7. 直线 $\dfrac{x+1}{1}=\dfrac{y-3}{3}=\dfrac{z-5}{2}$ 与平面 $x+y-2z+4=0$ 的关系是（   ）.

A. 平行   B. 垂直   C. 相交但不垂直   D. 直线在平面内

8. 柱面 $y^2-z=0$ 的母线平行于（   ）

A. x 轴   B. y 轴   C. z 轴   D. yOz 面

9. 曲线 $\begin{cases} z=3 \\ y^2=4x \end{cases}$ 表示（   ）.

A. 圆   B. 椭圆   C. 双曲线   D. 抛物线

*10. 曲面 $4x^2+5y^2=z$ 是（   ）.

A. 椭球面   B. 椭圆锥面   C. 旋转抛物面   D. 椭圆抛物面

三、解答题

1. 已知向量 $\boldsymbol{a}=(-1,-3,2)$，$\boldsymbol{b}=(1,0,2)$，$\boldsymbol{c}=(2,-1,-2)$，求：

（1）$(\boldsymbol{a}\cdot\boldsymbol{b})\cdot\boldsymbol{c}$；（2）$(\boldsymbol{a}+\boldsymbol{b})\cdot\boldsymbol{c}$；（3）$(\boldsymbol{a}\times\boldsymbol{b})\cdot\boldsymbol{c}$；（4）$(\boldsymbol{a}\times\boldsymbol{b})\times\boldsymbol{c}$.

2. 在平行四边形 $ABCD$ 中，对角线 AC 与 BD 交于点 O，且 $\overrightarrow{AO}=2\boldsymbol{p}$，$\overrightarrow{BO}=2\boldsymbol{q}$，求 $\overrightarrow{AB}$，$\overrightarrow{AD}$.

3. 平面 $4x+2y-3z+12=0$ 与三坐标轴分别交于点 A，B，C，求 $\triangle ABC$ 的面积.

4. 求满足下列条件的平面方程：

（1）经过点 $A(-3,2,1)$ 和 $B(-1,2,-2)$ 且与 xOz 面垂直的平面；

（2）已知点 $A(4,3,-4)$，$B(-2,3,0)$，线段 AB 的中垂面；

（3）两条相交直线 $\dfrac{x+1}{1}=\dfrac{y-2}{-4}=\dfrac{z}{-1}$ 和 $\dfrac{x-3}{2}=\dfrac{y+2}{-2}=\dfrac{z-2}{1}$ 确定的平面.

5. 求满足下列条件的直线方程：

（1）过 $(-5,-3,1)$ 且与直线 $\dfrac{x+3}{-3}=\dfrac{y-7}{2}=\dfrac{z-2}{-1}$ 和 $\dfrac{x+6}{2}=\dfrac{y-9}{-2}=\dfrac{z+3}{1}$ 都垂直的直线.

（2）过点 $(5,-3,2)$ 且与 yOz 面垂直的直线.

6. 下列方程表示什么曲面？

（1）$x^2+y^2+z^2-6x+2y=0$；

（2）$x^2+y^2-2x+4y-11=0$；

（3）$4y^2+9z^2=36$；

*（4）$3x^2+4y^2+6z^2=12$.

附录1 积分表

（一）含有 $ax+b$ $(a \neq 0)$ 的积分

1. $\int \dfrac{\mathrm{d}x}{ax+b} = \dfrac{1}{a}\ln|ax+b| + C$.

2. $\int (ax+b)^{\mu}\mathrm{d}x = \dfrac{1}{a(\mu+1)}(ax+b)^{\mu+1} + C(\mu \neq -1)$.

3. $\int \dfrac{x}{ax+b}\mathrm{d}x = \dfrac{1}{a^2}(ax+b-b\ln|ax+b|) + C$.

4. $\int \dfrac{x^2}{ax+b}\mathrm{d}x = \dfrac{1}{a^3}\left[\dfrac{1}{2}(ax+b)^2 - 2b(ax+b) + b^2\ln|ax+b|\right] + C$.

5. $\int \dfrac{\mathrm{d}x}{x(ax+b)} = -\dfrac{1}{b}\ln\left|\dfrac{ax+b}{x}\right| + C$.

6. $\int \dfrac{\mathrm{d}x}{x^2(ax+b)} = -\dfrac{1}{bx} + \dfrac{a}{b^2}\ln\left|\dfrac{ax+b}{x}\right| + C$.

7. $\int \dfrac{x}{(ax+b)^2}\mathrm{d}x = \dfrac{1}{a^2}\left(\ln|ax+b| + \dfrac{b}{ax+b}\right) + C$.

8. $\int \dfrac{x^2}{(ax+b)^2}\mathrm{d}x = \dfrac{1}{a^3}\left(ax+b-2b\ln|ax+b| - \dfrac{b^2}{ax+b}\right) + C$.

9. $\int \dfrac{\mathrm{d}x}{x(ax+b)^2} = \dfrac{1}{b(ax+b)} - \dfrac{1}{b^2}\ln\left|\dfrac{ax+b}{x}\right| + C$.

（二）含有 $\sqrt{ax+b}$ 的积分

10. $\int \sqrt{ax+b}\,\mathrm{d}x = \dfrac{2}{3a}\sqrt{(ax+b)^3} + C$.

11. $\int x\sqrt{ax+b}\,\mathrm{d}x = \dfrac{2}{15a^2}(3ax-2b)\sqrt{(ax+b)^3} + C$.

12. $\int x^2\sqrt{ax+b}\,\mathrm{d}x = \dfrac{2}{105a^3}(15a^2x^2-12abx+8b^2)\sqrt{(ax+b)^3} + C$.

13. $\int \dfrac{x}{\sqrt{ax+b}}\mathrm{d}x = \dfrac{2}{3a^2}(ax-2b)\sqrt{ax+b} + C$.

14. $\int \dfrac{x^2}{\sqrt{ax+b}}\mathrm{d}x = \dfrac{2}{15a^3}(3a^2x^2-4abx+8b^2)\sqrt{ax+b} + C$.

15. $\displaystyle\int\frac{\mathrm{d}x}{x\sqrt{ax+b}}=\begin{cases}\dfrac{1}{\sqrt{b}}\ln\left|\dfrac{\sqrt{ax+b}-\sqrt{b}}{\sqrt{ax+b}+\sqrt{b}}\right|+C & (b>0)\\[4mm]\dfrac{2}{\sqrt{-b}}\arctan\sqrt{\dfrac{ax+b}{-b}}+C & (b<0)\end{cases}$.

16. $\displaystyle\int\frac{\mathrm{d}x}{x^2\sqrt{ax+b}}=-\frac{\sqrt{ax+b}}{bx}-\frac{a}{2b}\int\frac{\mathrm{d}x}{x\sqrt{ax+b}}$.

17. $\displaystyle\int\frac{\sqrt{ax+b}}{x}\mathrm{d}x=2\sqrt{ax+b}+b\int\frac{\mathrm{d}x}{x\sqrt{ax+b}}$.

18. $\displaystyle\int\frac{\sqrt{ax+b}}{x^2}\mathrm{d}x=-\frac{\sqrt{ax+b}}{x}+\frac{a}{2}\int\frac{\mathrm{d}x}{x\sqrt{ax+b}}$.

（三）含有 $x^2\pm a^2$ 的积分

19. $\displaystyle\int\frac{\mathrm{d}x}{x^2+a^2}=\frac{1}{a}\arctan\frac{x}{a}+C$.

20. $\displaystyle\int\frac{\mathrm{d}x}{(x^2+a^2)^n}=\frac{x}{2(n-1)a^2(x^2+a^2)^{n-1}}+\frac{2n-3}{2(n-1)a^2}\int\frac{\mathrm{d}x}{(x^2+a^2)^{n-1}}$.

21. $\displaystyle\int\frac{\mathrm{d}x}{x^2-a^2}=\frac{1}{2a}\ln\left|\frac{x-a}{x+a}\right|+C$.

（四）含有 $ax^2+b\,(a>0)$ 的积分

22. $\displaystyle\int\frac{\mathrm{d}x}{ax^2+b}=\begin{cases}\dfrac{1}{\sqrt{ab}}\arctan\sqrt{\dfrac{a}{b}}x+C & (b>0)\\[4mm]\dfrac{1}{2\sqrt{-ab}}\ln\left|\dfrac{\sqrt{a}x-\sqrt{-b}}{\sqrt{a}x+\sqrt{-b}}\right|+C & (b<0)\end{cases}$.

23. $\displaystyle\int\frac{x}{ax^2+b}\mathrm{d}x=\frac{1}{2a}\ln\left|ax^2+b\right|+C$.

24. $\displaystyle\int\frac{x^2}{ax^2+b}\mathrm{d}x=\frac{x}{a}-\frac{b}{a}\int\frac{\mathrm{d}x}{ax^2+b}$.

25. $\displaystyle\int\frac{\mathrm{d}x}{x(ax^2+b)}=\frac{1}{2b}\ln\frac{x^2}{\left|ax^2+b\right|}+C$.

26. $\displaystyle\int\frac{\mathrm{d}x}{x^2(ax^2+b)}=-\frac{1}{bx}-\frac{a}{b}\int\frac{\mathrm{d}x}{ax^2+b}$.

27. $\displaystyle\int\frac{\mathrm{d}x}{x^3(ax^2+b)}=\frac{a}{2b^2}\ln\frac{\left|ax^2+b\right|}{x^2}-\frac{1}{2bx^2}+C$.

28. $\displaystyle\int\frac{\mathrm{d}x}{(ax^2+b)^2}=\frac{x}{2b(ax^2+b)}+\frac{1}{2b}\int\frac{\mathrm{d}x}{ax^2+b}$.

（五）含有 $ax^2+bx+c(a>0)$ 的积分

29. $\displaystyle\int\frac{\mathrm{d}x}{ax^2+bx+c}=\begin{cases}\dfrac{2}{\sqrt{4ac-b^2}}\arctan\dfrac{2ax+b}{\sqrt{4ac-b^2}}+C & (b^2<4ac)\\[4mm]\dfrac{1}{\sqrt{b^2-4ac}}\ln\left|\dfrac{2ax+b-\sqrt{b^2-4ac}}{2ax+b+\sqrt{b^2-4ac}}\right|+C & (b^2>4ac)\end{cases}$.

30. $\displaystyle\int\frac{x}{ax^2+bx+c}\mathrm{d}x=\frac{1}{2a}\ln\left|ax^2+bx+c\right|-\frac{b}{2a}\int\frac{\mathrm{d}x}{ax^2+bx+c}$.

（六）含有 $\sqrt{x^2+a^2}(a>0)$ 的积分

31. $\displaystyle\int\frac{\mathrm{d}x}{\sqrt{x^2+a^2}}=\ln(x+\sqrt{x^2+a^2})+C$.

32. $\displaystyle\int\frac{\mathrm{d}x}{\sqrt{(x^2+a^2)^3}}=\frac{x}{a^2\sqrt{x^2+a^2}}+C$.

33. $\displaystyle\int\frac{x}{\sqrt{x^2+a^2}}\mathrm{d}x=\sqrt{x^2+a^2}+C$.

34. $\displaystyle\int\frac{x}{\sqrt{(x^2+a^2)^3}}\mathrm{d}x=-\frac{1}{\sqrt{x^2+a^2}}+C$.

35. $\displaystyle\int\frac{x^2}{\sqrt{x^2+a^2}}\mathrm{d}x=\frac{x}{2}\sqrt{x^2+a^2}-\frac{a^2}{2}\ln(x+\sqrt{x^2+a^2})+C$.

36. $\displaystyle\int\frac{x^2}{\sqrt{(x^2+a^2)^3}}\mathrm{d}x=-\frac{x}{\sqrt{x^2+a^2}}+\ln(x+\sqrt{x^2+a^2})+C$.

37. $\displaystyle\int\frac{\mathrm{d}x}{x\sqrt{x^2+a^2}}=\frac{1}{a}\ln\frac{\sqrt{x^2+a^2}-a}{|x|}+C$.

38. $\displaystyle\int\frac{\mathrm{d}x}{x^2\sqrt{x^2+a^2}}=-\frac{\sqrt{x^2+a^2}}{a^2x}+C$.

39. $\displaystyle\int\sqrt{x^2+a^2}\,\mathrm{d}x=\frac{x}{2}\sqrt{x^2+a^2}+\frac{a^2}{2}\ln(x+\sqrt{x^2+a^2})+C$.

40. $\displaystyle\int\sqrt{(x^2+a^2)^3}\,\mathrm{d}x=\frac{x}{8}(2x^2+5a^2)\sqrt{x^2+a^2}+\frac{3}{8}a^4\ln(x+\sqrt{x^2+a^2})+C$.

41. $\displaystyle\int x\sqrt{x^2+a^2}\,\mathrm{d}x=\frac{1}{3}\sqrt{(x^2+a^2)^3}+C$.

42. $\displaystyle\int x^2\sqrt{x^2+a^2}\,\mathrm{d}x=\frac{x}{8}(2x^2+a^2)\sqrt{x^2+a^2}-\frac{a^4}{8}\ln(x+\sqrt{x^2+a^2})+C$.

43. $\displaystyle\int\frac{\sqrt{x^2+a^2}}{x}\mathrm{d}x=\sqrt{x^2+a^2}+a\ln\frac{\sqrt{x^2+a^2}-a}{|x|}+C$.

高等数学

44. $\int \dfrac{\sqrt{x^2+a^2}}{x^2}dx = -\dfrac{\sqrt{x^2+a^2}}{x} + \ln(x+\sqrt{x^2+a^2}) + C$.

（七）含有 $\sqrt{x^2-a^2}$ $(a>0)$ 的积分

45. $\int \dfrac{dx}{\sqrt{x^2-a^2}} = \ln\left|x+\sqrt{x^2-a^2}\right| + C$.

46. $\int \dfrac{dx}{\sqrt{(x^2-a^2)^3}} = -\dfrac{x}{a^2\sqrt{x^2-a^2}} + C$.

47. $\int \dfrac{x}{\sqrt{x^2-a^2}}dx = \sqrt{x^2-a^2} + C$.

48. $\int \dfrac{x}{\sqrt{(x^2-a^2)^3}}dx = -\dfrac{1}{\sqrt{x^2-a^2}} + C$.

49. $\int \dfrac{x^2}{\sqrt{x^2-a^2}}dx = \dfrac{x}{2}\sqrt{x^2-a^2} + \dfrac{a^2}{2}\ln\left|x+\sqrt{x^2-a^2}\right| + C$.

50. $\int \dfrac{x^2}{\sqrt{(x^2-a^2)^3}}dx = -\dfrac{x}{\sqrt{x^2-a^2}} + \ln\left|x+\sqrt{x^2-a^2}\right| + C$.

51. $\int \dfrac{dx}{x\sqrt{x^2-a^2}} = \dfrac{1}{a}\arccos\dfrac{a}{|x|} + C$.

52. $\int \dfrac{dx}{x^2\sqrt{x^2-a^2}} = \dfrac{\sqrt{x^2-a^2}}{a^2x} + C$.

53. $\int \sqrt{x^2-a^2}dx = \dfrac{x}{2}\sqrt{x^2-a^2} - \dfrac{a^2}{2}\ln\left|x+\sqrt{x^2-a^2}\right| + C$.

54. $\int \sqrt{(x^2-a^2)^3}dx = \dfrac{x}{8}(2x^2-5a^2)\sqrt{x^2-a^2} + \dfrac{3}{8}a^4\ln\left|x+\sqrt{x^2-a^2}\right| + C$.

55. $\int x\sqrt{x^2-a^2}dx = \dfrac{1}{3}\sqrt{(x^2-a^2)^3} + C$.

56. $\int x^2\sqrt{x^2-a^2}dx = \dfrac{x}{8}(2x^2-a^2)\sqrt{x^2-a^2} - \dfrac{a^4}{8}\ln\left|x+\sqrt{x^2-a^2}\right| + C$.

57. $\int \dfrac{\sqrt{x^2-a^2}}{x}dx = \sqrt{x^2-a^2} - a\arccos\dfrac{a}{|x|} + C$.

58. $\int \dfrac{\sqrt{x^2-a^2}}{x^2}dx = -\dfrac{\sqrt{x^2-a^2}}{x} + \ln\left|x+\sqrt{x^2-a^2}\right| + C$.

（八）含有 $\sqrt{a^2-x^2}$ $(a>0)$ 的积分

59. $\int \dfrac{dx}{\sqrt{a^2-x^2}} = \arcsin\dfrac{x}{a} + C$.

60. $\int \dfrac{\mathrm{d}x}{\sqrt{(a^2-x^2)^3}} = \dfrac{x}{a^2\sqrt{a^2-x^2}} + C$.

61. $\int \dfrac{x}{\sqrt{a^2-x^2}}\mathrm{d}x = -\sqrt{a^2-x^2} + C$.

62. $\int \dfrac{x}{\sqrt{(a^2-x^2)^3}}\mathrm{d}x = \dfrac{1}{\sqrt{a^2-x^2}} + C$.

63. $\int \dfrac{x^2}{\sqrt{a^2-x^2}}\mathrm{d}x = -\dfrac{x}{2}\sqrt{a^2-x^2} + \dfrac{a^2}{2}\arcsin\dfrac{x}{a} + C$.

64. $\int \dfrac{x^2}{\sqrt{(a^2-x^2)^3}}\mathrm{d}x = \dfrac{x}{\sqrt{a^2-x^2}} - \arcsin\dfrac{x}{a} + C$.

65. $\int \dfrac{\mathrm{d}x}{x\sqrt{a^2-x^2}} = \dfrac{1}{a}\ln\dfrac{a-\sqrt{a^2-x^2}}{|x|} + C$.

66. $\int \dfrac{\mathrm{d}x}{x^2\sqrt{a^2-x^2}} = -\dfrac{\sqrt{a^2-x^2}}{a^2 x} + C$.

67. $\int \sqrt{a^2-x^2}\,\mathrm{d}x = \dfrac{x}{2}\sqrt{a^2-x^2} + \dfrac{a^2}{2}\arcsin\dfrac{x}{a} + C$.

68. $\int \sqrt{(a^2-x^2)^3}\,\mathrm{d}x = \dfrac{x}{8}(5a^2-2x^2)\sqrt{a^2-x^2} + \dfrac{3}{8}a^4\arcsin\dfrac{x}{a} + C$.

69. $\int x\sqrt{a^2-x^2}\,\mathrm{d}x = -\dfrac{1}{3}\sqrt{(a^2-x^2)^3} + C$.

70. $\int x^2\sqrt{a^2-x^2}\,\mathrm{d}x = \dfrac{x}{8}(2x^2-a^2)\sqrt{a^2-x^2} + \dfrac{a^4}{8}\arcsin\dfrac{x}{a} + C$.

71. $\int \dfrac{\sqrt{a^2-x^2}}{x}\mathrm{d}x = \sqrt{a^2-x^2} + a\ln\dfrac{a-\sqrt{a^2-x^2}}{|x|} + C$.

72. $\int \dfrac{\sqrt{a^2-x^2}}{x^2}\mathrm{d}x = -\dfrac{\sqrt{a^2-x^2}}{x} - \arcsin\dfrac{x}{a} + C$.

（九）含有 $\sqrt{\pm ax^2+bx+c}$ $(a>0)$ 的积分

73. $\int \dfrac{\mathrm{d}x}{\sqrt{ax^2+bx+c}} = \dfrac{1}{\sqrt{a}}\ln\left|2ax+b+2\sqrt{a}\sqrt{ax^2+bx+c}\right| + C$

74. $\int \sqrt{ax^2+bx+c}\,\mathrm{d}x = \dfrac{2ax+b}{4a}\sqrt{ax^2+bx+c} + \dfrac{4ac-b^2}{8\sqrt{a^3}}\ln\left|2ax+b+2\sqrt{a}\sqrt{ax^2+bx+c}\right| + C$.

75. $\int \dfrac{x}{\sqrt{ax^2+bx+c}}\mathrm{d}x = \dfrac{1}{a}\sqrt{ax^2+bx+c} - \dfrac{b}{2\sqrt{a^3}}\ln\left|2ax+b+2\sqrt{a}\sqrt{ax^2+bx+c}\right| + C$.

76. $\int \dfrac{\mathrm{d}x}{\sqrt{c+bx-ax^2}} = -\dfrac{1}{\sqrt{a}}\arcsin\dfrac{2ax-b}{\sqrt{b^2+4ac}}+C$.

77. $\int \sqrt{c+bx-ax^2}\,\mathrm{d}x = \dfrac{2ax-b}{4a}\sqrt{c+bx-ax^2}+\dfrac{b^2+4ac}{8\sqrt{a^3}}\arcsin\dfrac{2ax-b}{\sqrt{b^2+4ac}}+C$.

78. $\int \dfrac{x}{\sqrt{c+bx-ax^2}}\,\mathrm{d}x = -\dfrac{1}{a}\sqrt{c+bx-ax^2}+\dfrac{b}{2\sqrt{a^3}}\arcsin\dfrac{2ax-b}{\sqrt{b^2+4ac}}+C$.

（十）含有 $\sqrt{\pm\dfrac{x-a}{x-b}}$ 或 $\sqrt{(x-a)(b-x)}$ 的积分

79. $\int \sqrt{\dfrac{x-a}{x-b}}\,\mathrm{d}x = (x-b)\sqrt{\dfrac{x-a}{x-b}}+(b-a)\ln(\sqrt{|x-a|}+\sqrt{|x-b|})+C$.

80. $\int \sqrt{\dfrac{x-a}{b-x}}\,\mathrm{d}x = (x-b)\sqrt{\dfrac{x-a}{b-x}}+(b-a)\arcsin\sqrt{\dfrac{x-a}{b-x}}+C$.

81. $\int \dfrac{\mathrm{d}x}{\sqrt{(x-a)(b-x)}} = 2\arcsin\sqrt{\dfrac{x-a}{b-x}}+C \ (a<b)$.

82. $\int \sqrt{(x-a)(b-x)}\,\mathrm{d}x = \dfrac{2x-a-b}{4}\sqrt{(x-a)(b-x)}+\dfrac{(b-a)^2}{4}\arcsin\sqrt{\dfrac{x-a}{b-x}}+C \ (a<b)$.

（十一）含有三角函数的积分

83. $\int \sin x\,\mathrm{d}x = -\cos x+C$.

84. $\int \cos x\,\mathrm{d}x = \sin x+C$.

85. $\int \tan x\,\mathrm{d}x = -\ln|\cos x|+C$.

86. $\int \cot x\,\mathrm{d}x = \ln|\sin x|+C$.

87. $\int \sec x\,\mathrm{d}x = \ln\left|\tan\left(\dfrac{\pi}{4}+\dfrac{x}{2}\right)\right|+C = \ln|\sec x+\tan x|+C$.

88. $\int \csc x\,\mathrm{d}x = \ln\left|\tan\dfrac{x}{2}\right|+C = \ln|\csc x-\cot x|+C$.

89. $\int \sec^2 x\,\mathrm{d}x = \tan x+C$.

90. $\int \csc^2 x\,\mathrm{d}x = -\cot x+C$.

91. $\int \sec x\tan x\,\mathrm{d}x = \sec x+C$.

92. $\int \csc x\cot x\,\mathrm{d}x = -\csc x+C$.

93. $\int \sin^2 x\,\mathrm{d}x = \dfrac{x}{2}-\dfrac{1}{4}\sin 2x+C$.

94. $\displaystyle\int \cos^2 x \mathrm{d}x = \frac{x}{2} + \frac{1}{4}\sin 2x + C$.

95. $\displaystyle\int \sin^n x \mathrm{d}x = -\frac{1}{n}\sin^{n-1} x \cos x + \frac{n-1}{n}\int \sin^{n-2} x \mathrm{d}x$.

96. $\displaystyle\int \cos^n x \mathrm{d}x = \frac{1}{n}\cos^{n-1} x \sin x + \frac{n-1}{n}\int \cos^{n-2} x \mathrm{d}x$.

97. $\displaystyle\int \frac{\mathrm{d}x}{\sin^n x} = -\frac{1}{n-1}\cdot\frac{\cos x}{\sin^{n-1} x} + \frac{n-2}{n-1}\int \frac{\mathrm{d}x}{\sin^{n-2} x}$.

98. $\displaystyle\int \frac{\mathrm{d}x}{\cos^n x} = \frac{1}{n-1}\cdot\frac{\sin x}{\cos^{n-1} x} + \frac{n-2}{n-1}\int \frac{\mathrm{d}x}{\cos^{n-2} x}$.

99. $\displaystyle\int \cos^m x \sin^n x \mathrm{d}x = \frac{1}{m+n}\cos^{m-1} x \sin^{n+1} x + \frac{m-1}{m+n}\int \cos^{m-2} x \sin^n x \mathrm{d}x$

$\displaystyle \qquad = -\frac{1}{m+n}\cos^{m+1} x \sin^{n-1} x + \frac{n-1}{m+n}\int \cos^m x \sin^{n-2} x \mathrm{d}x$.

100. $\displaystyle\int \sin ax \cos bx \mathrm{d}x = -\frac{1}{2(a+b)}\cos(a+b)x - \frac{1}{2(a-b)}\cos(a-b)x + C$.

101. $\displaystyle\int \sin ax \sin bx \mathrm{d}x = -\frac{1}{2(a+b)}\sin(a+b)x + \frac{1}{2(a-b)}\sin(a-b)x + C$.

102. $\displaystyle\int \cos ax \cos bx \mathrm{d}x = \frac{1}{2(a+b)}\sin(a+b)x + \frac{1}{2(a-b)}\sin(a-b)x + C$.

103. $\displaystyle\int \frac{\mathrm{d}x}{a+b\sin x} = \frac{2}{\sqrt{a^2-b^2}}\arctan\frac{a\tan\dfrac{x}{2}+b}{\sqrt{a^2-b^2}} + C \ (a^2 > b^2)$.

104. $\displaystyle\int \frac{\mathrm{d}x}{a+b\sin x} = \frac{1}{\sqrt{b^2-a^2}}\ln\left|\frac{a\tan\dfrac{x}{2}+b-\sqrt{b^2-a^2}}{a\tan\dfrac{x}{2}+b+\sqrt{b^2-a^2}}\right| + C \ (a^2 < b^2)$.

105. $\displaystyle\int \frac{\mathrm{d}x}{a+b\cos x} = \frac{2}{a+b}\sqrt{\frac{a+b}{a-b}}\arctan\left(\sqrt{\frac{a-b}{a+b}}\tan\frac{x}{2}\right) + C \ (a^2 > b^2)$.

106. $\displaystyle\int \frac{\mathrm{d}x}{a+b\cos x} = \frac{1}{a+b}\sqrt{\frac{a+b}{b-a}}\ln\left|\frac{\tan\dfrac{x}{2}+\sqrt{\dfrac{a+b}{b-a}}}{\tan\dfrac{x}{2}-\sqrt{\dfrac{a+b}{b-a}}}\right| + C \ (a^2 < b^2)$.

107. $\displaystyle\int \frac{\mathrm{d}x}{a^2\cos^2 x + b^2\sin^2 x} = \frac{1}{ab}\arctan\left(\frac{b}{a}\tan x\right) + C$.

108. $\displaystyle\int \frac{\mathrm{d}x}{a^2\cos^2 x - b^2\sin^2 x} = \frac{1}{2ab}\ln\left|\frac{b\tan x + a}{b\tan x - a}\right| + C$.

109. $\displaystyle\int x\sin ax \mathrm{d}x = \frac{1}{a^2}\sin ax - \frac{1}{a}x\cos ax + C$.

110. $\int x^2 \sin ax \, dx = -\frac{1}{a} x^2 \cos ax + \frac{2}{a^2} x \sin ax + \frac{2}{a^3} \cos ax + C$.

111. $\int x \cos ax \, dx = \frac{1}{a^2} \cos ax + \frac{1}{a} x \sin ax + C$.

112. $\int x^2 \cos ax \, dx = \frac{1}{a} x^2 \sin ax + \frac{2}{a^2} x \cos ax - \frac{2}{a^3} \sin ax + C$.

（十二）含有反三角函数的积分(其中 $a > 0$)

113. $\int \arcsin \frac{x}{a} \, dx = x \arcsin \frac{x}{a} + \sqrt{a^2 - x^2} + C$.

114. $\int x \arcsin \frac{x}{a} \, dx = \left(\frac{x^2}{2} - \frac{a^2}{4} \right) \arcsin \frac{x}{a} + \frac{x}{4} \sqrt{a^2 - x^2} + C$.

115. $\int x^2 \arcsin \frac{x}{a} \, dx = \frac{x^3}{3} \arcsin \frac{x}{a} + \frac{1}{9} (x^2 + 2a^2) \sqrt{a^2 - x^2} + C$.

116. $\int \arccos \frac{x}{a} \, dx = x \arccos \frac{x}{a} - \sqrt{a^2 - x^2} + C$.

117. $\int x \arccos \frac{x}{a} \, dx = \left(\frac{x^2}{2} - \frac{a^2}{4} \right) \arccos \frac{x}{a} - \frac{x}{4} \sqrt{a^2 - x^2} + C$.

118. $\int x^2 \arccos \frac{x}{a} \, dx = \frac{x^3}{3} \arccos \frac{x}{a} - \frac{1}{9} (x^2 + 2a^2) \sqrt{a^2 - x^2} + C$.

119. $\int \arctan \frac{x}{a} \, dx = x \arctan \frac{x}{a} - \frac{a}{2} \ln(a^2 + x^2) + C$.

120. $\int x \arctan \frac{x}{a} \, dx = \frac{1}{2} (a^2 + x^2) \arctan \frac{x}{a} - \frac{a}{2} x + C$.

121. $\int x^2 \arctan \frac{x}{a} \, dx = \frac{x^3}{3} \arctan \frac{x}{a} - \frac{a}{6} x^2 + \frac{a^3}{6} \ln(a^2 + x^2) + C$.

（十三）含有指数函数的积分

122. $\int a^x \, dx = \frac{1}{\ln a} a^x + C$.

123. $\int e^{ax} \, dx = \frac{1}{a} e^{ax} + C$.

124. $\int x e^{ax} \, dx = \frac{1}{a^2} (ax - 1) e^{ax} + C$.

125. $\int x^n e^{ax} \, dx = \frac{1}{a} x^n e^{ax} - \frac{n}{a} \int x^{n-1} e^{ax} \, dx$.

126. $\int x a^x \, dx = \frac{x}{\ln a} a^x - \frac{1}{(\ln a)^2} a^x + C$.

127. $\displaystyle\int x^n a^x \mathrm{d}x = \frac{1}{\ln a} x^n a^x - \frac{n}{\ln a}\int x^{n-1} a^x \mathrm{d}x$.

128. $\displaystyle\int \mathrm{e}^{ax} \sin bx \mathrm{d}x = \frac{1}{a^2 + b^2}\mathrm{e}^{ax}(a\sin bx - b\cos bx) + C$.

129. $\displaystyle\int \mathrm{e}^{ax} \cos bx \mathrm{d}x = \frac{1}{a^2 + b^2}\mathrm{e}^{ax}(b\sin bx + a\cos bx) + C$.

130. $\displaystyle\int \mathrm{e}^{ax} \sin^n bx \mathrm{d}x = \frac{1}{a^2 + b^2 n^2}\mathrm{e}^{ax}\sin^{n-1} bx(a\sin bx - nb\cos bx) + \frac{n(n-1)b^2}{a^2 + b^2 n^2}\int \mathrm{e}^{ax}\sin^{n-2} bx \mathrm{d}x$.

131. $\displaystyle\int \mathrm{e}^{ax} \cos^n bx \mathrm{d}x = \frac{1}{a^2 + b^2 n^2}\mathrm{e}^{ax}\cos^{n-1} bx(a\cos bx + nb\sin bx) + \frac{n(n-1)b^2}{a^2 + b^2 n^2}\int \mathrm{e}^{ax}\cos^{n-2} bx \mathrm{d}x$.

（十四）含有对数函数的积分

132. $\displaystyle\int \ln x \mathrm{d}x = x\ln x - x + C$.

133. $\displaystyle\int \frac{\mathrm{d}x}{x\ln x} = \ln|\ln x| + C$.

134. $\displaystyle\int x^n \ln x \mathrm{d}x = \frac{1}{n+1} x^{n+1}\left(\ln x - \frac{1}{n+1}\right) + C$.

135. $\displaystyle\int (\ln x)^n \mathrm{d}x = x(\ln x)^n - n\int (\ln x)^{n-1}\mathrm{d}x$.

136. $\displaystyle\int x^m (\ln x)^n \mathrm{d}x = \frac{1}{m+1} x^{m+1}(\ln x)^n - \frac{n}{m+1}\int x^m (\ln x)^{n-1}\mathrm{d}x$.

（十五）定积分

137. $\displaystyle\int_{-\pi}^{\pi} \cos nx \mathrm{d}x = \int_{-\pi}^{\pi} \sin nx \mathrm{d}x = 0$.

138. $\displaystyle\int_{-\pi}^{\pi} \cos mx \sin nx \mathrm{d}x = 0$.

139. $\displaystyle\int_{-\pi}^{\pi} \cos mx \cos nx \mathrm{d}x = \begin{cases} 0, & m \neq n \\ \pi, & m = n \end{cases}$.

140. $\displaystyle\int_{-\pi}^{\pi} \sin mx \sin nx \mathrm{d}x = \begin{cases} 0, & m \neq n \\ \pi, & m = n \end{cases}$.

141. $\displaystyle\int_{0}^{\pi} \sin mx \sin nx \mathrm{d}x = \int_{0}^{\pi} \cos mx \cos nx \mathrm{d}x = \begin{cases} 0, & m \neq n \\ \dfrac{\pi}{2}, & m = n \end{cases}$.

附录 2 超级计算器应用指南

【应用简介】

超级计算器是一款由网易有道出品的手机 APP 计算软件（附图 2.1）. 该 APP 软件除具有日常计算、函数绘图、分工化简、方程组求解、多项式分解和展开功能外，还可以进行微积分运算，是随身的数学好帮手.

附图 2.1　超级计算器

【功能特色】

1. 快速计算：随手输入，一秒解答，计算结果实时显示，并可以对计算结果进行操作和复制，最大限度地节约操作者的时间；

2. 高级计算：求根、分解、阶乘、绝对值、三角函数、求极限、求导、积分等数学运算功能全覆盖，解决多种数学问题；

3. 函数绘图：输入函数式，即可绘制图像，而且可以任意调整图像比例以便观察其整体或局部图像特点；

4. 完全离线：所有功能无需要联网支持，不再为无网环境而担忧，随时随地算你想算；

5. 便捷无广告打扰：该软件无广告，使用上手快.

【安装说明】

1. 在自己手机应用商店搜索下载"超级计算器"并安装；

2. 登录 math.youdao.com 下载网页下载安装；

3. 扫描附图 2.2 所示的二维码下载安装.

附图 2.2　扫一扫安装

【操作界面】

超级计算器打开后的操作界面如附图 2.3 所示. 光标所在区域为输入、输出区域，中间是工具栏（包括清除键 🗑️，换行键 ⬅️ 和光标移动键 ◀　　▶ ），下面则是输入面板：运算符号类在 ⊞ 中选择相应运算符号进行输入，函数符号类在 f 中选择相应函数表达式进行输入，字母类在 a-z 中选择并进行输入，指数、对数函数及圆锥曲线在 f(x) 中选择并进行输入.

附图 2.3　计算界面

附图 2.4　功能菜单展开界面

另外，在附图 2.3 操作界面的左上角点击"菜单"按钮 ☰，则会展开出附图 2.4 所示的菜单，点击"教程"则可以查看超级计算器的常用使用方法说明及举例.

【应用举例】

1. 极限运算

【例 1】 计算 $\lim\limits_{x \to \frac{\pi}{4}} \cos(2x)^3$. 先点击极限运算符号 $\lim\limits_{\to}$，此时会在计算工作区出现 $\overset{\lim}{\blacksquare}$，在光标处输入 x，然后再移动光标至相应方框中输入 $\frac{\pi}{4}$ 和 $\cos(2x)^3$ 后，工作区下方会浮现一个"计算结果"按钮（附图 2.5），点击此按钮即可查看计算结果，如附图 2.6 所示.

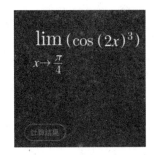

附图 2.5　计算工作区内的输入式

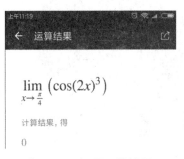

附图 2.6　极限运算结果

注意：截至 2018 年 2 月的最新版本为 2.0.0，该版本的超级计算器尚不能计算自变量趋近于正、负无穷大时的极限.

2. 微分运算

【例2】 求 $y = \mathrm{e}^{\sin\sqrt{x}}$ 的导数. 可按如下步骤实现：

（1）在输入面板输入字母 e；

（2）接着点击"乘方结构"按钮、"正弦函数"按钮 sin 和"根式结构"按钮；

（3）在被开方数处输入字母 x 后，工作区下方会浮现一个"积分 求导 绘制图像"三个计算按钮（附图 2.7），点击其中的"求导"按钮即可查看求导运算结果，如附图 2.8 所示.

附图 2.7 计算工作区内的输入式

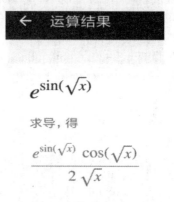

$$e^{\sin(\sqrt{x})}$$

求导，得

$$\frac{e^{\sin(\sqrt{x})}\cos(\sqrt{x})}{2\sqrt{x}}$$

附图 2.8 求导运算结果

3. 积分运算

【例3】 求不定积分 $\displaystyle\int \frac{x+1}{x^2-4x+3}\,\mathrm{d}x$. 可按如下步骤实现：

（1）点击"分式结构"按钮；

（2）分别输入分子、分母表达式，工作区下方会浮现一个"积分 求导 绘制图像"三个计算按钮（附图 2.9），点击其中的"积分"按钮即可查看积分运算结果，如附图 2.10 所示.

附图 2.9 计算工作区内的输入式

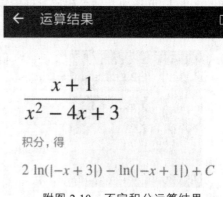

$$\frac{x+1}{x^2-4x+3}$$

积分，得

$$2\ln(|-x+3|) - \ln(|-x+1|) + C$$

附图 2.10 不定积分运算结果

【例 4】 求定积分 $\int_{-1}^{1} x^2 dx$. 可按如下步骤实现：

（1）点击"定积分结构"按钮 ；

（2）分别输入上限 1、下限 –1 和积分表达式后，工作区下方会浮现一个"定积分"计算按钮（附图 2.11），点击此按钮即可查看定积分运算结果，如附图 2.12 所示.

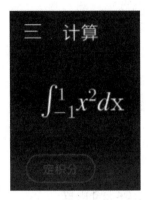

附图 2.11　计算工作区内的输入式

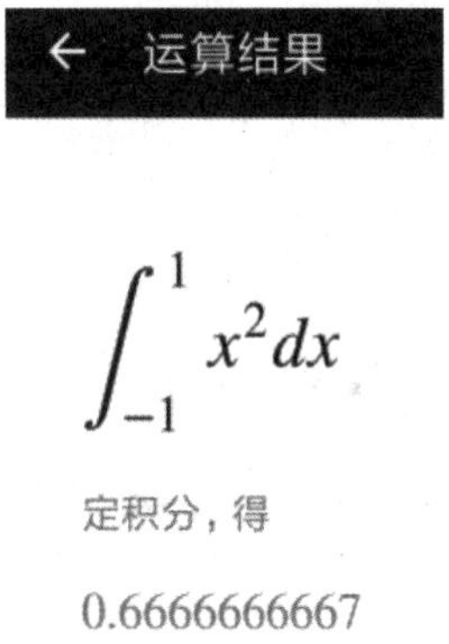

$$\int_{-1}^{1} x^2 dx$$

定积分，得

0.6666666667

附图 2.12　定积分运算结果

利用超级计算器进行定积分运算时，应注意以下几点：

（1）超级计算器计算的定积分值是其数值解，可能有截断误差产生（附图 2.12 所示的数值解，其对应的精确解实为 $\frac{2}{3}$）；

（2）目前最新版本的超级计算器仍不能计算反常积分（广义积分），如反常积分 $\int_{0}^{1} \frac{x}{\sqrt{1-x^2}} dx$ 的计算返回结果为 Infinite expression（附图 2.13），但其实际值是收敛于 1 的.

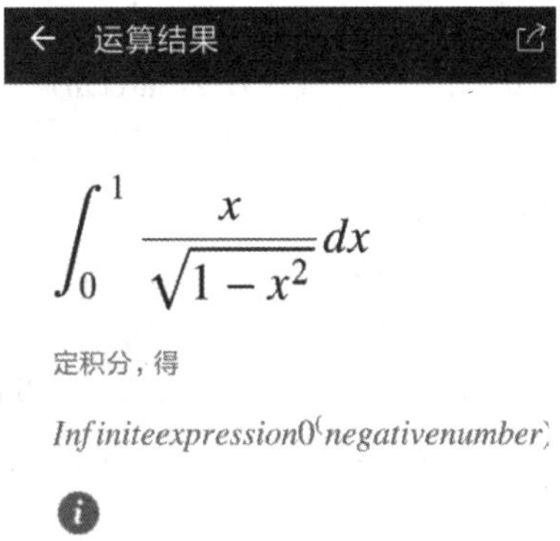

$$\int_{0}^{1} \frac{x}{\sqrt{1-x^2}} dx$$

定积分，得

Infinite expression 0 *(negative number)*

附图 2.13　广义积分运算情况

习题参考答案

第1章

习题 1.1

1. $\dfrac{1}{2}$, $\dfrac{\sqrt{2}}{2}$, 0 , $\cos 2$.

2. （1）$\left[\dfrac{1}{2},+\infty\right)$；（2）$(-\infty,-2)\bigcup(-2,2)\bigcup(2,+\infty)$；（3）$[-1,0)\bigcup(0,1]$；（4）$(1,+\infty)$.

3. 单调增.

4. （1）偶函数；（2）非奇非偶函数；（3）奇函数；（4）奇函数.

5. （1）$T=2\pi$；（2）不是周期函数；（3）$T=\pi$；（4）$T=\dfrac{1}{50}$.

6. （1）$y=\dfrac{2(x+1)}{x-1}$ $(x\neq 1)$；　　　　（2）$y=\dfrac{1}{3}(\ln x-5)$ $(x>0)$；

（3）$y=\dfrac{x}{1-x}$ $(x\neq 1)$；　　　　（4）$y=\arcsin(1-x)$ $(0\leqslant x\leqslant 2)$.

7. （1）$y=\sqrt{x^2+4}$；　　　　（2）$y=\sin[2-\ln(3x+1)]$.

8. （1）$y=\sqrt{u}$, $u=3x-1$；　　　　（2）$y=2\sqrt[3]{u}$, $u=1+x$；

（3）$y=u^4$, $u=1+\ln x$；　　　　（4）$y=\mathrm{e}^u$, $u=v^2$, $v=\sin x$；

（5）$y=\sqrt{u}$, $u=\ln v$, $v=\sqrt{x}$；　　　（6）$y=\arctan u$, $u=\sqrt{v}$, $v=2x+5$.

9. $m=\begin{cases} ks, & 0<s\leqslant a \\ ka+0.8k(s-a), & s>a \end{cases}$

10. $f(x)=\begin{cases} 0.15x, & 0<x\leqslant 50 \\ 7.5+0.25(x-50), & x>50 \end{cases}$

11. $y=60x$, 3 种买法：1 件 60 元、2 件 120 元、3 件 180 元.

12. （1）$y=50-5t$, $t\in[0,10]$；（2）25L.

习题 1.2

1.（1）收敛于 0；（2）发散；（3）收敛于 2；（4）发散.

2.（1）1；（2）$\dfrac{2}{3}$；（3）0；（4）不存在；（5）4；（6）1；（7）0；（8）0.

3.（1）0，0；（2）0；（3）15.

习题 1.3

1.（1）×；（2）√；（3）√；（4）×；（5）×.

2.（1）无穷小；（2）无穷大；（3）无穷大；（4）无穷小.

3.（1）$x \to \infty$ 时是无穷小，$x \to \pm 1$ 时是无穷大；

（2）$x \to -1$ 时是无穷小，$x \to +\infty$，$x \to -2$ 时是无穷大；

（3）$x \to k\pi$ 时是无穷小，$x \to k\pi + \dfrac{\pi}{2}$ 时是无穷大；

（4）$x \to -1$ 时是无穷小，$x \to 1$ 时是无穷大.

4.（1）无穷小；（2）无穷大；（3）略

习题 1.4

1.（1）5；（2）4；（3）∞；（4）$-\dfrac{7}{2}$；（5）$\dfrac{1}{2}$；（6）$2x$；（7）-2；（8）$\dfrac{\sqrt{2}}{2}$.

2.（1）6；（2）1；（3）0；（4）$\dfrac{2}{3}$；（5）∞；（6）0；（7）$\left(\dfrac{2}{5}\right)^{10}$；（8）$\dfrac{1}{2}$.

习题 1.5

1.（1）$\dfrac{1}{4}$；（2）$\dfrac{5}{2}$；（3）$\dfrac{1}{3}$；（4）$\dfrac{1}{5}$；（5）1；（6）$\dfrac{1}{2}$；（7）$\dfrac{1}{2}$；（8）2.

2.（1）e^3；（2）e；（3）e^2；（4）e^{-1}；（5）e^3；（6）e^2；（7）e^2；（8）e；（9）e^{-6}；

（10）e^2.

习题 1.6

1.（1）低阶；（2）同阶不等价；（3）等价；（4）高阶.

2. $2x^3$.

3.（1）$\dfrac{3}{7}$；（2）5；（3）$\dfrac{3}{2}$；（4）4；（5）$\dfrac{9}{2}$；（6）$\ln 3$.

习题 1.7

1.（1）$\Delta r = 0.1$，$\Delta c = 0.2\pi$，$\Delta s = 0.41\pi$；

（2）$\Delta r = -0.1$，$\Delta c = -0.2\pi$，$\Delta s = -0.39\pi$；

（3）$\Delta r = \Delta r$，$\Delta c = 2\pi\Delta r$，$\Delta s = \Delta r(2r+\Delta r)$；

（4）$\Delta r = r - r_0$，$\Delta c = 2\pi(r - r_0)$，$\Delta s = \pi(r^2 - r_0^2)$.

2.（1）连续；（2）不连续；（3）连续；（4）$x = -1$ 不连续，$x = 1$ 连续.

3.（1）$x = -1$，第二类；　　　　　　　　　　（2）$x = \dfrac{\pi}{2}$，第二类；

（3）$x = -1$，第一类；$x = 4$，第二类；　　　（4）$x = 0$，第二类；

（5）$x = 0$，第一类；　　　　　　　　　　　（6）$x = 1$，第一类.

4.（1）$(-\infty, -\sqrt{5}) \cup (\sqrt{5}, +\infty)$；（2）$(-\infty, -2) \cup (0, +\infty)$；（3）$\left[0, \dfrac{2}{3}\right]$；（4）$(-\infty, 0) \cup (0, +\infty)$.

5.（1）2；（2）$\dfrac{5}{3}$；（3）0；（4）$\dfrac{1+\ln 2}{2}$；（5）$\dfrac{e^2+1}{2}$；（6）1；（7）$\dfrac{\pi}{6}$；（8）0；（9）0；

（10）1.

6. $a = 0$.　　7. $a = 2$，$b = \dfrac{1}{2}$.

8. 略.　　9. 略.

复习题一

一、1. $\dfrac{x-1}{x}$；2. $(-\infty,-1)\bigcup(-1,1)\bigcup(1,+\infty)$；3. $(-\infty,0)\bigcup(0,+\infty)$；4. $y = \mathrm{e}^{\sin^2(2x+1)}$；5. 减；6. 1；

7. $\dfrac{1}{2}$；8. $x = 0$；9. 一；10. 9.

二、1. B；2. D；3. B；4. A；5. D；6. C；7. C；8. B；9. A；10. A.

三、1. 0；2. $\dfrac{1}{2}$；3. 1；4. $\dfrac{1}{3}$；5. -1；6. $\dfrac{1}{2}$；7. $\dfrac{4}{3}$；8. $-\dfrac{1}{6}$；9. 0；10. $-\dfrac{1}{2}$；11. 2；12. $\dfrac{1}{2}$；

13. 3；14. 0；15. ∞；16. e^6；17. e^{-2}；18. e^4.

四、1.（1）$(0,2]$；（2）$x = 0$ 间断，$x = 1$ 连续，$x = 2$ 左连续；（3）0，$\dfrac{1}{2}$.

2. $a = 3$，$b = 6$.

第 2 章

习题 2.1

1.（1）12；（2）$\dfrac{1}{4}$；（3）1；（4）0.

2.（1）2；（2）5；（3）$\dfrac{1}{3}$；（4）$\dfrac{1}{2}$；（5）$-\dfrac{\sqrt{3}}{2}$；（6）$\dfrac{1}{4\ln 5}$.

3.（1）$x - 4y + 4 = 0$，$4x + y - 18 = 0$；　　（2）$2x - y + 3 = 0$，$x + 2y - 1 = 0$.

4.（1）连续，不可导；（2）连续，可导.

5. $v = 0.75 \ \mathrm{m/s}$，$h = 0.125 \ \mathrm{m}$.

习题 2.2

1.（1）$28x^3 - 24x^2 + 18x - 10$；　　　　　（2）$8x^3 + 6x$；

（3）$\dfrac{2\sin x}{(1+\cos x)^2}$；　　　　　（4）$\dfrac{4}{x^2} + \dfrac{6}{x^3} + \dfrac{6}{x^4}$；

（5）$\dfrac{-x^2 + 4x + 1}{(1+x^2)^2}$；　　　　　（6）$\dfrac{\arctan x}{2\sqrt{x}} + \dfrac{\sqrt{x}}{1+x^2}$；

（7）$2\mathrm{e}^x + \dfrac{3}{1+x^2}$；　　　　　（8）$5x^{\frac{2}{3}} - 3\ln 2 \cdot 2^x$；

（9）$\ln x + 1$；　　　　　（10）$\mathrm{e}^x(\sin x + x\sin x + x\cos x)$.

2.（1）$2(2x-5)(x^2-5x+6)$；　　　　　（2）$-3\mathrm{e}^{-3x}$；

（3）$2\tan x\sec^2 x$；　　　　　（4）$\dfrac{-2x}{2-x^2}$；

（5） $-\dfrac{5}{\sqrt{1-(5x-3)^2}}$ ；

（6） $-\dfrac{1}{\sqrt{1+x^2}}$ ；

（7） $6x-\dfrac{2}{\sqrt{1-x^2}}$ ；

（8） $-6x\sin(6x^2-10)$ ；

（9） $\dfrac{1}{x\sqrt{x^2-1}}$ ；

（10） $\dfrac{6(x+1)\ln^2(x^2+2x-3)}{x^2+2x-3}$ ；

（11） $\dfrac{x\cos(x^2+5)}{\sqrt{\sin(x^2+5)}}$ ；

（12） $\mathrm{e}^{2x}\left[2\ln(x-\cos x)+\dfrac{1+\sin x}{x-\cos x}\right]$ ；

（13） $a^{2x}(2\ln a\cdot\sin 3x+3\cos 3x)$ ；

（14） $\dfrac{x^2-1-x^2\ln x}{x(x^2-1)^{\frac{3}{2}}}$ ；

（15） $\dfrac{2(x\cos 2x-\sin 2x)}{x^3}$ ；

（16） $\dfrac{1}{x^2-1}$ ；

（17） $-\sec^2 x\sin(2\tan x)\cos[\cos^2(\tan x)]$.

3.（1） 6 ；（2） -1 ；（3） -2 ；（4） $\dfrac{1}{2}$.

4.（1） $x-y+1=0$ ， $x+y-1=0$ ；

（2） $x+y-3=0$ ， $x-y+3=0$ ；

（3） $x-\sqrt{2}y-\dfrac{\pi}{4}+1=0$ ， $2x+\sqrt{2}y-\dfrac{\pi}{2}-1=0$ ；

（4） $x-2\ln 2\cdot y+2\ln 2-2=0$ ， $2\ln 2\cdot x+y-4\ln 2-1=0$.

5. $100\,\mathrm{s}$ ， $1\,000\,\mathrm{m}$.

6. $0.5\,\mathrm{s}$ ， $\mathrm{e}^{1.25}\approx 3.49$.

习题 2.3

1.（1） $180(3x+2)^3$ ；

（2） $-2\sin x-x\cos x$ ；

（3） $4\mathrm{e}^{2x^2+1}(1+4x^2)$ ；

（4） $-\dfrac{4(2x^2-3)}{(2x^2+3)^2}$ ；

（5） $x(1-x^2)^{-\frac{3}{2}}$ ；

（6） $2\sec^2 x\tan x$ ；

（7） $-2\mathrm{e}^{-x}\cos x$ ；

（8） $\dfrac{\mathrm{e}^x(x^2-2x+2)}{x^3}$.

2.（1） $-\dfrac{1}{x^2}$ ；（2） $27\sin 3x$ ；（3） $-8\mathrm{e}^{-2x}$ ；（4） $\mathrm{e}^{2x}(12\cos 3x-5\sin 3x)$.

3.（1） $n!$ ；（2） $a^x(\ln a)^n$ ；（3） $(-1)^n\dfrac{2\cdot n!}{(1+x)^{n+1}}$ ；（4） $2^{n-1}\sin\left[2x+(n-1)\dfrac{\pi}{2}\right]$.

4. 30 ， 24 ， 0 .

5. $\dfrac{50\pi}{3}$ ， $-\dfrac{50\sqrt{3}}{9}\pi^2$.

习题 2.4

1.（1）$\dfrac{x^2-2xy}{x^2-y^2}$；

（2）$\dfrac{e^x-y}{e^y+x}$；

（3）$\dfrac{e^{x+y}-y}{x-e^{x+y}}$；

（4）$\dfrac{(3x^2y+\cos x)(x^2+y)-2x}{1-x^3(x^2+y)}$.

2.（1）$(\cos x)^{\sin x}\left[\cos x\cdot\ln(\cos x)-\dfrac{\sin^2 x}{\cos x}\right]$；

（2）$\dfrac{(3x-5)\cdot\sqrt[3]{x-2}}{\sqrt{x+1}}\left[\dfrac{3}{3x-5}+\dfrac{1}{3(x-2)}-\dfrac{1}{2(x+1)}\right]$；

（3）$\dfrac{(x+1)^2\sqrt{x-3}}{e^x(3x+2)}\left[\dfrac{2}{x+1}+\dfrac{1}{2(x-3)}-\dfrac{3}{3x+2}-1\right]$；

（4）$\dfrac{1}{3}\sqrt[3]{\dfrac{x(x-1)}{(x-2)(x-3)}}\left(\dfrac{1}{x}+\dfrac{1}{x-1}-\dfrac{1}{x-2}-\dfrac{1}{x-3}\right)$；

（5）$\dfrac{(\ln x+2)x^{\sqrt{x}}}{2\sqrt{x}}$；

（6）$\dfrac{\sqrt{x}(1+\sqrt{2x})(1+\sqrt{3x})+\sqrt{2x}(1+\sqrt{x})(1+\sqrt{3x})+\sqrt{3x}(1+\sqrt{x})(1+\sqrt{2x})}{2x}$.

3. $3x+2y-6\sqrt{2}=0$，$4x-6y+5\sqrt{2}=0$.

4. $x+y-2-e=0$.

5.（1）$\dfrac{1-\sin t}{2}$；　（2）$\dfrac{\sin t+\cos t}{-\sin t+\cos t}$；　（3）$\dfrac{3}{2}(1+t)$；　（4）$\dfrac{e^t}{\ln t+1}$；

（5）$\dfrac{3t^2-1}{2t}$；　　（6）$-\tan^2 t$；　　（7）$\dfrac{5\sin t}{2(1-\cos t)}$；　（8）$-\dfrac{b}{a}\cot t$.

6. $y=-2\sqrt{2}x+2$.

习题 2.5

1. $\Delta y=-0.0399$，$\mathrm{d}y=-0.04$.

2.（1）x^3+C;（2）$\sqrt{x}+C$;（3）$e^{2x}+C$;（4）$-\dfrac{1}{2}\cos 2x+C$;（5）$\arctan x+C$;（6）$\arcsin x+C$.

3.（1）$24\mathrm{d}x$;（2）$0.4\cos 4$.

4.（1）$(e^x+\cos x)\,\mathrm{d}x$；

（2）$\dfrac{2x-1}{x^2-x+1}\mathrm{d}x$；

（3）$-\dfrac{x^2+1}{(x^2-1)^2}\,\mathrm{d}x$；

（4）$e^{-x}[-\cos(1-2x)+2\sin(1-2x)]\,\mathrm{d}x$.

5.（1）0.5151；（2）-0.0020；（3）1.0300；（4）1.0200；（5）1.0067；（6）$0.5248\ \mathrm{rad}$.

6. $30\ \mathrm{cm}^3$.　　　7. $8972\ \mathrm{g}$.

复习题二

一、1. 充分，必要；2. 充要；3. 2；4. 6，$6x-y-7=0$；5. $\dfrac{1}{2}f'(x_0)$；6.(1, 2)；

7. $\dfrac{\sqrt[3]{4}}{3}$; 8. $-4\sin 2x$; 9. $2xf'(x^2)\mathrm{d}x$; 10. $-A$.

二、1. B；2. B；3. A；4. A；5. B；6. C；7. D；8. D；9. A；10. C.

三、1. $3x^2 - 3^x \ln 3 + \dfrac{1}{3}x^{-\frac{2}{3}}$ ；

2. $\dfrac{1 + x^2 - 2x^2 \ln x}{x(1+x^2)^2}$ ；

3. $-2x\tan(x^2+1)$ ；

4. $\dfrac{2(1+x^2)\cos 2x - x\sin 2x}{\sqrt{(1+x^2)^3}}$ ；

5. $6\sin^2 2x \cos 3x \cos 5x$ ；

6. $2(x+1)\mathrm{e}^{x^2+2x-3}\sin(2\mathrm{e}^{x^2+2x-3})$ ；

7. $\dfrac{y\cos(xy) - 2xy^2}{2x^2 y - x\cos(xy)}$ ；

8. $\dfrac{2x - y + 3}{x - 2y}$ ；

9. $-2t$ ；

10. $\dfrac{\mathrm{e}^t}{\ln t + 1}$ ；

11. $x(1+x)(1+x^2)(1+x^3)\left(\dfrac{1}{x} + \dfrac{1}{1+x} + \dfrac{2x}{1+x^2} + \dfrac{3x^2}{1+x^3}\right)$ ；

12. $\left(\dfrac{x}{1+x}\right)^x \left(\ln \dfrac{x}{1+x} + \dfrac{1}{1+x}\right)$.

四、1.（1）5；（2）$4x - y - 4 = 0$.

2.（1）2 s；（2）20（m/s）.

3. 11 mm.

4. 22 mm.

第 3 章

习题 3.1

1.（1）$\dfrac{5}{2}$ ；（2）$f(x)$ 在 $x=0$ 不可导.

2. 略.　　3.（1）$\mathrm{e}-1$；（2）1.

4.（1）$\cos a$ ；（2）2；（3）$\dfrac{3}{2}$ ；（4）$-\dfrac{1}{6}$ ；（5）0；（6）1；（7）$-\dfrac{1}{2}$ ；（8）2；（9）0；

（10）$-\dfrac{1}{2}$ ；（11）1；（12）$\dfrac{1}{2}$.

习题 3.2

1.（1）$(-\infty, +\infty)$ 单调增；

（2）$(-\infty, -2]$、$[2, +\infty)$ 单调减，$[-2, 2]$ 单调增；

（3）$(0, 1)$、$(1, +\infty)$ 单调减；

（4）$(-\infty, -1]$、$[1, +\infty)$ 单调增，$[-1, 0)$、$(0, 1]$ 单调减；

（5）$(-1, 0]$ 单调减，$[0, +\infty)$ 单调增；

（6）$(-\infty, -5)$、$(-5, -2]$ 单调增，$[-2, 1)$、$(1, +\infty)$ 单调减.

2. 略.

3.（1）极大值 $f(0)=0$，极小值 $f(1)=-1$；

（2）极大值 $f(-1)=f(1)=1$，极小值 $f(0)=0$；

（3）极大值 $f(1)=1$，极小值 $f(-1)=-1$；

（4）极大值 $f(2)=4e^{-2}$，极小值 $f(0)=0$；

（5）极大值 $f(-1)=0$，极小值 $f(1)=-3\sqrt[3]{4}$；

（6）无极值.

习题 3.3

1.（1）$y_{\max}=f(-2)=9$，$y_{\min}=f\left(\dfrac{3}{4}\right)=-\dfrac{49}{8}$；

（2）$y_{\max}=f(2)=5$，$y_{\min}=f(-1)=-4$；

（3）$y_{\max}=f\left(\dfrac{\pi}{4}\right)=-1$，$y_{\min}=f\left(-\dfrac{\pi}{4}\right)=-3$；

（4）$y_{\max}=f(-2)=f(2)=18$，$y_{\min}=f(0)=-2$；

（5）$y_{\max}=f\left(\dfrac{3}{4}\right)=\dfrac{5}{4}$，$y_{\min}=f(-5)=-5+\sqrt{6}$；

（6）$y_{\max}=f(0)=f(4)=0$，$y_{\min}=f(1)=-1$.

2. $\dfrac{a^2}{4}$.　　3. 70 元/件，9000 元.　　4. 115 元.　　5. 5 小时.

6. $r=\sqrt[3]{\dfrac{V}{\pi}}$，$h=\sqrt[3]{\dfrac{V}{\pi}}$.

习题 3.4

1.（1）凹区间 $(0,+\infty)$，凸区间 $(-\infty,0)$，无拐点.

（2）凹区间 $[-1,1]$，凸区间 $(-\infty,-1]$　$[1,+\infty)$，拐点 $(-1,\ln 2)$　$(1,\ln 2)$.

（3）凸区间 $[0,+\infty)$，无拐点.

（4）凹区间 $\left[\dfrac{5}{3},+\infty\right)$，凸区间 $\left(-\infty,\dfrac{5}{3}\right]$，拐点 $\left(\dfrac{5}{3},-\dfrac{250}{27}\right)$.

（5）凹区间 $[2,+\infty)$，凸区间 $(-\infty,2]$，拐点 $\left(2,\dfrac{2}{e^2}\right)$.

（6）凹区间 $\left(-\infty,-\dfrac{2}{3}\right)$ $[0,+\infty)$，凸区间 $\left[-\dfrac{2}{3},0\right]$，拐点 $\left(-\dfrac{2}{3},\dfrac{11}{27}\right)$，$(0,1)$.

（7）凹区间 $(-\infty,+\infty)$，无拐点.

（8）凹区间 $(0,+\infty)$，无拐点.

2. $a=-\dfrac{3}{2}$，$b=\dfrac{9}{2}$.

3. $a=-3$，凹区间 $[1,+\infty)$，凸区间 $(-\infty,1]$，拐点 $(1,-7)$.

4.（1）水平渐近线 $y=0$；（2）铅直渐近线 $x=1$，水平渐近线 $y=0$.

5. 略.

复习题三

一、1. $\dfrac{9}{4}$；

2. $f'(x)=0$，$f'(x)$ 不存在；

3. $f''(x)=0$，$f''(x)$ 不存在；

4. $[3,+\infty)$，$(-\infty,3]$；　5. $\dfrac{3}{2}$，$\dfrac{1}{4}$；　6. 8，-1；

7. $(0,2)$；　8. $[0,+\infty)$，$(-\infty,0]$；

9. $x=-2$，$y=0$；　10. $y=\pm x$．

二、1. C；2. A、C；3. B；4. D；5. C；6. C；7. C；8. C；9. A；10. D．

三、1.（1）$-\dfrac{1}{2}$；（2）1；（3）0；（4）$-\dfrac{1}{2}$；（5）1；（6）1；（7）$\dfrac{1}{3}$．

2.（1）增区间 $(-\infty,-2]$，$[0,+\infty)$，减区间 $[-2,-1)$，$(-1,0]$，极大值 $f(-2)=-4$，极小值 $f(0)=0$．

（2）增区间 $(-\infty,-1]$，$[3,+\infty)$，减区间 $[-1,3]$，极大值 $f(-1)=3$，极小值 $f(3)=-61$．

3. $2\sqrt{a}$．

4. 凹区间 $[-3,0)$，$(0,+\infty)$，凸区间 $(-\infty,-3]$，拐点 $\left(-3,-\dfrac{26}{9}\right)$．

四、1. 210 元/间．

2. $R=\sqrt[3]{\dfrac{V}{2\pi}}$，$R=\sqrt[3]{\dfrac{4V}{\pi}}$．

3. $x=14$ 元，$y_{\max}=360$ 元．

4. 距医院 $80-20\sqrt{3}\approx45.36$ km．

第 4 章

习题 4.1

1.（1）$2x^2+C$；（2）$g(x)+C$．

2.（略）．

3.（1）$-\dfrac{1}{x}+C$；（2）$2\sqrt{x}+C$；（3）$-\cos x+C$；（4）$\tan x+C$；（5）$\arcsin x+C$．

4. $y=\dfrac{1}{3}x^3+16$．

5. $y=x^4+1$．

6.（略）．

习题 4.2

1.（1）$x^4+x^3-x^2+x+C$；　　　　　（2）$-\cos x-2\sin x+3\mathrm{e}^x+C$；

（3）$\dfrac{1}{6}x^6+\dfrac{5^x}{\ln 5}+C$；　　　　　（4）$\ln|x|-\dfrac{1}{x}-\dfrac{2^x}{\ln 2}+\tan x+C$；

（5） $e^x + \ln|x| - \arcsin x + 2\arctan x + C$;　　（6） $-\dfrac{2}{3}x^{-\frac{3}{2}} + C$;

（7） $\dfrac{3}{8}x^{\frac{8}{3}} + \dfrac{12}{13}x^{\frac{13}{6}} + \dfrac{3}{5}x^{\frac{5}{3}} + C$;　　（8） $\tan x + \sec x + C$;

（9） $\dfrac{2}{3}x^{\frac{3}{2}} - 3x + C$;　　（10） $-\dfrac{1}{x} + \arctan x + C$;

（11） $3x - 5\arctan x + C$;　　（12） $-2\cos x + C$;

（13） $\dfrac{1}{2}(x + \sin x) + C$;　　（14） $-\dfrac{1}{2}\cot x + C$;

（15） $-\cot x - \tan x + C$.

2. $v(t) = t^2 + 3t + 4$，　$s(t) = \dfrac{1}{3}t^3 + \dfrac{3}{2}t^2 + 4t + 40$，$32$，$\dfrac{304}{3}$.

习题 4.3

1.（1） $-\dfrac{1}{3}$；（2） $\dfrac{1}{7}$；（3） $\dfrac{1}{2}$；（4） $\dfrac{1}{22}$；（5） $-\dfrac{1}{4}$；（6） $\dfrac{1}{12}$；（7） $\dfrac{1}{3}$；（8） 3；（9） $-\dfrac{3}{2}$；

（10） $-\dfrac{1}{5}$；（11） $\dfrac{1}{2}$；（12） -1；（13） $\dfrac{1}{2}$；（14） -1.

2.（1） $\dfrac{1}{112}(7x - 4)^{16} + C$；　　（2） $\dfrac{1}{5}\ln|5x - 6| + C$；　　（3） $-\dfrac{1}{3}e^{-3x} + C$；

（4） $\dfrac{3^{2x-3}}{2\ln 3} + C$；　　（5） $\dfrac{1}{3}\tan(3x + 2) + C$；　　（6） $\dfrac{1}{2}\ln|x^2 - 3| + C$；

（7） $\arctan x^2 + C$；　　（8） $\dfrac{3}{8}\ln(4x^2 + 5) + C$；　　（9） $\dfrac{1}{4}\sin(4x^3 + 1) + C$；

（10） $-\cos(2\sqrt{x} + 3) + C$；　　（11） $-\dfrac{1}{12}(1 - 4x^2)^{\frac{3}{2}} + C$；

（12） $\dfrac{1}{4}\ln^4(3x) + \ln x + C$；　　（13） $-\ln(1 + \cos x) + C$；

（14） $\dfrac{\sqrt{3}}{6}\arctan\dfrac{\sqrt{3}}{2}x + C$；　　（15） $\dfrac{1}{2}x + \dfrac{1}{8}\sin(4x + 2) + C$；

（16） $\dfrac{1}{2\sqrt{13}}\ln\left|\dfrac{x - \sqrt{13}}{x + \sqrt{13}}\right| + C$；　　（17） $\dfrac{1}{2}x - \dfrac{1}{20}\sin(10x - 4) + C$；

（18） $-\dfrac{1}{\ln 3 \cdot 3^{\tan x}} + C$；　　（19） $\dfrac{1}{3}\arcsin\dfrac{3x}{4} + C$；

（20） $\arcsin\dfrac{x + 1}{2} + C$；　　（21） $\dfrac{1}{2}\arctan\dfrac{x - 2}{2} + C$.

习题 4.4

（1） $\ln\sqrt[6]{x} - 6\ln(\sqrt[6]{x} + 1) + C$；　　（2） $2\arctan\sqrt{x} + C$；

（3） $\dfrac{3}{2}\sqrt[3]{(x+1)^2}-3\sqrt[3]{x+1}+3\ln\left|1+\sqrt[3]{x+1}\right|+C$；　　（4） $\ln\left|\dfrac{\sqrt{x+1}-1}{\sqrt{x+1}+1}\right|+C$；

（5） $\dfrac{2}{a}\sqrt{ax+b}-\dfrac{2m}{a}\ln\left|\sqrt{ax+b}+m\right|+C$；　　（6） $\ln\left|\dfrac{\sqrt{1+e^x}-1}{\sqrt{1+e^x}+1}\right|+C$；

（7） $\ln\left|1-e^{-x}\right|+C$；　　（8） $\dfrac{9}{2}\arcsin\dfrac{x}{3}-\dfrac{x\sqrt{9-x^2}}{2}+C$；

（9） $\dfrac{x}{\sqrt{x^2+1}}+C$；　　（10） $\dfrac{1}{4}(\arcsin 2x+2x\sqrt{1-4x^2})+C$；

（11） $\sqrt{x^2-4}-2\arccos\dfrac{2}{x}+C$；　　（12） $\ln\left|x+1+\sqrt{x^2+2x-8}\right|+C$.

习题 4.5

（1） $-e^{-x}(x+1)+C$；　　（2） $-\dfrac{1}{3}x\cos 3x+\dfrac{1}{9}\sin 3x+C$；

（3） $e^x(x^2-2x+2)+C$；　　（4） $-x^2\cos x+2x\sin x+2\cos x+C$；

（5） $x\ln^2 x-2x\ln x+2x+C$；　　（6） $\dfrac{1}{2}x(x+2)\ln x-\dfrac{1}{4}x^2-x+C$；

（7） $x\arctan x-\dfrac{1}{2}\ln(1+x^2)+C$；　　（8） $\dfrac{1}{9}x^3(3\ln x-1)+C$；

（9） $\dfrac{1}{2}\ln^2 x+\dfrac{1}{x}\ln x+\dfrac{1}{x}+C$；　　（10） $\dfrac{1}{13}e^{2x}(2\cos 3x+3\sin 3x)+C$；

（11） $\left(\dfrac{x^2}{2}-\dfrac{1}{4}\right)\arcsin x+\dfrac{x}{4}\sqrt{1-x^2}+C$；　　（12） $\dfrac{1}{4}e^{2x}(2x^2-2x+1)+C$；

（13） $\dfrac{1}{2}x[\sin(\ln x)-\cos(\ln x)]+C$；　　（14） $\dfrac{1}{2}x[\sin(\ln x)+\cos(\ln x)]+C$；

（15） $-2\sqrt{x}\cos\sqrt{x}+2\sin\sqrt{x}+C$；　　（16） $\dfrac{3^x}{\ln^2 3}(x\ln 3-1)+C$.

习题 4.6

1.（1） $\dfrac{11}{x+2}-\dfrac{10}{x+1}+\dfrac{6}{(x+1)^2}$；　　（2） $\dfrac{1}{2x-1}+\dfrac{x+1}{x^2+3x+3}$.

2.（1） $\dfrac{5}{2}\ln|x-3|-\dfrac{3}{2}\ln|x-1|+C$；　　（2） $\dfrac{1}{5}\ln\left|\dfrac{x-3}{x+2}\right|+C$；

（3） $\ln\left|(x-2)(x+5)\right|+C$；　　（4） $\ln|x+2|+2\ln|x-3|+C$；

（5） $\ln\left|\dfrac{x}{x-1}\right|-\dfrac{1}{x-1}+C$；　　（6） $\dfrac{1}{2}\ln|x+1|-\dfrac{1}{4}\ln(x^2+1)+\dfrac{1}{2}\arctan x+C$；

（7） $3x+\dfrac{14}{3}\ln|x-2|-\dfrac{5}{3}\ln|x+1|+C$；　　（8） $\dfrac{1}{2}x^2+4x+8\ln|x-1|+C$；

（9） $\dfrac{1}{2}x^2-\dfrac{1}{2}\ln(x^2+1)+C$；

（10） $2\ln|x|-\ln|x+1|-\dfrac{1}{2}\ln(x^2+1)-\arctan x+C$；

（11）$-\dfrac{2}{3}\ln|x-1|+\dfrac{5}{6}\ln(x^2+x+1)-\dfrac{1}{\sqrt{3}}\arctan\dfrac{2x+1}{\sqrt{3}}+C$；

（12）$\dfrac{1}{2}\ln(x^2+2x+4)-\sqrt{3}\arctan\dfrac{x+1}{\sqrt{3}}+C$.

2.（1）$\dfrac{1}{16}(4x+5-5\ln|4x+5|)+C$； （2）$\dfrac{1}{12}(2x-5)\sqrt{4x+5}+C$；

（3）$\dfrac{1}{8}\ln(4x^2+2)+C$； （4）$\dfrac{x}{2}\sqrt{x^2-4}+2\ln\left|x+\sqrt{x^2-4}\right|+C$；

（5）$\dfrac{x}{2}\sqrt{9-x^2}+\dfrac{9}{2}\arcsin\dfrac{x}{3}+C$； （6）$-\dfrac{1}{\sqrt{5}}\arcsin\dfrac{5x-2}{\sqrt{19}}+C$；

（7）$\dfrac{x}{2}-\dfrac{1}{4}\sin 2x+C$； （8）$\dfrac{2}{5}\sqrt{5}\arctan\left(\dfrac{\sqrt{5}}{5}\tan\dfrac{x}{2}\right)+C$；

（9）$-\dfrac{1}{10}\cos 5x-\dfrac{1}{2}\cos x+C$； （10）$\left(\dfrac{x^2}{2}-\dfrac{a^2}{4}\right)\arccos\dfrac{x}{a}-\dfrac{x}{4}\sqrt{a^2-x^2}+C$；

（11）$\dfrac{1}{13}\mathrm{e}^{2x}(2\sin 3x-3\cos 2x)+C$； （12）$\ln|\ln x|+C$

复习题四

一、1.（1）-1；（2）$-\dfrac{1}{2}$；（3）$\dfrac{1}{3}$；（4）$\dfrac{1}{6}$.

2.（1）$f(\sin x)\mathrm{d}x$；（2）$f(\sin x)+C$；（3）$f(\sin x)\cdot\cos x$；（4）$f(\sin x)+C$.

3. $F(x)=G(x)+C$. 4. $\ln(1+x^2)+1$. 5. $y=x^4+1$.

6. $\sin x$. 7. $x^5\cos x+C$. 8. $\ln\left|x^2-7x+2\right|+C$.

9. $\dfrac{1}{3}\arctan x^3+C$. 10. $\dfrac{1}{x^2(1+\sqrt{x})}$.

二、1. C；2. D；3. B；4. C；5. D；6. B；7. D；8. C；9. D；10. B.

三、1. $-\dfrac{2}{3}x^{-\frac{3}{2}}+C$； 2. $\dfrac{1}{5}x^5+\dfrac{4}{3}x^3+4x+C$；

3. $\dfrac{1}{3}x^3+\dfrac{2}{5}x^{\frac{5}{2}}-\dfrac{2}{3}x^{\frac{3}{2}}-x+C$； 4. $3\arcsin x-2\arctan x+C$；

5. $3\mathrm{e}^x+2\sqrt{x}+C$； 6. $3x+\dfrac{7}{\ln 5-\ln 3}\left(\dfrac{3}{5}\right)^x+C$；

7. $\dfrac{(2\mathrm{e})^x}{\ln 2+1}+C$； 8. $-\dfrac{1}{25}(3-5x)^5+C$；

9. $\dfrac{1}{2}\ln(x^2+2x+5)+C$； 10. $-\dfrac{1}{3}\cos 3x-4\mathrm{e}^{\frac{x}{4}}+C$；

11. $-\dfrac{3}{2}\sqrt[3]{(2-x)^2}+C$； 12. $\sqrt{2x}-\ln(1+\sqrt{2x})+C$；

13. $\arcsin x-\dfrac{1-\sqrt{1-x^2}}{x}+C$； 14. $2\mathrm{e}^{\frac{x}{2}}(x-2)+C$；

15. $\dfrac{1}{2}e^{-x}(\sin x - \cos x) + C$;

16. $\dfrac{1}{5}e^{2x}(\sin x + 2\cos x) + C$;

17. $\left(\dfrac{x^2}{2} - 1\right)\arcsin\dfrac{x}{2} + \dfrac{x}{4}\sqrt{4 - x^2} + C$;

18. $\dfrac{1}{16}(-\sin 8x + 4\sin 2x) + C$.

四、1. $y = \ln|x| - 3$.

2. $y = \sin x - \cos x + 1$.

3. $s = \dfrac{2}{3}t^3$.

4. $e^{-x}(x + 1) + C$.

第 5 章

习题 5.1

1. （1）$\displaystyle\int_{-2}^{0} x^2 \mathrm{d}x$;

（2）$\displaystyle\int_{0}^{\frac{\pi}{2}} \cos x\mathrm{d}x - \int_{\frac{\pi}{2}}^{\pi} \cos x\mathrm{d}x$;

（3）$-\displaystyle\int_{a}^{b} f(x)\mathrm{d}x + \int_{a}^{b} g(x)\mathrm{d}x$;

（4）$-\displaystyle\int_{-1}^{0} x^3\mathrm{d}x + \int_{0}^{2} x^3\mathrm{d}x$.

2. 略.

3. $s = \displaystyle\int_{0}^{2}(2t + 3)\mathrm{d}t = 10$.

习题 5.2

1. （1）10；（2）-12.

2. -2.

3. （1）<；（2）<；（3）>；（4）<.

4. （1）$[-2,\ -1]$；（2）$[3e^{-3}, 3e^{12}]$；（3）$[0, \pi]$；（4）$[-\pi, \pi]$.

5. -4.

习题 5.3

1. （1）$\dfrac{\sin x}{x}$；（2）$-\dfrac{\sin x}{2 + x^2}$；（3）$\dfrac{2xe^{x^2}}{1 + x^4}$；（4）$2e^{-4x^2} - e^{-x^2}$.

2. （1）$\dfrac{1}{3}\pi^3$；（2）$\dfrac{3}{4}(2^{\frac{4}{3}} - 1)$；（3）$\dfrac{\pi}{6}$；（4）$2\pi$；

（5）14；（6）$\dfrac{\pi}{6}$；（7）$\dfrac{130}{3}$；（8）$3 - \dfrac{\pi}{4} + \arctan 4$；

（9）$\dfrac{4}{3} + \dfrac{\pi}{4}$；（10）$\ln\dfrac{5}{4 - e}$；（11）$4\sqrt{2}$；（12）$4\sqrt{3} - \dfrac{8}{3}\sqrt{2} + \dfrac{5}{2}$；

（13）$\dfrac{20}{3}$；（14）$\dfrac{1}{2}\ln^2 2$；（15）$-10e^{-2} + 2$；（16）$-\dfrac{\pi}{2}$；

（17）$-\ln(\ln 2)$；（18）$\dfrac{4}{25}e^5 + \dfrac{1}{25}$.

3. $\dfrac{3}{2}+e^2-e$.

4. （1）3；（2）4.

习题 5.4

1. （1）$-\dfrac{6}{25}$；（2）$4-2\ln 2$；（3）$\dfrac{\pi}{6}$；（4）$\dfrac{1}{2}$；（5）$1-\dfrac{\pi}{4}$；（6）$1+\ln 2-\ln(e+1)$；

（7）1；（8）$\dfrac{1}{24}$；（9）$\dfrac{4}{3}$；（10）0.

2. （1）$1-4e^{-3}$；（2）$\pi-2$；（3）4π；（4）$-\dfrac{1}{4}(3e^{-2}-1)$；（5）$\dfrac{2}{9}e^3+\dfrac{1}{9}$；（6）$2-\dfrac{2}{e}$.

3. -14.

习题 5.5

（1）发散；（2）$\dfrac{1}{3}$；（3）1；（4）发散；（5）$\ln 2$；（6）发散；（7）π；（8）发散；

（9）发散；（10）1；（11）$\dfrac{8}{3}$；（12）发散.

习题 5.6

1. （1）$\dfrac{9}{2}$；（2）4；（3）$\dfrac{3}{2}-\ln 2$；（4）e^4-e^2；（5）$\dfrac{32}{3}$；（6）$\dfrac{64}{3}$.

2. （1）$\dfrac{15}{2}\pi$；（2）$\dfrac{\pi}{2}$；（3）8π；（4）$\dfrac{3\pi}{10}$.

3. $\dfrac{\pi}{16}$.

4. （1）$\ln 3-\dfrac{1}{2}$；（2）$\dfrac{1}{4}(e^2+1)$.

5. $\dfrac{2}{3}(11^{\frac{3}{2}}-1)$.　　　6. 0.75 J.　　　7. 1.633×10^6 N.

复习题五

一、1. C（常数）；2. $2xe^{1+x^2}$；3. $\cos x^2$；4. $-\cos x^2$；5. 0；6. $\cos x^2$；7. 5；8. 10；9. 0；

10. $b-a-1$.

二、1. D；2. C；3. C；4. B；5. C；6. D；7. A；8. A；9. D；10. D.

三、1. $\dfrac{1}{3}\ln\dfrac{14}{5}$；2. $6-2e$；3. $\dfrac{271}{6}$；4. $2\sqrt{2}-2$；5. 2；6. $\dfrac{\pi}{8}$；7. $2\left(1+\ln\dfrac{2}{3}\right)$；

8. $\dfrac{1}{2}\ln\dfrac{3}{2}$；9. 发散.

四、1. （1）36；（2）$\dfrac{4}{3}$；（3）$\dfrac{17}{4}$；（4）$\dfrac{3}{2}\ln 2-\dfrac{1}{2}$.

2. （1）36π；（2）$\dfrac{1}{2}\pi^2$；（3）$\dfrac{1}{2}\pi^2$；（4）$(e-2)\pi$；（5）$\dfrac{1}{3}\pi$；（6）π.

3. $\ln(2+\sqrt{3})$.　　4. $\dfrac{1}{2}(5-e^4)$.

5. 3.75 J.　　6. 3.136×10^7 N.

第6章

习题 6.1

1.（1）特解；（2）通解；（3）通解；（4）通解.

2.（1）$y=\dfrac{1}{2}x^2-3x+C$;（2）$y=x^3+C_1x+C_2$.

3. $y=-\cos x+C$.

4. $y=\dfrac{1}{3}x^3+\dfrac{5}{3}$.

习题 6.2

1.（1）$y=Ce^{\frac{2}{3}x^3}$;　　（2）$\arcsin y=\arctan x+C$;　（3）$y=Ce^{e^x}$;

（4）$y=\operatorname{arccot}\left(-\dfrac{1}{3}x^3+C\right)$;　　（5）$(1+y)(1-x)=C$;　　（6）$\sin x+\cos y=C$.

2.（1）$y=xe^{Cx}$;　　　　　　　　（2）$x^3-2y^3=Cx$;

（3）$e^{-\frac{y}{x}}=-\ln x+C$;　　　　　（4）$\left(\sin\dfrac{y}{x}\right)^3=Cx^2$.

3.（1）$y=\dfrac{2}{3}+Ce^{-3x}$;　　　　　（2）$y=2+Ce^{-x^2}$;

（3）$y=\dfrac{1}{x}(e^x+C)$;　　　　　　（4）$y=-2\cos^2 x+C\cos x$.

4.（1）$y=x$;　　　　　　　　　（2）$y^2=2x^2(\ln x+2)$;

（3）$y=x\sec x$;　　　　　　　　（4）$(3x-2y)^2=2x$;

（5）$x^2-y^2-2xy-2=0$.

5. $y=e^x$.　　6. $v=\dfrac{mg}{2}(1-e^{-\frac{2}{m}t})$.

7. $v=-\dfrac{mg}{k}+\left(v_0+\dfrac{mg}{k}\right)e^{\frac{k}{m}t}$,　$\dfrac{m}{k}\ln\dfrac{mg}{mg+v_0k}$.　　　　8. $s=25\times2^{\frac{1}{5}t}$.

习题 6.3

1.（1）相关；（2）无关；（3）无关；（4）无关；（5）无关；（6）无关.

2. y_1 , y_2 线性无关时是通解.

3. $y=C_1\cos 2x+C_2\sin 2x$.

4. $y=C_1x^5+\dfrac{C_2}{x}-\dfrac{x^2}{9}\ln x$.

习题 6.4

1.（1）$y = C_1 e^x + C_2 e^{3x}$;   （2）$y = e^{-3x}(C_1 \cos 2x + C_2 \sin 2x)$;

（3）$y = (C_1 + C_2 x) e^{3x}$;   （4）$y = C_1 + C_2 e^{-x}$;

（5）$y = C_1 + C_2 e^{4x}$;   （6）$y = C_1 \cos 5x + C_2 \sin 5x$;

（7）$y = C_1 + C_2 e^{-5x}$;   （8）$s = (C_1 + C_2 t) e^{\frac{5}{2} t}$.

2.（1）$y = e^{-x}$;   （2）$y = \left(2 - \frac{2}{3} x\right) e^{\frac{1}{3} x}$;

（3）$y = e^{-x}(\cos 3x + \sin 3x)$;   （4）$y = 2 e^{-2x} \sin 5x$.

3. $s = 3(e^{2t} - e^{-3t})$.

习题 6.5

1.（1）$y^*(x) = -x + 1$;   （2）$y^*(x) = x^2 + \frac{5}{3} x + \frac{19}{18}$;   （3）$y^*(x) = -x e^{2x}$;

（4）$y^*(x) = x^2 e^{3x}$;   （5）$y^*(x) = -\cos 2x$;   （6）$x^*(t) = -\frac{3}{2} t \cos 3t$.

2.（1）$y = C_1 e^x + C_2 e^{3x} + 1$;   （2）$y = C_1 e^x + C_2 e^{-3x} - x - 1$;

（3）$y = C_1 + C_2 e^{-x} + \frac{1}{2} x^3 - 2x^2 + \frac{7}{2} x$;   （4）$y = C_1 e^{-x} + C_2 e^{-2x} + x(x-2) e^{-x}$;

（5）$y = (C_1 + C_2 x) e^{2x} + 2x^2 e^{2x}$;   （6）$y = (C_1 + C_2 x) e^{3x} + x^2 \left(x + \frac{1}{2}\right) e^{3x}$;

（7）$y = C_1 \cos 2x + C_2 \sin 2x + \frac{1}{3} x \cos x + \frac{2}{9} \sin x$;

（8）$y = e^x (C_1 \cos 2x + C_2 \sin 2x) - \frac{1}{4} x e^x \cos 2x$.

3.（1）$y = -6 e^x + 4 e^{2x} + \frac{5}{2}$;   （2）$y = 8 e^{-x} - 16 e^{-\frac{x}{2}} + 9$;

（3）$y = \left(x^2 - \frac{1}{2} x + \frac{3}{4}\right) e^x - \frac{3}{4} e^{-x}$;   （4）$y = \cos 3x + \frac{1}{3} \sin 3x - \frac{1}{6} x \cos 3x$.

复习题六

一、1. $y = C x e^{\frac{1}{x}}$.   2. $y = C_1 e^{5x} + C_2 e^{7x}$.

3. $y = (C_1 + C_2 x) e^{9x}$.   4. $y = e^{3x}(C_1 \cos 6x + C_2 \sin 6x)$.

5. $y = C_1 \cos 2x + C_2 \sin 2x$.   6. $y = e^{-2x}(C_1 \cos \sqrt{2} x + C_2 \sin \sqrt{2} x)$.

7. $y'' - 4y' + 4y = 0$.   8. $y = \ln\left(\frac{1}{2} e^{2x} + \frac{1}{2}\right)$.

9. $y^* = a x^2 + b x + c$.   10. $y = C_1 e^{x^2} + C_2 x e^{x^2}$.

二、1. D；2. D；3. B；4. C；5. B；6. B；7. A；8. C；9. B；10. C.

三、1.（1）$\sin y \cdot \cos x = C$;   （2）$y = \dfrac{1}{3 \ln[C(4 - x)]}$;

（3）$\tan y = C \tan x$;

（4）$y = \ln[C(e^x + 1) + 1]$;

（5）$y = \dfrac{1}{2}(\cos x + \sin x) + Ce^{-x}$;

（6）$y = (1 + x)\left[\dfrac{1}{3}(1 + x)^3 + C\right]$;

（7）$\sin \dfrac{y}{x} = \ln x + C$;

（8）$x = \dfrac{1}{30}(3\sin 3t - \cos 3t) + Ce^{-9t}$;

（9）$y = x^{-2}[e^x(x - 1) + C]$;

（10）$y = C_1 e^{2x} + C_2 e^{-x}$;

（11）$y = (C_1 + C_2 x)e^{-3x}$;

（12）$y = e^{-\frac{1}{2}x}\left(C_1 \cos \dfrac{\sqrt{3}}{2}x + C_2 \sin \dfrac{\sqrt{3}}{2}x\right)$;

（13）$y = (C_1 + C_2 x)e^{2x} + x^3 + 3x^2 + \dfrac{9}{2}x + 2$;

（14）$x = C_1 \cos t + C_2 \sin t - \dfrac{1}{2}t(\cos t + \sin t)$.

2.（1）$\cos y = \dfrac{1}{2}\cos x$;

（2）$y = 2e^{2x}$;

（3）$y = 3e^x - e^{\frac{3}{2}x} + 2xe^{\frac{3}{2}x}$;

（4）$y = \dfrac{13}{14} - \dfrac{3}{7}e^{-\frac{4}{3}x} - \dfrac{1}{2}\cos 2x - \dfrac{3}{4}\sin 2x$.

四、1. $y = \dfrac{1}{4}(e^{2x} - 2x - 1)$.

2. $v = 5e^{\frac{t}{5}\ln\frac{3}{5}}$.

第 7 章

习题 7.1

1. $(2, 1, 2)$, $(-2, -1, -2)$, $(-2, 1, -2)$.

2. $5\sqrt{2}$, $\sqrt{41}$, $\sqrt{34}$, 5.

3. $(-2, 0, 0)$, $(0, 3, 0)$, $(0, 0, 4)$.

4. 略.   5. $\left(0, \dfrac{9}{2}, 0\right)$.

6. 略.   7. $(0, 1, -2)$.

8. $\left(\dfrac{a}{2}, \dfrac{a}{2}, 0\right)$, $\left(-\dfrac{a}{2}, \dfrac{a}{2}, 0\right)$, $\left(-\dfrac{a}{2}, -\dfrac{a}{2}, 0\right)$, $\left(\dfrac{a}{2}, -\dfrac{a}{2}, 0\right)$, $\left(\dfrac{a}{2}, \dfrac{a}{2}, a\right)$, $\left(-\dfrac{a}{2}, \dfrac{a}{2}, a\right)$,

$\left(-\dfrac{a}{2}, -\dfrac{a}{2}, a\right)$, $\left(\dfrac{a}{2}, -\dfrac{a}{2}, a\right)$.

9. 略.

习题 7.2

1. $\pm\left(\dfrac{\sqrt{14}}{7}, \dfrac{\sqrt{14}}{14}, -\dfrac{3\sqrt{14}}{14}\right)$.

2. 2, $\cos\alpha = -\dfrac{1}{2}$, $\cos\beta = \dfrac{1}{2}$, $\cos\gamma = -\dfrac{\sqrt{2}}{2}$, $\dfrac{2\pi}{3}$, $\dfrac{\pi}{3}$, $\dfrac{3\pi}{4}$.

3. $(7, 15, 3)$, $(-5, 5, 12)$.

4.（1）是；（2）是；（3）否；（4）是.

5. $(-7, -6, 3)$, $(7, 6, -3)$, $(21, 18, -9)$.

6. $(3, -2, 4)$, $\left(\dfrac{3}{\sqrt{29}}, -\dfrac{2}{\sqrt{29}}, \dfrac{4}{\sqrt{29}}\right)$.

7. $-\dfrac{3}{2}\boldsymbol{i} + \dfrac{9}{2}\boldsymbol{j} - \boldsymbol{k}$.

8. $\dfrac{4}{3}\boldsymbol{v} - \dfrac{2}{3}\boldsymbol{u}$, $\dfrac{2}{3}\boldsymbol{v} - \dfrac{4}{3}\boldsymbol{u}$.

习题 7.3

1. （1）-9，$(1, 1, -1)$；（2）54；（3）3；（4）$(-2, -2, 2)$.

2. $\dfrac{5\sqrt{102}}{51}$.

3. （1）2；（2）$\dfrac{-8 \pm \sqrt{22}}{7}$.　　4. $\sqrt{29}$.

5. $\pm\left(\dfrac{4}{\sqrt{66}}, \dfrac{1}{\sqrt{66}}, \dfrac{7}{\sqrt{66}}\right)$.　　6. $11\,\mathrm{J}$.　　7. $-98\,\mathrm{J}$.

习题 7.4

1. $\begin{cases} x - 4 = 0 \\ y - 4 = 0 \end{cases}$.

2. （1）$2x - 3y + z - 21 = 0$；　　　　　　（2）$3x - 2y + z + 10 = 0$；

（3）$x + z - 1 = 0$；　　　　　　　　　（4）$6x + 10y - 3z - 24 = 0$；

（5）$x + 3 = 0$；　　　　　　　　　　　（6）$z + 9 = 0$；

（7）$3x + z = 0$；　　　　　　　　　　　（8）$5x + 2y - 18z = 0$；

（9）$x - z - 2 = 0$；　　　　　　　　　　（10）$x + 3y + 4z - 2 = 0$.

3.（1）xOy 面；（2）与 y 轴垂直；（3）与 x 轴垂直；（4）与 x 轴平行；（5）与 z 轴平行；（6）过 y 轴；（7）过原点.

4. $\dfrac{3}{\sqrt{38}}$，$\dfrac{2}{\sqrt{38}}$，$\dfrac{5}{\sqrt{38}}$.

5. $m = 1, n = -4$.

6. $\left(-3, \dfrac{1}{4}, -\dfrac{25}{4}\right)$.

习题 7.5

1. $\dfrac{x-3}{1} = \dfrac{y-2}{-1} = \dfrac{z}{-1}$.

2. （1）$\dfrac{x+2}{2} = \dfrac{y}{-5} = \dfrac{z+3}{3}$；　（2）$\dfrac{x-2}{1} = \dfrac{y-5}{-3} = \dfrac{z+3}{-6}$；　（3）$\begin{cases} y - 10 = 0 \\ z + 12 = 0 \end{cases}$；

（4）$\begin{cases} z = 0 \\ \dfrac{x-1}{2} = \dfrac{y-2}{-3} \end{cases}$；　（5）$\dfrac{x}{17} = \dfrac{y}{4} = \dfrac{z}{5}$；　（6）$\dfrac{x+3}{-4} = \dfrac{y-2}{-13} = \dfrac{z-5}{-1}$.

3. $\begin{cases} z=2 \\ \dfrac{x-2}{-2}=\dfrac{y+1}{10} \end{cases}$.

4. （1）$z=0$；（2）$2x-y-5=0$；（3）$x+2y+6=0$.

5. $\dfrac{\pi}{2}$.　　6. $\arcsin\dfrac{3}{\sqrt{51}}$.

习题 7.6

1. $(x-3)^2+(y+1)^2+(z-2)^2=14$.

2. 球.

3. $3x^2+3y^2+3z^2+2x-4y+6z-14=0$，球.

4. （1）$x^2+z^2=9$；（2）$\dfrac{y^2}{49}+\dfrac{z^2}{9}=1$；（3）$x^2+y^2=4$.

5. （1）直线，平面；（2）直线，平面；（3）抛物线，抛物柱面；（4）圆，圆柱面；
（5）双曲线，双曲柱面.

6. （1）$x^2+z^2=(y-1)^2$；　　　　（2）$y^2+z^2=4x$；

（3）$x^2+y^2+z^2=9$；　　　　　（4）$\dfrac{x^2}{4}-\dfrac{y^2}{9}-\dfrac{z^2}{9}=1$，$\dfrac{x^2}{4}+\dfrac{y^2}{4}-\dfrac{z^2}{9}=1$.

7. （1）圆柱面；（2）抛物柱面；（3）双曲柱面；（4）平面；（5）椭球面；（6）椭圆抛物面.

8. （1）点，直线；（2）两个点，两条直线.

复习题七

一、1. $(3,7,-9)$，$(-3,-7,-9)$，$(-3,7,9)$.

2. $\sqrt{505}$，$\sqrt{482}$，$\sqrt{265}$.

3. $(-4,2,0)$ $(0,2,6)$ $(-4,0,6)$.

4. $7\sqrt{2}$.　5. $-\dfrac{3}{2}$.　　6. -1.　　7. -1.

8. -2，0，0.　9. 10.　　10. $x^2+4=z$.

二、1. A；2. C；3. B；4. B；5. D；6. C；7. A；8. A；9. D；10. D.

三、1.（1）$(6,-3,-6)$；（2）-5；（3）-22；（4）$(-5,-6,-2)$.

2. $2\boldsymbol{p}-2\boldsymbol{q}$，$2\boldsymbol{p}+2\boldsymbol{q}$.

3. $3\sqrt{29}$.

4. （1）$3x+2z+7=0$；（2）$3x-2z-7=0$；（3）$2x+y-2z=0$.

5. （1）$\begin{cases} x+5=0 \\ y+3=\dfrac{z-1}{3} \end{cases}$；（2）$\begin{cases} y+3=0 \\ z-2=0 \end{cases}$.

6. （1）球面；（2）圆柱面；（3）椭圆柱面；（4）椭球面.

参考文献

［1］ 同济大学数学系. 高等数学（上册）. 7 版. 北京：高等教育出版社，2018.

［2］ 陈水林，冯影影，黄静. 应用高等数学. 武汉：湖北科学技术出版社，2011.

［3］ 马凤敏，宋从芝，节存来. 高等数学. 2 版. 北京：高等教育出版社，2014.

［4］ 刁菊芬，姜健清. 高职数学. 北京：人民邮电出版社，2015.